一看就懂 /第二版

管理學

全方位精華理論與實務知識

戴國良 博士 ———— 著

五南圖書出版公司 印行

自 序

　　本人過去在企業工作十多年之久，深覺一個中高階主管或是專業管理人，除須具備產業專長與職務專業外，最重要的是擁有良好的「經營」與「管理」知識及技能。

　　談管理，每個人都以為很簡單，其實真正能成為公司內部優秀「管理者」或「經理人」，實在不容易。

　　一家成功經營的企業，必然也是一家管理成功的企業，內部一定含有一個優越的「經營團隊」或「管理團隊」（Management Team）；反過來說，則將會是一個失敗的企業。企業的勝敗，關鍵就在「經營」與「管理」。

　　「管理學」（Management）幾乎是所有商管學院必修課，也是其他學院的選修課，更是不少企管研究所、高普考及國營事業徵人考試的必考科目。實務上，「管理」知識，也是任何一家企業、工廠、服務業、製造業、科技業等基層主管、中階主管到高階主管應具備的基礎知識、常識及技能。

　　總結來說，本書具有以下幾點特色：

一、內容涵蓋完整，架構清晰

　　本書將重要的管理概念、管理哲學思想、管理循環、管理功能、管理技能、管理工具及現代管理議題等涵蓋在內，邏輯有序、清晰。

二、圖解輔助，一目了然

　　本書透過圖表對照精簡呈現，有助閱讀者迅速理解管理學的精華及內涵所在。

三、理論兼具實務，相得益彰

　　「管理學」是一門基礎的理論學問，要講求實務應用性，對企業才有價值性及貢獻性。管理學並沒有艱深的學問，是一門「藝術＋科學」的應變思維與行動；管理學也沒有一套放諸四海皆準的單一成功模式。只要是成功卓越的企業，都有其可敬可佩的管理模式：鴻海郭台銘、台塑王永慶（已故）、遠東集團徐旭東、統一企業、台積電張忠謀（已退休）、宏碁、富邦金控、國泰世華金控等各

大企業或最高經營者，都有各自獨特的企業文化、領導風格及管理模式。管理「理論」是基礎，但重在「實踐」。

四、旨在培養一個全方位優秀的「管理者」

本書內容完整，可以讓讀者養成一個成功優秀的基層、中層及高層管理者。

五、適合高普考、國營事業、研究所考試的一本書

本書也相當適合想要參加高普考、研究所及國營事業考試者，「管理學」這一門考試科目的研讀準備。

本書能夠順利出版，衷心感謝五南圖書、我的家人、我的長官、我的同事、我的學生，以及廣大無所不在的讀者群朋友們，由於你們的需求、鼓勵、指導及期待，才有本書的誕生。

在這歡喜收割的日子，把榮耀歸於大家無私的奉獻。

再次致上本人萬分的謝意，並衷心祝福每位讀者朋友們，願你們都能走上一趟奇妙、美好、驚奇、成長、進步、快樂、滿意、平安、健康、幸福與美麗的人生旅途。

作者　戴國良

taikuo@mail.shu.edu.tw

目　錄

第一章

管理在企業中的功能

本章重點摘要

一、管理者應具備的四種功能，即：

(1) 會規劃

(2) 會組織

(3) 會領導

(4) 會管控

因此，管理的定義，即是透過有效的計劃、組織、領導及管控，以最高效益的方法，達成公司目標。

二、P-D-C-A的管理循環，即是：

(1) Plan（計劃力）

(2) Do（執行力）

(3) Check（查核力）

(4) Action（再行動、再調整）

三、身為管理者在不同的階段，應具備三種能力，即：

(1) 專業技能

(2) 人性化技能

(3) 觀念化決策技能

四、彼得‧杜拉克對經理人的看法應有五大基本工作，即：

(1) 設定目標

(2) 進行組織安排

(3) 進行激勵與溝通工作

(4) 評量

(5) 發展人才（包括自己）

五、「企業功能」包括了：

(1)研發、(2)商品開發、(3)採購、(4)生產、(5)品管、(6)行銷／業務、(7)人力

資源、(8)全球運籌（物流）、(9)財務會計、(10)企劃（策略規劃）、(11)法務、(12)資訊、(13)工業／商業設計、(14)稽核、(15)行政總務、(16)公關

而「管理功能」則包括了：

(1) 規劃

(2) 組織

(3) 領導與激勵

(4) 溝通與協調

(5) 控制與考核

以上交叉而形成了「企業經營」與「企業管理」

六、企業價值鏈，就是由企業的主要活動，搭配企業的支援活動，而產生出附加價值，並進而產生獲利。

 # 第一節　管理的定義及P-D-C-A循環

一、「管理」的定義

談管理，一般以為簡單，其實能成為企業「管理者」或「經理人」，並不容易。一家成功經營的企業，必然也是一家管理成功的企業，內部一定會有一個優越的「經營團隊」或「管理團隊」。反過來說，則會是一個失敗的企業。因此，企業的勝敗，關鍵就在「經營」與「管理」。但「管理」是什麼呢？

(一)管理定義面面觀

1.**主管人員運用所屬力量完成**：管理是指主管人員運用所屬力量與知識，完成目標工作的一系列活動，即：運用土地、勞力、資本及企業才能等要素，透過計劃、組織、用人、指導、控制等系列方法，達到部門或組織目標的各種手法。

2.**本身是一種程序**：管理本身，可視為一種程序，企業組織得以運用資源，並有效達成既定目標。

3.**透過資源達到目標**：管理是透過計劃、組織、領導及控制資源，以最高效

益的方法達到公司目標。

4.完成各種任務：彼得‧杜拉克（Peter F. Drucker）曾說：「管理是企業生命的泉源。」企業成敗的重要因素，在於企業是否能夠成功完成下列任務：完成經濟行為、創造生產成績、順利擔當社會聯繫及企業責任與管理時間。企業若要經營成功，必須要求企業功能部門主管，以管理職能執行管理活動。

5.應具備的管理職能：一個主管人員能成功從事管理工作，必須具有基本職能，包括以下四種：(1)規劃：針對未來環境變化應追求的目標和採取的行動，進行分析與選擇程序；(2)組織：建立一機構之內部結構，使得工作人員與權責之間，能發生適當分工與合作關係，以有效擔負和進行各種業務和管理工作；(3)領導：激發工作人員的努力意願，引導其努力方向，增加其所能發揮的生產力和對組織的貢獻，為最大目的，以及(4)控制：代表一種偵察、比較和改正的程序，亦即建立某種回饋系統，有規則地將實際狀況（包括外界環境及組織績效）反映給組織。

6.有效達成目標：管理包含目標、資源、人員行動三個中心因素，泛指主管人員從事運用規劃、組織、領導、控制等程序，以期有效利用組織內所有人力、原物料、機器、金錢、方法等資源，並促進其相互密切配合，使能有效率和有效果的達成組織的最終目標。

(二)管理定義的總結

綜上所述，茲總結管理定義如下：「管理者立基於個人的能力，包括專業能力、人際關係能力、判斷能力及經營能力；然後發揮管理機能，包括計劃、組織、領導、激勵、溝通協調、考核及再行動。以及能夠有效運用企業資源，包括人力、財力、物力、資訊情報力等，做好企業之研發、生產、銷售、物流、服務等工作，最終能達成企業與組織所設定的目標。」這就是最完整的管理定義。

二、P-D-C-A管理循環

實務上，「管理」（Management）經常被解釋為最簡要的P-D-C-A四個循環機制；也就是說，身為一個專業經理人或管理者，他們最主要的工作，即是做好每天、每週的計劃 → 執行 → 考核 → 再行動等四大工作。

(一)P-D-C-A管理循環之進行

問題是如何進行P-D-C-A的管理循環？以下步驟可供遵循：

管理的定義

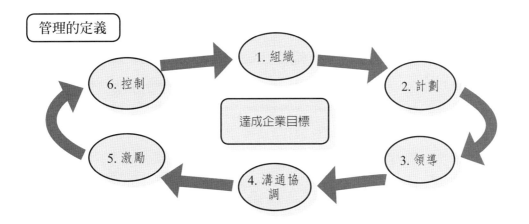

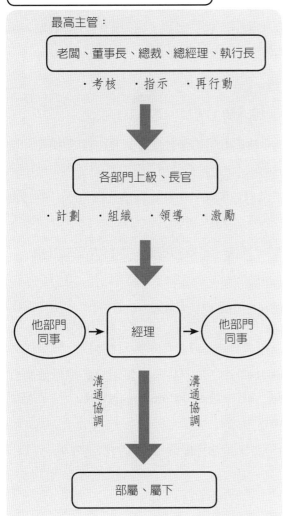

管理定義在組織體系的應用

最高主管：

老闆、董事長、總裁、總經理、執行長

・考核　・指示　・再行動

各部門上級、長官

・計劃　・組織　・領導　・激勵

他部門同事 → 經理 → 他部門同事

溝通協調　　溝通協調

部屬、屬下

1. 基礎	2. 發揮
個人能力	管理機能

・專業能力　　　・計劃　・組織
・判斷能力　　　・領導　・激勵
・經營能力　　　・考核　・再行動
・人際關係能力　・溝通協調

3. 有效運用

企業資源

・人力　・財力
・物力　・資訊情報力

4. 做好

企業工作

・研發　　　　・生產製造
・售後服務　　・物流
・行銷、銷售

5. 達成

企業與組織目標

・營業額目標　　・獲利目標
・品牌地位目標　・企業價值目標
・社會責任目標　・產業領導目標
・企業形象目標

圖1-1　「管理」的定義及應用

1.要會先「計劃」（Plan）：計劃是做好組織管理工作的首要步驟。沒有事先思考周全的計劃，做事情就會有疏失、有風險。所謂「運籌帷幄之中，決勝千里之外」，即是此意。

2.然後要全力「執行」（Do）：說很多或計劃很多，但欠缺堅強的執行力，管理很容易變得膚淺，無法落實。執行力是成功的基礎。有強大執行力，才會把事情貫徹良好，達成使命。

3.接著要「考核、追蹤」（Check）：管理者要按進度表進行考核及追蹤，才能督促各單位按時程表完成目標與任務。考核、追蹤是確保各單位是否如期、如品質的完成任務。畢竟，人需要考核，才能免於懈怠。

4.最後要「再行動」（Action）：根據考核與追蹤的結果，最後要機動彈性調整公司與部門的策略、方向、作法及計劃，以再出發、再行動、改進缺點，使工作及任務做得更好、更成功、更正確。

(二)O-S-P-D-C-A步驟思維

任何計劃力的完整性，應有下列六個步驟的思維，必須牢牢記住：

1.目標／目的（Objective）：(1)要達成的目標是什麼？以及(2)有數據及非數據的目標區分如何？

2.策略（Strategy）：(1)要達成上述目標的競爭策略是什麼？以及(2)什麼是贏的策略？

3.計劃（Plan）：研訂周全、完整、縝密、有效的細節，執行方案或計劃。

4.執行（Do）：前述確定後，就要展開堅強的執行力。

5.考核（Check）：查核執行的成效如何，以及分析檢討。

6.再行動（Action）：調整策略、計劃與人力後，再展開行動力。

另外，值得提出的是，在O-S-P-D-C-A之外，共同的要求是必須做好兩件事：一是專注發揮我們自己的核心專長或核心能力（Core Competence）；二是要做好大環境變化的威脅或商機分析及研判。

如此一來，計劃力與執行力就會完整，這樣才能發揮管理的真正效果。

P-D-C-A管理循環

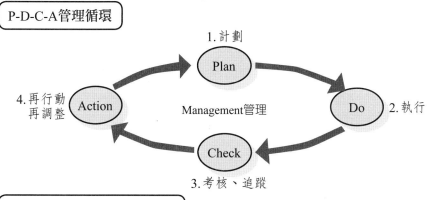

完整O-S-P-D-C-A六步驟思維

O	目標／目的（Objective）
· 要達成的目標是什麼？
· 有數據及非數據的目標區分如何？

S	策略（Strategy）
· 要達成目標的競爭策略是什麼？
· 什麼是贏的策略？

P	計劃（Plan）
· 研訂周全有效的細節執行計劃

D	執行（Do）
· 展開執行力

C	考核（Check）
· 查核執行成效如何並分析檢討

A	再行動（Action）
· 調整策略、計劃與人力後，再展開行動力

洞見

外部大環境各項因素不斷變化的意涵、威脅或商機是什麼？

＋

抉擇／堅守

公司自身最強的核心專長、核心能力之所在，然後聚焦攻入取得戰果。

圖1-2　P-D-C-A管理循環及O-S-P-D-C-A步驟思維

三、實務上的「管理」定義與層次

「管理」泛指經由他人力量去完成工作目標的系列活動，是「管」人去「理」事的方法。能「管人」去處理事務的人，就必須是眾人之上的領導者，就必須會「做人」，得到部屬服從。處理事務就是「做事」，聽從指揮命令去做事的人，就必須擁有操作管理技術。因此，一個好的管理者，是既會「做事」，更會「做人」。

(一)從實務面談管理的定義

1.**管理最終目的，在發揮群體力量**：管理是講求凝聚「群力」的方法，是「人上人」的才能；技術是講求提高「個力」的方法，是「人下人」的才能。群力的發揮必須有好的個力為基礎，但好的個力，一定自然形成好的群力；若無好的管理，可能成為一盤散沙或相互對抗的力量。一個好的管理者，本身必須先是會「做事」的技術擁有者，同時也必須是會團結眾人力量會「做人」的人。做人與做事成為管理與技術的核心。先有技術，會「做事」，再會「做人」（處理上級、平行及下級人際關係），才能成為好的管理者。

2.**好的管理者要有三種能力**：好的管理者，必須擁有三種能力：(1)做事的「專業技能」；(2)做人的「人性化技能」，以及(3)做主管的「觀念化決策技能」。

3.**不同年齡就業階段，有不同的技能需求**：當年輕時，於別人的基層下屬謀職求生時，「做事」的技術本領，比「做人」的藝術才能重要。年壯時，當年輕部屬的上司領導人，同時也當資深年長領導者的下屬，成為社會企業的中間及中堅幹部時，「做人」的藝術才能漸形重要，和「做事」的技術才能同等重要。當年長資深時，成為更多人的高層領導者，為企業集團或國家社會機構的領航員時，「做人」的藝術才能要比「做事」的技術才能重要。

換言之，當一個人漸從「人下人」的技術操作員往上升等，成為「人上人」的管理人員時，他「做人」的才能漸重，「做事」的才能漸輕。但無論如何，企業有效經營的管理者，既要會「做人」（管眾人去做事），又要會「做事」（眾人會做事以賺錢）。企業有效經營，既要「技術」更要「管理」。

(二)管理在企業經營面的三種層次

1.**經營層**：各部門副總經理、總經理、董事長等層級，需要的是事業創新、事業策略、事業經營、事業願景等領導能力，重視的是經營能力。

實務上對管理的定義

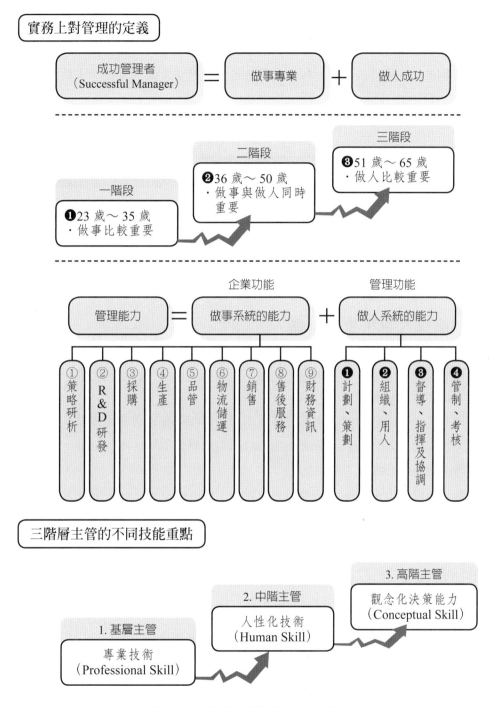

成功管理者（Successful Manager）＝做事專業＋做人成功

一階段
❶23 歲〜35 歲
・做事比較重要

二階段
❷36 歲〜50 歲
・做事與做人同時重要

三階段
❸51 歲〜65 歲
・做人比較重要

企業功能　　　　　　　　　　管理功能

管理能力 ＝ 做事系統的能力 ＋ 做人系統的能力

① 策略研析
② R&D 研發
③ 採購
④ 生產
⑤ 品管
⑥ 物流儲運
⑦ 銷售
⑧ 售後服務
⑨ 財務資訊

❶ 計劃、策劃
❷ 組織、用人
❸ 督導、指揮及協調
❹ 管制、考核

三階層主管的不同技能重點

1. 基層主管
專業技術
（Professional Skill）

2. 中階主管
人性化技術
（Human Skill）

3. 高階主管
觀念化決策能力
（Conceptual Skill）

圖1-3　實務上對管理涵義的詮釋

2.管理層：各部門副理、經理、協理、總監、廠長等層級，需要的是自身單位的執行面管理、規劃面管理與績效面管理，重視的是一般化管理能力。

3.作業層：各部門、各廠、各分公司、各店面的基層執行與操作人員，需要的是員工的專業能力與貫徹執行力。

第二節　經理人的角色

一、彼得‧杜拉克對經理人的看法

美國第一代管理大師彼得‧杜拉克曾於其《管理實務》一書中，提出經理人必須做好二項特殊任務與五大基本工作，茲分述如下：

(一)經理人二項特殊任務

1.創造出加乘效果：亦即創造一個所有投入資源加總而產出更多的生產實體。可以把經理人比擬成管弦樂團的指揮，因為他的努力、願景和領導，使個別樂器結合成完整的音樂演奏。不過，指揮者有作曲者總譜，他只是一位樂曲詮釋者，而經理人卻同時是作曲者與指揮者。這項任務需要經理人使他所有的資源發揮長處，其中最重要的是人力資源，並消除所有資源的弱點，唯有如此，他才能創造出真正的公司整體。

2.調和每個決策與行動的短期與長程需要：犧牲短期與未來長程的需要任何一者，都會危及公司。亦即，經理人員必須同時兼具短期與中長期的利益觀點及具體計劃之掌控。

(二)經理人五大基本工作

經理人有五大基本工作，把資源整合成一個可以生存成長的有機組織體：

1.設定目標：經理人員決定應該有哪些目標、每個目標目的何在、如何進行才能達成目標，然後考核績效，與攸關目標達成與否的人員溝通，以達成這些目標。設定各種業務目標、財務績效目標及各功能目標，是各級經理人員的首要工作。

2.進行組織安排：按照經理人員分析必要活動、決策與關係，把工作區分成可管理的活動，把這些活動區分為可管理的職務。再把這些單位與職務組合成一

個組織結構，挑選人員管理這些單位及必須完成的職務。換言之，各級主管必須依其職掌，安排推動工作的人員組織，使其能各就各位。

3.**進行激勵與溝通工作**：經理人員必須促使負責不同職務的人員像團隊般合作無間。為了做到這點，採行的途徑與方法，包括有透過各種實務和共事者之間的關係以及運用酬勞、工作安排、晉升等決策，與下屬、長官及同儕之間持續的雙向溝通。

4.**評量**：經理人必須建立員工績效的評量標準，同時著重他對組織整體績效的貢獻及他個人的工作，並藉此幫助他改善工作。經理人分析、評鑑、詮釋績效，而且和所有其他工作領域一樣，他必須和下屬、長官及同儕溝通評量標準、方法，以及評量結果代表的意義。評量就是代表績效管理的實踐，唯有評量，才能區分出好壞，也才能賞罰分明，並且拔擢優秀的儲備幹部人才。

5.**發展人才（包括自己）**：發展人才、提拔後進、發現人才，並邀聘各種不同專業人才，是各級經理人時時刻刻甚至永恆的工作重點。因為，長江後浪推前浪，青出於藍勝於藍。個人的工作生命，可能只有二十年、三十年，最多四十年，但是企業的生命可能一直延續。而為確保永續經營，就必須保有每一世代高素質的管理團隊。

二、經理人的十種角色

管理學古典大師敏滋伯格（Mintzberg）分析，經理人每天扮演十種不同角色。

(一)頭臉人物（或稱代表人）

資深經理人因地位及職務較高，必須執行各種社交、法律及內外部典禮等任務。

(二)領導者

管理者必須帶動、訓練、激勵及指示部屬往前衝，達成組織年度預算目標與營運績效。因此每一家成功的企業，大都有一位靈魂領導人物在帶動著。

(三)聯絡者

管理者的任務是要保持與外界及同事之間的聯絡者，因此，外界環境發生的人、事、物變化，管理者都能很快的聯絡所屬同事，以策定因應的對策方案。

彼得・杜拉克對管理者的任務與看法

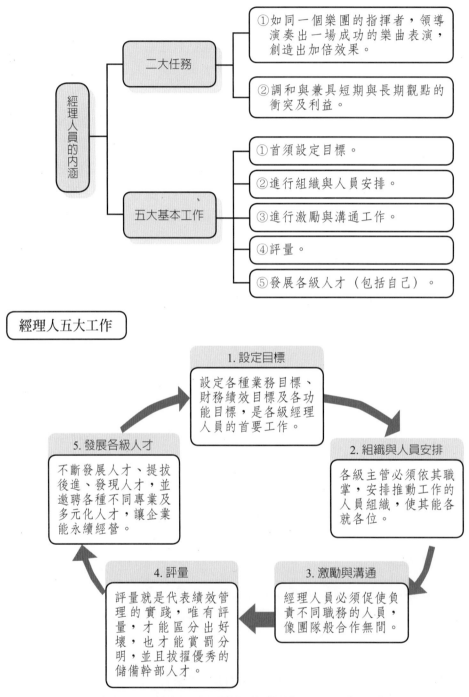

```
                          ┌─ ①如同一個樂團的指揮者，領導
                  ┌─二大任務 ─┤   演奏出一場成功的樂曲表演，
                  │        │   創造出加倍效果。
                  │        └─ ②調和與兼具短期與長期觀點的
  經                 │            衝突及利益。
  理
  人                 │        ┌─ ①首須設定目標。
  員 ─────────────┤        │
  的                 │        ├─ ②進行組織與人員安排。
  內                 │        │
  涵                 └─五大基本工作 ┼─ ③進行激勵與溝通工作。
                           │
                           ├─ ④評量。
                           │
                           └─ ⑤發展各級人才（包括自己）。
```

經理人五大工作

1.設定目標

設定各種業務目標、財務績效目標及各功能目標，是各級經理人員的首要工作。

2.組織與人員安排

各級主管必須依其職掌，安排推動工作的人員組織，使其能各就各位。

3.激勵與溝通

經理人員必須促使負責不同職務的人員，像團隊般合作無間。

4.評量

評量就是代表績效管理的實踐，唯有評量，才能區分出好壞，也才能賞罰分明，並且拔擢優秀的儲備幹部人才。

5.發展各級人才

不斷發展人才、提拔後進、發現人才，並邀聘各種不同專業及多元化人才，讓企業能永續經營。

圖1-4　彼得・杜拉克對經理人的任務與看法

(四)偵察者

管理者必須不斷探查及獲悉組織內外部相關訊息情報。由於管理者本身既為聯絡者，接觸廣泛，再者管理者屬領導階層，因此，能偵察到較多的情報訊息。

(五)傳播者

管理者要將聯絡或偵察訪得的情報，傳達給主管或部屬知道，包括公司政策、公司規定或是屬於私密的人事、薪資動態。

(六)發言人

民主開放的社會環境，管理者也扮演對外媒體的發言人角色，以解決媒體問題或需求，避免不正確的傳言四處流散，不利公司形象。

(七)企業創業家

管理者要像創業家保持高昂鬥志，隨時挖掘掌握商機，進而縝密發展策略執行。

(八)解決問題專家

企業經營隨時會碰到內外部的干擾、問題與障礙，甚至是危機，均有賴管理者扮演協調及清道夫角色，克服這些問題與困境。

(九)資源分配者

管理者對於公司各部門的人事安排、營運預算、可獲得的人力及費用支用資源等，均必須由管理者任命及同意支用。

(十)談判者

管理者日常還會從事如工會、國外技術合作、政府部門及國內結盟等協商談判。

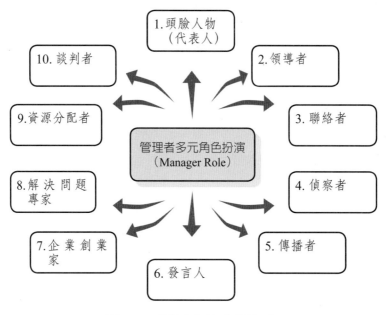

圖1-5　經理人的十種角色

第三節　企業經營與管理功能的矩陣

一、企業管理矩陣的功能

企業經營管理的內涵，包括二個大構面：一是企業功能，二是管理功能。這兩者交叉，形成了企業經營管理的矩陣圖。

（一）**企業功能**（Business Function）：矩陣圖的縱向，即生產、品管、行銷／業務、研發、商品開發、採購、企劃（策略規劃）、財務會計、資訊、法務、人力資源、全球運籌（物流）、工業／商業設計、稽核、行政總務、公關等。

（二）**管理功能**（Management Function）：矩陣圖的橫向，即規劃、組織、領導激勵、溝通協調與控制考核。

此兩種功能所交叉形成的正方形對應關係，即表示每一種企業功能的運作中，都須掌握好五項管理功能，自然而然就能把企業經營得當。

如以企業的研發功能為例，管理功能就可做到預測、規劃未來的研發目標並組織研發團隊，領導激勵研究人員，並評估研發成效，進而修正或改進以達成目

標。再以規劃為例，每個企業功能都應規劃未來的方向及目標。

企業管理矩陣 = 企業功能 + 管理功能

企業功能 ＼ 管理功能	1. 規劃	2. 組織	3. 領導與激勵	4. 控制與考核	5. 溝通與協調
1. 研發、商品開發					
2. 採購					
3. 生產、品管					
4. 行銷／業務					
5. 人力資源					
6. 財務會計					
7. 企劃（策略規劃）					
8. 法務					
9. 資訊					
10. 全球運籌（物流）					
11. 工業／商業設計					
12. 稽核					
13. 行政總務					
14. 公關					

圖1-6　企業功能與管理功能矩陣表

二、企業投入與產出

　　企業經營管理是一個投入、加工以及產出的循環過程，也就是投入（Input)、流程處理（Processing）及產出（Output）三個過程的營運循環。如從此角度來看，企業營運管理就包括了四種範圍。

(一)從投入面來看

　　企業必須取得原物料、零組件或服務人力，才能進行加工處理並產出商品或服務。因此，從投入面來看，企業經營管理的範圍，包括：

1. What：它必須取得哪些生產資源？

2. Where：它從哪些地方及來源取得這些資源？

3. How：它如何取得這些投入資源？

4. When：它應於何時取得及應用這些資源？

5. How Many：它該取得多少數量的資源？

6. How Much：它該用多少價錢去獲取？

7. How Long：它該用多久時間取得？

這些投入資源則包括原物料、零組件、生產人力、品檢人力、運輸物流、銷售人力、技術服務、產品研發等人、事、物。而如何用最經濟價格取得適量、適時的高品質投入資源，是確保營運成功的第一步基礎工作。

(二)從內部處理來看

企業取得及安排必要的資源投入後，就會進行內部處理（Internally Processing）的程序。如果是外銷製造廠，就會進入製造程序；如果是服務業，就會進入人員服務程序。這些產生價值活動的程序，包括：人力配置、採購、製造、研究發展、財務會計、資訊流通、行銷、售後服務及公共事務等營運活動及功能。

(三)從生產力來看

企業經營為了使前述各項營運活動及程序，產生更大的效率（Efficiency）及效能（Effectiveness），於是透過管理機能，包括：企劃、制度、組織、協調溝通、領導指揮、激勵、控制考核、決策與回應以及資訊科技工具等，加強管理功能，以激發每位員工的潛能，並提高生產力。（註：「效率」是指把事情快一點做完；而「效能」則是指把事情做好、做對，而不是一味求快，卻沒做好、做對，而有所疏漏。）

企業投入、過程與產出營運的範圍

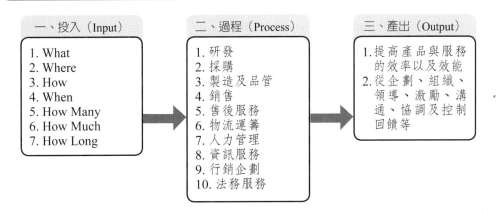

一、投入（Input）	二、過程（Process）	三、產出（Output）

一、投入（Input）
1. What
2. Where
3. How
4. When
5. How Many
6. How Much
7. How Long

二、過程（Process）
1. 研發
2. 採購
3. 製造及品管
4. 銷售
5. 售後服務
6. 物流運籌
7. 人力管理
8. 資訊服務
9. 行銷企劃
10. 法務服務

三、產出（Output）
1. 提高產品與服務的效率以及效能
2. 從企劃、組織、領導、激勵、溝通、協調及控制回饋等

企業投入、過程及產出的整體架構

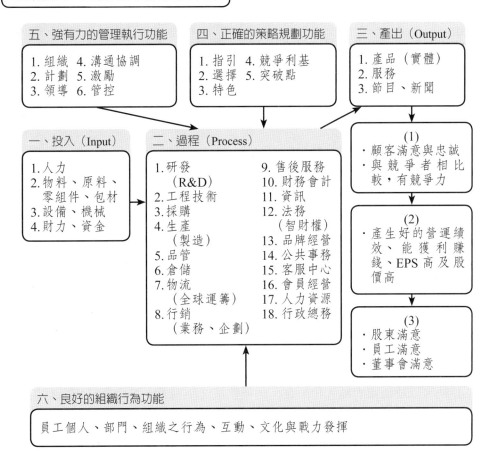

五、強有力的管理執行功能
1. 組織　4. 溝通協調
2. 計劃　5. 激勵
3. 領導　6. 管控

四、正確的策略規劃功能
1. 指引　4. 競爭利基
2. 選擇　5. 突破點
3. 特色

三、產出（Output）
1. 產品（實體）
2. 服務
3. 節目、新聞

一、投入（Input）
1. 人力
2. 物料、原料、零組件、包材
3. 設備、機械
4. 財力、資金

二、過程（Process）
1. 研發（R&D）
2. 工程技術
3. 採購
4. 生產（製造）
5. 品管
6. 倉儲
7. 物流（全球運籌）
8. 行銷（業務、企劃）
9. 售後服務
10. 財務會計
11. 資訊
12. 法務（智財權）
13. 品牌經營
14. 公共事務
15. 客服中心
16. 會員經營
17. 人力資源
18. 行政總務

(1)
· 顧客滿意與忠誠
· 與競爭者相比較，有競爭力

(2)
· 產生好的營運績效、能獲利賺錢、EPS高及股價高

(3)
· 股東滿意
· 員工滿意
· 董事會滿意

六、良好的組織行為功能
員工個人、部門、組織之行為、互動、文化與戰力發揮

圖1-7　企業投入、過程及產出的整體架構

(四)從外部環境來看

企業不管是在投入、內部處理程序、產出等，必須與外部環境有所互動，亦受其變化影響。因此，對於國內外產業、顧客，法令、政經環境等之變化與趨勢，均應有相當的蒐集、分析及研判，才會掌握外部機會點，並降低不利威脅的程度。

第四節　波特教授的企業價值鏈

一、企業價值鏈

事實上，早在1980年時，策略管理大師麥可·波特（Michael E. Porter）教授就提出「企業價值鏈」（Corporate Value Chain）的說法。他認為企業價值鏈是由企業主要活動及支援活動建構而成。波特教授認為，公司如果能同時做好這些日常營運活動，就可創造良好績效。

二、Fit概念的重要性

此外，波特教授也非常重視Fit（良好搭配）的概念，他認為這些活動彼此之間必須有良好與周全的協調及搭配，才能產生價值出來；否則各自為政及本位主義的結果，可能使活動價值下降或抵銷。因此，他認為凡是營運活動Fit良好的企業，大致均有較佳的營運效能（Operational Effectiveness），也因而產生相對的競爭優勢。所以，波特教授一再重視企業在價值鏈活動運作中，必須各種活動之間的良好搭配，然後產生營運效益。

三、產業價值鏈的垂直系統

另外，波特教授認為每個產業的價值體系，包括四種系統在內，如從上游供應商到下游通路商及顧客等，均有其自身的價值鏈。這些系統中，每一個都在尋求生存利害以及價值的極大化所在，而這些又必須視每一種產業結構而有其不同的上、中、下游價值所在。

波特教授的企業價值鏈

| 企業價值鏈 | ＝ | 企業主要活動 | ＋ | 企業各單位支援活動 |

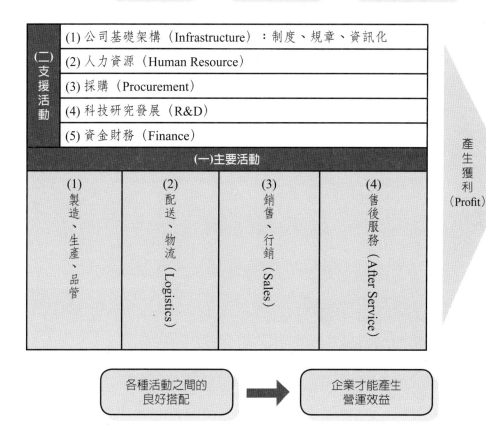

	(1) 公司基礎架構（Infrastructure）：制度、規章、資訊化
（二）支援活動	(2) 人力資源（Human Resource）
	(3) 採購（Procurement）
	(4) 科技研究發展（R&D）
	(5) 資金財務（Finance）

(一)主要活動

| (1) 製造、生產、品管 | (2) 配送、物流（Logistics） | (3) 銷售、行銷（Sales） | (4) 售後服務（After Service） |

產生獲利（Profit）

| 各種活動之間的良好搭配 | → | 企業才能產生營運效益 |

產業上、中、下游價值鏈

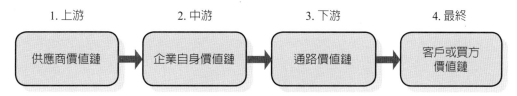

| 1. 上游 | 2. 中游 | 3. 下游 | 4. 最終 |
| 供應商價值鏈 | → 企業自身價值鏈 | → 通路價值鏈 | → 客戶或買方價值鏈 |

圖1-8 企業價值鏈

本章習題

1. 試簡述管理的定義為何？
2. 試簡述P-D-C-A管理循環為何？
3. 請列示管理者應具備的三種能力為何？
4. 請列示彼得‧杜拉克對經理人的五大基本工作為何？
5. 請列示企業功能及管理功能為何？
6. 試簡述「效率」及「效能」有何區別？
7. 請列示企業投入、過程及產出的整體架構為何？
8. 請列示波特教授的企業價值鏈為何？

第二章
管理學派的演進

本章重點摘要

一、泰勒科學管理的四項原則為：

    (1) 尋找最佳工作方法

    (2) 科學化的選擇工作人員

    (3) 生產獎金的激勵

    (4) 領班與作業員區分

二、韋伯層級組織的六個構面為：

    (1) 層級節制的權力體系

    (2) 合理的分工

    (3) 形成正規的決策文書

    (4) 依照規程辦事的運作機制

    (5) 組織管理的非人格化

    (6) 合理合法的人事行政制度

三、傳統古典管理學派的四大特點為：

    (1) 理性出發

    (2) 物質滿足

    (3) 注重效率

    (4) 層級制度

四、傳統古典管理學派的被批評之處有：

    (1) 過度封閉

    (2) 過分簡化人的需求

    (3) 未經科學驗證

    (4) 員工行為的僵硬化

    (5) 員工發展的僵硬化

五、行為學派提出了工人是社會人，而不是經濟人的觀點，將人放在第一位，而
　效率放在第二位，故也稱為人群關係學派。

六、動態管理的基本觀點是：

(1) 動態的規劃

(2) 動態的組織

(3) 動態的領導

(4) 動態的考核控制

第一節　傳統古典學派

傳統的古典學派主要以下列三派為主：泰勒的科學管理、費堯的管理程序，以及韋伯的層級結構模式等三種。

一、泰勒的科學管理

(一)科學管理理論的形成

泰勒（Frederick W. Taylor, 1856～1915）是科學管理運動倡導者。泰勒認為管理的目的，在於利用科學的原理原則，以使組織成員的產出達到最高的限度。他研究的重點在於管理歷程的合理分析，強調妥善而有效地利用人力、物力，以達成組織的目的。泰勒以為良好的管理，係建立在「確知你要人們做什麼，然後要他們以最經濟有效的方法加以完成」之理念基礎上。要具體地說，他特別注重達成組織目標的職務分析，管理人員要明告下屬應切實履行的任務，並提示其達成任務的方法。所以，泰勒的研究乃屬一種職務的分析（Job Analysis）。泰勒深信：任何員工均可規劃成為「有效率的機器」（Efficient Machine）。科學管理的中心概念就是把人當作機器，同時，鑑於工人會受經濟激勵的影響，且亦受生理的限制，管理者需要給予經常不斷的指導。

(二)科學管理的觀點取向（四大原則）

泰勒的「科學管理」（Scientific Management）觀點取向主要有四項原則：

1.尋找最佳工作方法：以取代過去完全由作業員個人經驗所決定之個別工作

方式。

2.科學化的選擇工作人員：明確每一個工作人員之個人條件、發展可能，並給予必要訓練。

3.生產獎金的激勵：泰勒建議必須要有一套激勵系統，依據每位工作人員的生產數量，決定個人之報酬多寡。

4.領班與作業員區分：泰勒將管理者與作業員之間的工作加以區分，讓管理者從事規劃、調配人手、檢驗等工作，而工人則從事實際之操作。

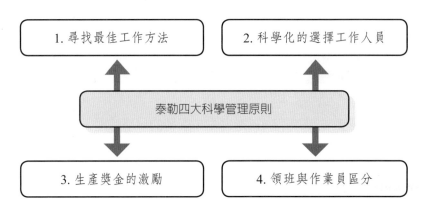

圖2-1　泰勒四大科學管理原則

二、費堯的管理程序十四項原則

被稱為管理程序學派之父的費堯（Henri Fayol, 1841～1925），在法國鋼鐵公司曾從事三十年的管理工作，研究出十四點管理程序原則，供人們遵守。

(一)分工原則：指分工專業化，以提高熟能生巧之工作效率。

(二)權利與責任對等原則：指有責任才有權力，無責任即不可有權力。一個公司的成功，依賴更大的責任履行，不是靠更大的權力耗用。當公司各階層愈授權，依權責對待原則而言，則責任範圍愈廣大，可是權力總和卻不變，公司愈成功。

(三)紀律原則：指嚴懲不遵守規定之員工，以確保產銷的高品質水準目標。

(四)**統一指揮權原則**：指一個員工原則上由一位主管指揮，即指揮系統單一化，而不要有多元指標，使員工不知要聽哪一個主管的命令。

(五)**統一管理原則**：指一個公司或集團的同一目標之產品事業部門或地區事業部門，應由同一位高級主管來負責計劃、協調與控制之管理。

(六)**個人利益小於團體利益原則**：指不可以因私利而害公益；在公、私目標衝突時，則應先就公司目標，而放下私人目標。

(七)**員工薪酬原則**：指員工薪酬應有公平待遇、績效獎勵及適度專案簽呈獎勵。

(八)**集權化管理原則**：係指決策權之集權化或分權化程度，應視工作複雜度及組織規模大小而調整。計劃性決策可由中央集權或中央地方均權；執行性決策應由地方分權；但控制性決策，一定由中央集權，才不會變成一盤散沙。

(九)**階層連鎖原則**：係指任何組織體除了垂直階層式之指揮報告體系外，應再有平行單位之跳板式協調溝通鏈網存在，以加速機動性。

(十)**秩序原則**：指任何人、事、物都應有其定位與順序，亦即非必要時，不宜越級向上報告或越級向下指揮。

(十一)**公正原則**：係指合情再加合理。

(十二)**員工穩定原則**：係指應在待遇上及工作成就上，留住能幹的好人才。

(十三)**主動發起原則**：係指鼓勵機構內成員有主動發起及創新改造之精神，而不是「多做多錯，少做少錯，不做不錯」的保守官僚風氣，以因應時代的變革加速。

(十四)**團隊精神原則**：係指高階主管應強化員工團體同仇敵愾之認同精神，凝聚團隊能力，才會有競爭力可言。

〈費堯與泰勒的不同處〉

費堯對於管理的解釋與來自同樣重工業背景的泰勒，有著相當不同的見解。費堯對於管理的重要性及經理人所須具備的技能，有著相當程度的研究。因此費堯可說是史上第一位針對管理做思考，而將之系統化的思考家。

〈理論與實務的結合〉

費堯曾著有一本《一般及工業管理》專書，該書中認為管理者必須力行五

項基本功能，即規劃、組織、指揮、協調與控制等五項功能，也可說是管理的程序，故費堯也被稱之為「管理程序學派之父」，他也列示十四點原則，供作人們遵守。

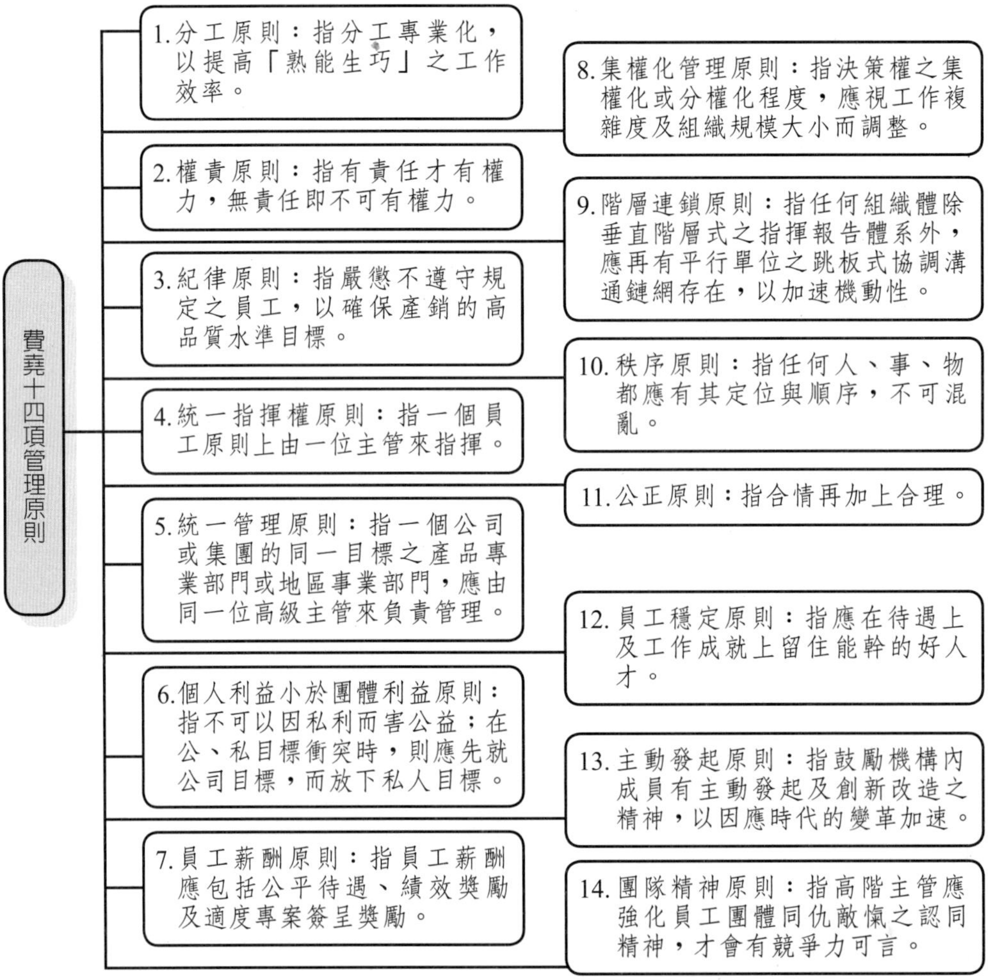

費堯十四項管理原則

1. 分工原則：指分工專業化，以提高「熟能生巧」之工作效率。

2. 權責原則：指有責任才有權力，無責任即不可有權力。

3. 紀律原則：指嚴懲不遵守規定之員工，以確保產銷的高品質水準目標。

4. 統一指揮權原則：指一個員工原則上由一位主管來指揮。

5. 統一管理原則：指一個公司或集團的同一目標之產品專業部門或地區事業部門，應由同一位高級主管來負責管理。

6. 個人利益小於團體利益原則：指不可以因私利而害公益；在公、私目標衝突時，則應先就公司目標，而放下私人目標。

7. 員工薪酬原則：指員工薪酬應包括公平待遇、績效獎勵及適度專案簽呈獎勵。

8. 集權化管理原則：指決策權之集權化或分權化程度，應視工作複雜度及組織規模大小而調整。

9. 階層連鎖原則：指任何組織體除垂直階層式之指揮報告體系外，應再有平行單位之跳板式協調溝通鏈網存在，以加速機動性。

10. 秩序原則：指任何人、事、物都應有其定位與順序，不可混亂。

11. 公正原則：指合情再加上合理。

12. 員工穩定原則：指應在待遇上及工作成就上留住能幹的好人才。

13. 主動發起原則：指鼓勵機構內成員有主動發起及創新改造之精神，以因應時代的變革加速。

14. 團隊精神原則：指高階主管應強化員工團體同仇敵愾之認同精神，才會有競爭力可言。

圖2-2　費堯的十四項管理原則

三、韋伯的層級結構模式

德國著名社會學家馬克斯‧韋伯（Max Weber）被稱為「組織理論之父」，於20世紀初提出了層級官僚制理論。此派之管理理論係建立在組織模式上，一般稱為「官僚模式」（Bureaucratic Model）或「層級結構」（Hierarchical Structure）。

(一)所謂的官僚模式

所謂「官僚」，是指這種組織的成員是專門化的職業管理人員而言，並不含有一般語意中使用官僚一詞的貶義。

為了避免誤解，有些學者把韋伯所說的官僚組織，改稱層級組織。韋伯認為，在近代以來的資本主義社會中，官僚組織是對大規模社會群體進行有效管理的基本型態。

韋伯認為層級組織係反映現代化社會需要的產物，對於大而複雜的機構而言，層級結構是必然的組織方式。他也認為此種組織模式較其他方式更為精確、嚴密、效率與可靠。

(二)層級組織的六個構面

韋伯的層級組織模式被後世學者就其所謂的「層級化」或「官僚化」程度高低，評估是由六個構面可得：

1.**層級節制的權力體系**：在組織中實行職務等級制和權力等級化，整個組織是一個層級節制的權力體系，權威階級（層）程度嚴明。

2.**合理的分工**：基於功能基礎所採分工的程度。在組織中明確劃分每個組織成員的職責許可權，並以法規的形式將這種分工固定下來。

3.**形成正規的決策文書**：在組織中一切重要的決定和命令都以正式文件的形式下達，下級易於接受明確的命令，上級也易於對下級進行管理，如此一來，每位員工的權責就有詳細的規定及應進行的程度細節。

4.**依照規程辦事的運作機制**：在組織中任何管理行為都不能隨心所欲，都要按章行事，這樣工作程序或步驟就會詳盡。

5.**組織管理的非人格化**：即人際關係方面鐵面無私的程度。也就是說，在組織中管理工作是以法律、法規、條例和正式文件等來規範組織成員的行為，公私

分明，對事不對人。

6.合理合法的人事行政制度：即甄選或晉升取決於技術能力之程度。也就是說，量才用人，任人惟賢，因事設職，專職專人，以及適應工作需要的專業培訓機制。

凡在以上六個構面程度愈高者，其層級化及官僚化程度也愈高。而政府公務人員機構即是典型的韋伯層級官僚模式，形成層層管理與節制現象。

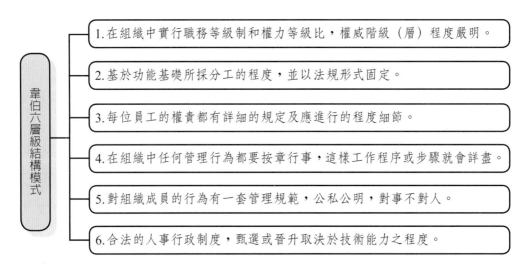

圖2-3　韋伯六層級結構模式

四、傳統古典管理學派的改變

前述三種傳統古典管理學派，在經過後來各學者專家們討論發現各有其近似特點及被批評之處，加上環境的變化也有了因應的改變。茲分別將其重點整理歸納如下，俾使讀者更加了解。

(一)近似特點

1.**理性出發**：都是從理性基礎出發，認為只要合乎理性及效率均會被組織成員接受，因此人的行為有如經濟人。

2.**物質滿足**：人在組織中工作，主要均在追求經濟上的薪資酬勞，故物質手段可以解決員工大部分問題。

3.注重效率：著重工作效率的技術層面，因此用科學方法有效設計工作方法及組織，而管理者的工作重點也在此。

4.層級制度：在組織中每個人都適當的被安置好，依層級體系逐層規範作業。

(二)古典組織的代表

古典組織乃是以韋伯的層級組織為主要代表，此種組織模式有如下特點：1.強調層級結構；2.強調職位、職權與規章制度；3.組織成員均具有分工之專長；4.決策均經由理智思考所形成，未摻雜私人情感，以及5.是一部迅速、嚴格、沒有彈性的機器組織體。

在韋伯之後的組織管理學者如泰勒、費堯等，亦各有其理論推出，但其基本觀點均著重在組織的分工、控制幅度、指揮統一等原則，和韋伯的見解均相似；此等理論，總結來看，就是所謂的「古典組織理論」，又稱為「機械組織模式」。

(三)批評之處

1.過度封閉：被認為是一種過度的「封閉式系統」，所考慮者僅屬組織內部而未考慮外界環境因素對組織與管理之影響。

2.過分簡化人的需求：被認為對人過分的簡化，亦即把人只當成是經濟動物，用錢即可滿足，而忽略了人性的因素或精神需求層面。

3.未經科學驗證：純就理論看，古典學派之主張，多屬直覺的推論，未經過科學方法的驗證。

4.員工行為的僵硬化：由於辦事基於標準規則、程序、制度，在此高度一致性的動作下，員工的行為將更趨僵硬，而缺乏彈性與變通。

5.員工發展的僵硬化：在官僚組織中，員工的創造力受到壓抑，工作也缺乏挑戰性，責任感漸失，對員工之遠程發展明顯僵硬，例如：國內政府機關的公務人員，即有些許此種傾向行為之缺點。

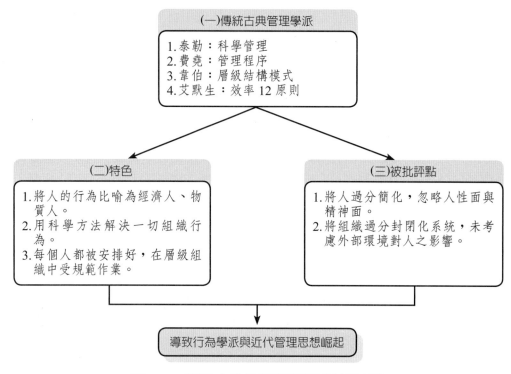

圖2-4　傳統古典管理學派及其優缺點

 ## 第二節　行為學派的管理哲學

一、梅約的「霍桑研究」

　　行為學派（Behavioral School）開始於1920年代末、1930年代初的霍桑試驗，霍桑是美國西方電氣公司（Western Electric Co.）一個工廠之名稱。這家公司邀請梅約（Mayo）等三位哈佛教授於1927年起在霍桑工廠進行「人際行為研究」。

　　此項研究在觀察工作環境、工作時數、休息時間等因素對產量之影響。依古典傳統理論來說，當這些條件變差時，產量會減少。但是此實驗中發現結果並非如此，而是另有人際關係、動機、管理方式型態等因素，而產生重大影響。

　　因此，霍桑試驗的研究結果否定了古典管理理論對於人的假設，試驗表明工人不是被動的、孤立的個體，其行為不僅僅受工資的刺激，影響生產效率的最重要因素不是待遇和工作條件，而是工作中的人際關係。

二、與傳統學派之不同

行為學派將組織視為一種「社會系統」，是由：1.個人、2.非正式群體、3.不同群體間關係，以及4.正式組織締結所形成，亦即上述四者之間在連結上之關係，與傳統古典理論只重視嚴密之正式組織結構而有所不同。

同時在研究方法方面，也遠比傳統古典理論較為嚴謹及有系統。

此派提出了工人是「社會人」而不是「經濟人」的觀點，將「人」擺在「第一位」，而「效率」則為「第二位」，認為企業中存在著非正式組織，新的領導能力應該重視人性需求之滿足及其自主性與豐富化，在於提高工人的滿意度。

此行為學派在早期時，也被稱為「人群關係學派」（Human Relations School）。

三、行為學派組織理論的興起

行為學派組織理論（Behavioral Organization School）的興起有其以下原因及意義，值得探究：

(一) 原因：古典學派組織理論及結構過於機械化，忽略了人性的一面。行為學派學者認為人類的組織應該是一種社會系統，主要有兩個目標：第一是要生產財貨及服務；第二是要滿足組織成員的各種需求。是以，組織是經濟的，也是社會性的。

(二) 意義：此派學者認為組織的設計不能僅考慮理性及邏輯因素，也不能僅靠正式結構、職權、規章等予以規範人員之行為。除此之外，還有許多非正式因素，如小群體、動機、知覺、情緒、環境與個人特性等影響作用。

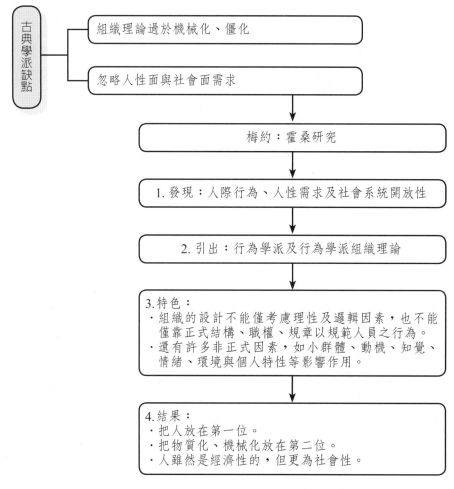

圖2-5　行為學派組織與管理哲學的演變

第三節　動態管理哲學

最近在管理上，為適應社會經濟的不穩定性和市場的多變性，主張在一個單位中必須採用「動態管理」（Dynamic Management），即根據服務對象的變化，隨時檢查、改進、修正計劃，使管理保持一定彈性的管理理論。

管理的主體是人，而人具有高度的不確定性，管理者必須重視對人的分析。要全面掌握為達到共同目標的各項職能，不能只注意局部、零星的職能，應保持組織彈性，加強上下左右之間的連結和人際關係，適應外部環境的變化。

運用動態管理理論必須重視發展與創新，並依據環境的變化，隨時採取有效的對策。為使讀者對「動態管理」基本觀念有一定了解，茲整理概述之。

一、動態管理的基本觀念

(一) **動態的規劃**：各種期間的規劃必須視環境變化、本身資源變化，以及執行績效狀況，而不斷予以必要性之修正、調整與強化。所以是一種Planning，隨時加上ing的動態進行式。因此過去一年稱為短期規劃，三年以上則稱為中長期規劃，而現在已縮短到三、六、九個月的短、中、長期的變化。

(二) **動態的組織**：環境變化會造成企業策略有新的方案，而策略一有重大改變，則組織結構與權責關係也必然要隨之相應調整，才能使策略落實。因此，組織也應是動態的、機動的、彈性的。有時候又稱為變形蟲組織或移動式目標組織。組織不必拘泥於表面的單位、職權或人員，而應以達成任務目標為要。

(三) **動態的領導**：費德勒的權變領導與管理理論，正說明主管之領導作風必須視不同環境狀況而改變。因此，領導的模式也是動態的。同時也必須改革創新，不能太老式的領導。

(四) **動態的考核控制**：靜態的控制將無法於事前發現問題存在，故應以隨時隨地之動態方式掌握執行訊息。因此，必須常到第一線活動，親身體驗與觀察，才能做好正確的考核。

二、運用動態管理應注意的問題

(一) **必須有穩定的基礎**：服務態度要保持較好、較高的水準，組織結構能適應各種情況的變化。

(二) **重視發展與創新**：才能有效因應內外部環境的變化。

(三) **發掘各方面潛力**：包括發掘人才、研發、創意、行銷、技術等方面的潛力，以求在動態環境下，立於不敗之地。

(四) **切實推行各項管理活動**：包括推行計劃、組織、協調、控制等管理活動，依據環境的變化，隨時採取有效的對策。

(五) **思想不能停頓**：要透過調查研究，了解成員習慣領域、個性特徵的變化，使自己應變能力跟上形勢的要求。

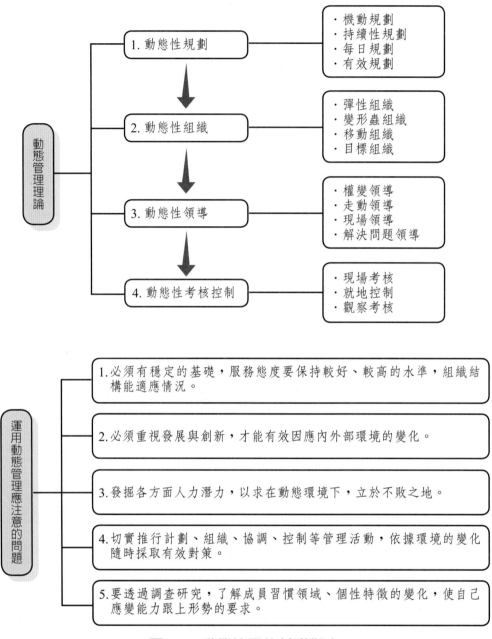

圖2-6　動態管理的基礎觀念

本章習題

1. 請列示泰勒科學管理的四大原則為何？
2. 請列示韋伯的層級組織六個構面為何？
3. 請列示傳統古典管理學派被批評之處何在？
4. 請簡述行為學派組織理論的興起為何？
5. 請簡述動態管理的基本觀念為何？

第三章
管理與組織力

本章重點摘要

一、所謂「組織」是指一群執行不同工作，但彼此協調統合與專業分工的人之組合，並努力有效率推動工作，以共同達成組織目標。

二、組織的類型，主要有：事業部組織及功能性組織二大類型。

三、公司員工可區分為直線人員（業務人員）及幕僚人員兩大類。

四、科特教授提出組織變革的八步驟為：

　　(1) 出現危機感

　　(2) 建立團隊

　　(3) 共築願景

　　(4) 接受共識

　　(5) 授權行動

　　(6) 創造第一階段戰績

　　(7) 堅持不能鬆懈

　　(8) 持續變革

五、組織動態化，主因是受到外部大環境的巨變所致。

六、所謂ESS變化，係指環境改變 → 使公司策略改變 → 使公司組織結構改變。

七、新的動態組織模式變化，包括：

　　(1) 專案小組

　　(2) 任務編組

　　(3) 矩陣式組織

　　(4) 自主式組織

　　(5) 變形蟲組織

第一節 組織設計之考慮、類型及名稱

一、什麼是組織

我們在談管理時，常提到好的管理要有好的組織運作，才能達到管理目標；可是什麼是「組織」？所謂「組織」是一群執行不同工作，但彼此協調統合與專業分工的人之組合，並努力有效率推動工作，以共同達成組織目標。

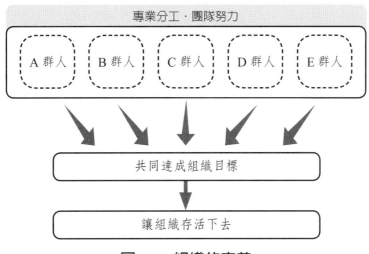

圖3-1 組織的定義

二、設立組織應考慮事項

(一) 確定要做什麼：組織工作的第一步就是先考慮指派給本單位的任務是什麼，以確定必須執行的主要工作是哪些。例如：要成立新的事業部門或是革新既有的組織架構，成為利潤中心制度的「事業總部」或「事業群」組織架構；再如，成立一個臨時性且急迫性的跨部門專案小組組織目的。

(二) 部門劃分指派工作及人員編制數：此步驟乃是決定如何分割需要完成的工作，亦即部門劃分或單位劃分，並依此劃分而授予應完成之工作。例如：要區分為幾個部門，每個部門下面又要區分為哪些處級單位。

(三) **決定如何從事協調工作**：透過有效的各部門配合與協調，才能順利達成組織整體目標，而了解協調（水平部門）流程及機制為何。

(四) **決定控制幅度**：所謂「控制幅度」，係指直接向主管報告的部屬人數為多少。例如：一個公司總經理，應該管制公司副總級以上主管即可，中型公司可能有八個，大公司也可能有十五個副總主管。

(五) **決定應該授予多少職權**：此步驟為決定應該授予部屬多少職權，亦即授權的範圍、幅度及程度有多少。通常公司都訂有各級主管的授權權限表，以制度化運作。例如：副總級以上主管任用，必須由董事長權限決定始可，而處級主管則到總經理核定即可。

(六) **勾繪出組織圖**：最後必須將組織正式化，繪出組織圖，以呈現組織各關係之架構。包括董事長、總經理、各事業部門副總經理、各廠廠長、各幕僚部門副總經理及細節部門名稱，以及指揮體系圖。

三、組織的各種類型（型態）

(一) 事業部組織

1.**意義**：此組織結構已為人所深知，此係依各市場別、產品、或消費客戶群別為中心，而結合產銷機能於一體之獨立營運單位。

2.**適用**：也是決定因素之意，即當組織有下列情形時，即能採用：(1)市場具多樣性，而必須加以切割時；(2)當組織的技術系統能有效加以分割；(3)權責必須一致，要有人擔負整體責任，以及(4)培養高級主管人才。

3.**案例**：國內各大型企業的組織，目前已大多採取事業部、事業總部，或事業群的組織架構，即：(1)較大規模的企業組織；(2)有不同的產品線，可加以劃分；(3)每一種產品線，其市場容量均足以支撐這種獨立事業部產銷之運作，以及(4)強調各部門責任利潤中心式經營，自負盈虧責任之經營管理導向。

4.**優點**：(1)產銷集於一體，具有整合力量之效果；(2)可減少不同部門間過多的協調與溝通成本；(3)自成一個責任利潤中心，可使其事業部主管努力降低成本，增加營業額，以獲取利潤獎金分配之報償；(4)是高度授權的代表，有助獨當一面將才之培養；(5)可有效及快速反映市場之變化，而求因應對策；(6)形成事業部間相互競爭的組織氣氛，以及(7)建立明確的績效管理導向，以獎優汰劣。

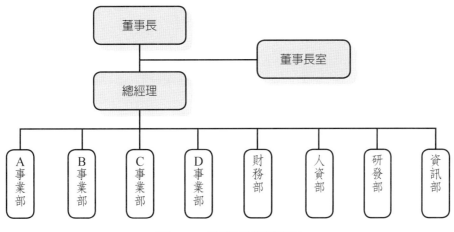

圖3-2　事業部組織表

(二)功能性組織

1.**意義**：係按各企業不同功能，而予以區分為不同部門，此是基於專業與分工之理由。

2.**適用**：(1)中小型企業組織體，產品線不多。部門不多，市場不複雜，以及(2)即使在大型企業裡，會按地理區域或產品別劃分事業部組織，但在每一個事業部組織裡，仍然需要有功能式組織單位。

3.**功能部門缺失**：以功能為基礎而劃分部門之組織，雖具有簡單、專業化及分工化之優點，但也相對顯示出以下缺失：(1)過分強調本單位目標及利益，而忽略公司整體目標及利益；(2)缺乏水平系統之順暢溝通，容易形成部門對立或本位主義；(3)缺乏整合機能，該部門只能就各單位事務進行解決，但對公司整體之整合機能則無法做到，而在事業部的組織裡則可；(4)高階主管可能會忙於各部門之協調與整合，而疏忽了公司未來發展及環境變化，以及(5)功能性組織實屬一種封閉性系統，各單位內成員均屬同一背景，因此可能會抗拒其他革新行動。

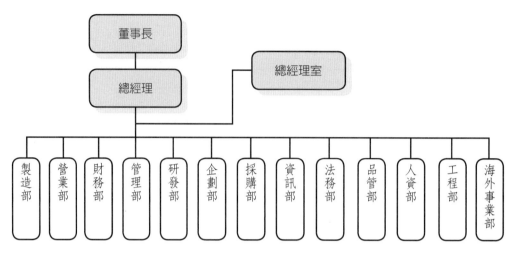

圖3-3　功能性組織表

(三)專案組織

1.**意義**：為因應某特定目標之完成，可由組織內各單位人員中，挑選出優秀人員形成的一個任務編組。包括各種專案委員會或專案小組。

2.**優點**：(1)任務具體而明確，是採任務導向，不用管原有單位事務；(2)可發揮立即整合力量，不必再透過其他協調與溝通管道；(3)由一頗為高階之主管人員統一指揮，不會有本位主義或多頭馬車之情況；(4)每一位小組成員均以此為榮，具有高度之激勵效果；(5)具高度彈性化，不為原有法規、指揮、系統、制度所限制，以及(6)廣納各方面優秀人才，實力堅強。

3.**可能的問題**：(1)小組的領導者如何發揮高度整合力量，以化解不同背景及部門成員之不同認知、態度與職位，而使其一致融合共處，是關鍵點；(2)專案小組如果時間流於太長，則可能造成熱情消減，成效不彰，虛設單位的情況；(3)對於專案小組的任務完滿達成之後，應該給予適切獎勵，否則成員可能不會全心全力付出；(4)任務小組必須有足夠權力才能做出成效；否則處處碰壁，其敗可期，以及(5)小組或委員會的召集人，其職位是否夠高，才能統御小組成員。

4.**案例**：例如新產品開發小組、成本降低小組、轉投資小組、新事業開發小組、上市上櫃小組、西進中國大陸小組、業務特攻小組、品管圈小組、創意小組、稽核小組等。

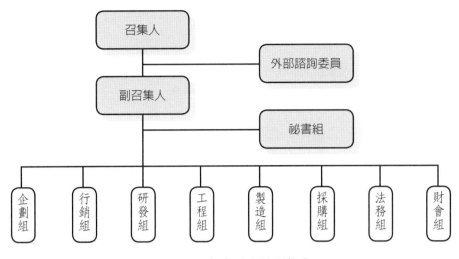

圖3-4　專案小組組織表

(四)其他組織類型名稱

我們常會看到管理學上一些有關組織類型的簡要名稱，例如：H型、M型、G型、F型、S型等組織，這當中究竟有何不同？哪些是企業可適用的經營組織型態？為方便讀者能有全面性的了解，茲整理概述如下，並說明之。

1.**控股公司型**：所謂控股公司型（Holding Company，簡稱H型組織），係指以總部立場，轉投資各家子公司，但本身並不介入實際運作。而只以財務投資控股及重點式管理模式，了解及督促各子公司營運效益。

2.**多事業部組織**：所謂多事業部組織（Multidivisional Organization，簡稱M組織），係指以各主力產品獨立運作之組織體。之所以會形成此組織的原因，主要是產品的差異性愈來愈大，且單一產品市場夠大，為了提高產銷的效率性及責任利潤中心的運作，才形成了M型組織。加上近年來多角化及整合化經營方針之發展，使事業愈來愈多。

3.**全球化組織**：所謂全球化組織（Global Organization，簡稱G型組織），係指以全球各地為產銷據點之組織體。其形成的原因，主要是企業為尋求不斷的成長以及產銷作業更具成本競爭力，而導致現地設廠及併購他公司之經營方向。

4.**功能性組織**：所謂功能性組織（Functional Organization，簡稱F型組織），其組織是以總經理為最高管理者，其下設有生產部、業務部、企劃部、財務部、管理部、採購部、研發部、人力資源部、法務部、工程部等不同功能的平行部門。

5. **簡易型組織**：簡易型組織（Simple Organization，簡稱S型組織），即指缺乏正式化及複雜化之組織單位。

6. **集團組織**：所謂集團組織（Group Organization），係指集團旗下有各大公司獨立運作。例如：國內的國泰金控集團、台塑集團、遠東集團、統一集團、宏碁集團、富邦金控集團、新光集團、鴻海集團、聯電集團、裕隆汽車集團、宏達電集團等。

四、直線人員與幕僚人員（Line & Staff）

(一)直線與幕僚人員

1. **直線人員**：係指在組織中，從事直接與企業營利及產銷活動有關之從業人員。例如：工廠的生產線人員、銷售單位的銷售人員或店面服務人員等均屬之。

2. **幕僚人員**：係指在組織中，從事間接與企業營利及產銷活動有關之從業人員，其主要功能在協助直線人員做更順暢的發揮。例如：財務部、管理部、研發部、採購部、企劃部、稽核部、人資部、資訊部及法務部等人員均屬之。

(二)幕僚類型

幕僚類型主要區分為兩種：

1. **個人幕僚**（Personal Staff）：係指特定主管之個人幕僚。在大組織內可稱為「總經理室」或「總管理處」，有一群個人幕僚；在中小組織內可稱為「特別助理」，人數較少。

一般而言，這些個人幕僚之職責包括：(1)為所屬主管閱讀、審查各種報告，並簽註意見；(2)代表所屬主管與外界聯絡、洽商或處理函件；(3)協調屬下單位、溝通或澄清所屬主管之觀念及目標；(4)對有關事項之進行與問題，蒐集資訊情報，以及(5)配合所屬主管職責需要，分析有關資訊，並提出建議規劃案與因應對策及方案想法。

2. **專業幕僚**（Specialized Staff）：係指對於某些專門問題，具有理論與實務專長，不過所服務的對象是公司而非個人，這些專業幕僚有法律、投資、金融、技術、市場、媒體關係等類。

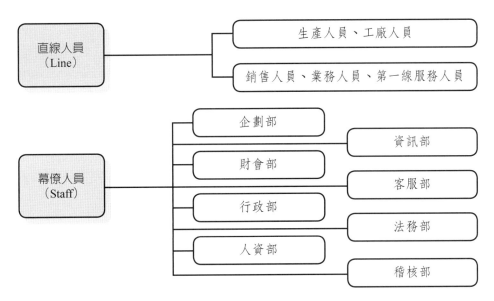

圖3-5　直線人員與幕僚人員的區別

五、如何與直線人員良好互動

幕僚人員為了推展組織計劃，必須和第一級生產、銷售及服務人員等直線人員保持良好合作關係。故：

1.應與直線人員保持良好的溝通及接觸。

2.在提出計劃與建議之前，應盡量了解直線之實務並明確劃分雙方之權職與責任。

3.切忌居功，將功勞歸給直線人員，自己只是幕後功臣。

4.保持坦誠之心，要真正在實質上幫助到直線單位，卸除他們的防衛心，使他們不再排斥，進而展開雙手歡迎。

第二節　組織變革的意義、原因、途徑及步驟

一、組織變革的意義及原因

任何組織常會為了內在及外在因素的變化，而不斷改變整個組織結構。這些變革有些是主動性與規劃性的改變（Planned Change），而有些則是被動性與非規劃性的改變。

(一)組織變革的意義

我們看組織成長理論中，其組織變革（Organizational Change）都是有規劃性的，絕非急就章，也非後知後覺。

在組織變革中。不管是表現在結構、人員或科技等方面，都是為了使組織更具高效率，創造更高的經營成果。

組織如果不隨著趨勢而改變，好比是小孩子長大了，卻還是給他小鞋子穿一樣，必然會窒礙難行。

這正是組織變革的意義——改變，也是為了讓自己不被淘汰。

(二)促成變革的原因

導致組織變革之原因，可就下列二方面來說明。

1.外在原因：

(1) **市場變化**：由於市場上客戶、競爭者及銷售區域之變化，均會使企業組織面臨改變。例如：過去國內出口向來以美國為主要市場，現在中國市場益形重要，因此，很多公司都成立駐中國分公司或總公司的中國部門。

(2) **資源變化**：企業需要各種資源才能從事營運活動，這些資源包括人力、金錢、物料、機械、情報等。當這些資源的供應來源、價格、數量產生變化時，組織也須跟著改變。例如：臺灣勞力密集產業因缺乏人工及成本上漲，導致工廠外移或另在國外設廠。

(3) **科技變化**：科技的高度發展，使工廠人力減少，各部門普遍使用電腦操作，M化及E化的趨勢日益普及，使得組織體產生改變。

(4) **社會、政經環境變化**：國家與國際社會之政治、法律、貿易、經濟、人口等產生變化，會促使組織改變。例如：中國市場形成，導致企業加強對中國之研究及生意往來；再如貿易設限，導致日本廠商必須遠赴歐美各國，在當地設立新的產銷據點，使組織體益形擴大化。

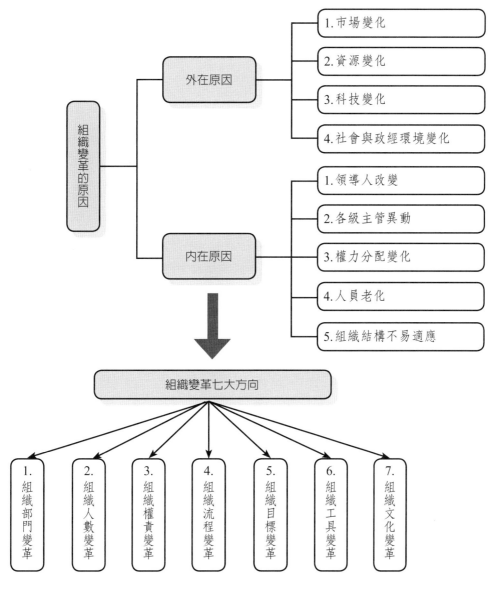

圖3-6　組織變革的原因及方向

2.**內在原因**：內在原因也並不單純，這包括領導人的改變、各級主管人員的異動、協調的狀況、指揮系統的效能、權力分配的程度、決策的過程等諸多原因之量與質之變化，均連帶使組織體產生更動。

二、組織變革的三種途徑

組織變革之途徑，可從結構性改變、行為改變及科技性改變三種方式著手，本單元簡要說明如下，提供讀者當組織需要改變時，變革之路能因此走得更為順暢。

(一)結構性改變

所謂結構性改變（Structural Change），係指以改變組織結構及相關權責關係，以求整體績效之增進。又可細分為：

1.**改變部門化基礎**：例如從功能部門改變為事業總部、產品部門或地理區域部門，使各單位最高主管具有更多的自主權。

2.**改變工作設計**：包括從工作如何更簡化、更豐富化以及彈性度加高等方面著手，而最終在使組織成員能從工作中得到滿足及適應。

3.**改變直線與幕僚間之關係**：例如增加高階幕僚體系以專責投資規劃及績效考核工作；或機動設立專案小組，在要求期限內達成目標；或增設助理幕僚，以使直線人員全力衝刺業績；或調整直線與幕僚單位之權責及隸屬關係。

(二)行為改變

1.**行為改變的意義**：係指試圖改變組織成員之信仰、意圖、思考邏輯、正確理念及做事態度等方向，希望所有組織成員藉行為改變，而改善工作效率及工作成果。這些行為改變之方法有敏感度訓練、角色扮演訓練、領導訓練以及最重要的教育程度提升。

2.**黎溫（Lewin）對改變個人行為的三階段理論**：大部分行為改變的方法。大都以黎溫所提出的改變三階段理論為基礎，現概述如下：

(1) **解凍階段**：本階段之目的，乃在於引發員工改變之動機，並為其做準備工作。例如：消除其所獲之組織支持力量；設法使員工發現，原有態度及行為並無價值，以及將獎酬之激勵與改變意願連結；反之，則懲罰與不願改變連結。

(2) **改變階段**：此階段應提供改變對象，以新的行為模式，並使之學習這種行為模式。

(3) **再凍結階段**：此階段係使組織成員學習到新的態度與新行為，並獲得增強作用；最終目的是希望將新改變凍結完成，避免故態復萌。

(三)科技性改變

隨著新科技、新自動化設備、新電腦網際網路作業、新技巧、新材料等之改變，也會連帶使組織部門之編制及人員質量之搭配，產生組織體上之相應改變，此即為科技性改變。例如：引進自動化設備，將使低層勞工減少，而高水準技工人數增加。

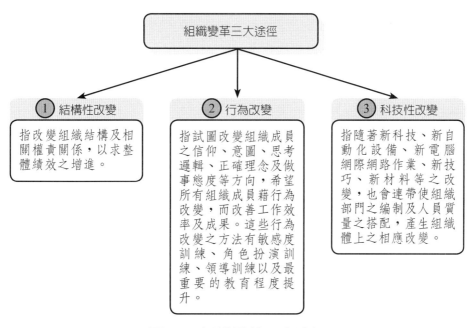

圖3-7　組織變革三大途徑

圖3-8　黎溫改變個人行為三階段

三、科特教授的組織變革八步驟

知名哈佛教授約翰・科特（John P. Kotter）在國內一場演講中，談到他多年研究結果顯示，組織要迅速脫穎而出，通常會經過下述八個步驟：

（一）**出現危機感**：嚴肅檢討市場與競爭態勢，找出並商討危機、潛在性危險或重大商機，以建立更強烈的迫切感。

（二）**建立團隊**：建立一支有力的領導團隊來領導變革。

（三）**共築願景**：發展願景與研擬達成願景的策略。

（四）**建立共識**：透過各種可能的管道，不斷傳遞新願景與策略，並藉由領導團隊的表現選出角色典範。

（五）**授權行動**：鼓勵具冒險犯難和異於傳統的構想、活動和行動，同時剷除障礙、改變破壞變革願景的系統或結構。

（六）**第一個勝利**：創造短期成就，以提振績效。

（七）**堅持**：鞏固成果並推出更多的變革。

（八）**持續變革**：把變革予以制度化，以確保領導者和接班人選的培養。

1	出現危機感	・員工上下相互討論，我們必須要有所行動。
2	建立團隊	・出現一支能同心協力、相互支援的「變革領導團隊」。
3	共築願景	・領導團隊發展出變革的願景和策略。
4	溝通、接受、共識	・組織上下接受策略、願景、態度軟化。
5	授權行動	・愈來愈多人根據願景採取行動。
6	創造第一階段戰績	・戰功激勵人心，抗拒與懷疑相對減少。
7	堅持、不能鬆懈	・由下而上的變革如波浪般出現，距離願景愈來愈近。
8	持續變革	・組織理念不變，但是江山代有才人出，真正揮別那彷如夢魘的年代。

圖3-9 科特教授組織變革八大步驟

四、抗拒變革的原因

任何組織在進行組織改革時，必會面臨來自不同人員及程度之抗拒：

(一)個人因素

1.影響個人在組織中權力之分配，即面臨權力被削弱之憂慮。

2.個人所持之認知、觀念、理想不同而有歧見。

3.負擔及責任日益加重，深恐無法完成任務。

4.對是否變革後能帶來更多有利組織之事，抱持懷疑態度。

(二)群體因素

深怕破壞群體現存利益、友誼關係及規範。這些均屬於組織中保守派或既得利益群體。

(三)組織因素

在機械化組織結構（Mechanic Structure）中，較不願傾向於組織變革，因為那會破壞現有組織內之人、事、物、財等事項之均衡。所以一動不如一靜，大家都習慣於相安無事及安逸過日子。

五、支持變革的原因

組織變革有人抗拒，另一方面也有人會支持，此原因為以下兩種：

(一) 個人因素：當個人希望有更大發揮空間、展現個人才華，進而擁有升官權力與物質收入時，便會積極促成組織之變革，成為組織中的改革派或革新派。

(二) 組織因素：在有機式組織結構（Organic Structure）中，通常會比較傾向支持組織變革，因為他們所處環境原本就是極富彈性的組織。因此，對於變革已經習慣且能接受。

六、如何克服抗拒

對組織變革中來自各方之抗拒，應採以下方式克服：

(一) 讓其參與：讓抗拒者參與變革事務，表達其意見與看法並酌予採納。

(二) **擒賊先擒王**：先從抗拒領導人著手，尋求其支持，只要領導人改變態度，其群體自不成氣候。

(三) **以靜制動**：以無聲巧妙的手段達成改變的實質效果。

(四) **耐心溝通**：透過充足的教育與溝通，將組織變革的必要性與急切性讓組織成員深入體會，形成支持基礎。

(五) **給予好處及支持**：在組織變革過程中，給予各方面實質支援。

(六) **妥協雙贏**：必要時，須與抗拒群體進行談判，尋求彼此妥協。

(七) **賞罰分明**：必要時，應採取獎懲措施，以強制手段貫徹組織變革。

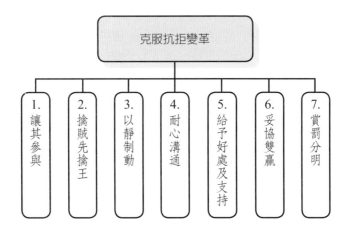

圖3-10　克服抗拒變革的七大方法

第三節　組織動態化及其發展

一、組織動態化的原因

　　最近幾年來，企業經營環境不斷改變，而影響其變化的原因通常是以下幾點：1.競爭壓力的加強；2.經營國際化及全球化之趨勢興盛；3.企業間合併與購併持續不斷；4.技術革新加速；5.國際策略聯盟的崛起，導致企業規模日益巨大化，以及6.網際網路與電子商務的日益應用普及。

　　環境變化如此多元又快速，企業組織結構也應敏捷調整因應，才能立於不敗。

圖3-11　組織動態化的環境因素

二、組織動態化與ESS結構

組織動態化之涵義可從以下兩點來觀察：

(一) **建立一套完整職能與職務制度**：在經過合理設計的組織中，應有一套職能分配制度及職務實行的方法，並且在各職務上均有適當之人員。

(二) **組織應彈性與機動性**：今日企業所面對的環境瞬息萬變，如果組織規程、作業程序、辦事規則等一成不變、固守老舊時，將造成組織僵硬化，無法應付環境之挑戰；故其組織結構、職掌分配、權責劃分、授權與分權實施，以及人力安排調派等，均應具有彈性與機動性。

綜上所述，企業面臨環境變遷（Environmental Change），其經營目標及策略也應跟著變化（Strategy Change），所以組織結構及其權責分配也應迅速調整（Structure Change），此乃「動態變化組織」（Environment → Strategy → Structure, ESS）哲學。

圖3-12　環境 → 策略 → 結構改變關聯圖

三、動態化組織之要件

動態化組織要考量哪些要件，才能在執行面確切落實呢？

(一) 實施「分權管理」：即將權力下授及分散給第一線執行負責人員。

(二) 充分授權：給予真正負責任之決策者，在處理機動性事物時所需之充分權力及各種資源。

(三) 情報資訊快速化與同步化：力求情報資訊傳遞路線的短程化與客觀報告制度之建立。

(四) 組織扁平化：一般組織成員依一定程序及規章，從事例行性作業，而讓高層主管專職於重大決策及例外事項管理。

(五) 組織結構應隨營運策略而變：最後必須避免組織僵硬，企業組織結構之配置、權力關係、聯繫關係等必隨營運策略之改變而變。

四、新的動態組織模式

在應用新的動態組織模式（Dynamic Model）中，可採取：1.「專案小組式」的組織；2.「任務編組式」的組織；3.「矩陣式」的組織；4.「自主式」的組織，以及5.變形蟲組織等模式運用。

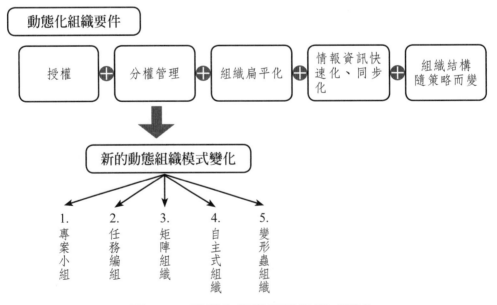

圖3-13　動態化組織要件及模式變化

第四節　管理幅度

　　為何要有管理幅度的控制？乃是因為企業為因應瞬息萬變及競爭激烈的市場，讓組織朝向扁平化發展，所以就產生一套分層授權的制度。但是如何授權對組織發展才是正面影響呢？此乃茲事體大，需要謹慎思考設計。

一、管理幅度的意義

　　「管理幅度」又稱為「控制幅度」（Span of Control），係指一位主管人員所能有效監督屬員的人數，是有一定限度的。

　　管理幅度與管理層次是進行組織設計和診斷的關鍵內容，組織結構設計包括縱向結構設計和橫向結構設計兩個方面。縱向結構設計即管理層次設計，就是確定從企業最高一級到最低一級管理組織之間應設置多少等級，每一個組織等級即為一個管理層次；橫向結構設計即管理幅度設計，就是透過找出限制管理幅度設計的因素，來確定上級領導人能夠直接有效管理的下屬數量。

　　但事實上，沒有所謂的最佳解答。管理幅度的大小應考量其影響因素，如組織結構、工作規範、工作內容、產業環境、管理者能力等。例如：能力強的管理者，所能管理的部屬比較多；複雜度高的工作，管理幅度會變小；工作規範及內容愈清楚者，管理幅度則會增加。因此，管理幅度應視組織及管理需求的不同而有所調整。

二、決定管理幅度的因素

　　以今日觀點，一個特定主管之有效管理控制限度大小，應考慮三方面因素：

(一)個人因素

1.主管個人偏好：例如他有較強烈之「權力需要」，可能希望控制幅度較大；反之，則希望屬員人數不要太多。

2.主管能力：能力較強之主管，控制幅度可較大。

3.屬員能力：如果屬員能力較強，則主管之控制幅度也可望增加。

管理控制幅度

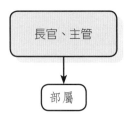

1.管理幅度與管理層次是進行組織設計和診斷的關鍵內容。

2.組織結構設計包括縱向結構設計和橫向結構設計兩個方面。

3.縱向結構設計即管理層次設計，就是確定從企業最高一級到最低一級管理組織之間應設置多少等級，每一個組織等級即為一個管理層次。

4.橫向結構設計即管理幅度設計，就是透過找出限制管理幅度設計的因素，來確定上級領導人能夠直接有效管理的下屬數量。

決定幅度因素

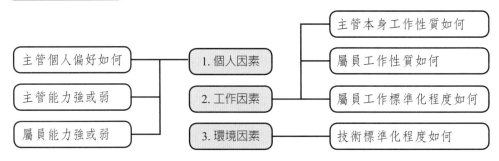

圖3-14　管理控制幅度的意義及決定因素

(二)工作因素

1.**主管本身工作性質**：如果一位主管須花相當時間在規劃或部門間協調時，很顯然地，他將無法有太多時間去監督屬下的人。因此，控制幅度必須小些。

2.**屬員工作性質**：屬員的工作性質，是否必須經常和主管商討；如果是，則主管之控制幅度自然會減少。

3.**屬員工作之相似及標準化程度**：如果相似程度及標準化程度愈高，則主管

之控制幅度可相對擴大。

(三)環境因素

通常是技術問題。在大量生產方式之下，控制幅度可以增加；反之，控制幅度可縮小。

第五節　新世紀組織人才應備條件

一、四種價值觀

台積電董事長張忠謀先生（已退休）在國內一場演講中，提出新世紀中所謂的人才，應具備四種價值觀與六種迎接挑戰的做事能力。此內容深具價值，因此亦屬於管理實務的一環。

(一)正直與誠信

這是很老的價值觀，但幾十年來已消失很多。例如：美國安隆公司作弊案後，很多相似案子也陸續爆發，造成景氣復甦的停頓。安隆案中的會計師都是聰明、有能力的人，但他們查出公司有問題卻不說，就是沒有誠信；人沒有誠信，就算有聰明、能力，永遠只是個危險人物、定時炸彈。以安隆案來看，爆炸的結果是幾萬人失業、幾百億元的股東財富灰飛煙滅。

(二)重振舊價值的「大我」

小我的觀念是「I am number one」（我的利益擺第一），但大我是在個人之上，還有一個大於我的利益，也就是團隊或國家利益大於個人利益。

(三)勤奮

這是臺灣經濟奇蹟最重要的因素。美國三十多年前就有有識之士鼓吹，美國若要維持國家競爭力，每週工時要提高，不能只有四十小時。

(四)有待重振「長期耕耘」的舊價值

真的值得做的事，就值得長期耕耘。但很多人都是暴發戶心態，總是想如果我能有好點子、好機運、懂得權謀，我就可以在幾年內賺大錢，然後遊山玩水，這就是放棄了長期耕耘的價值。

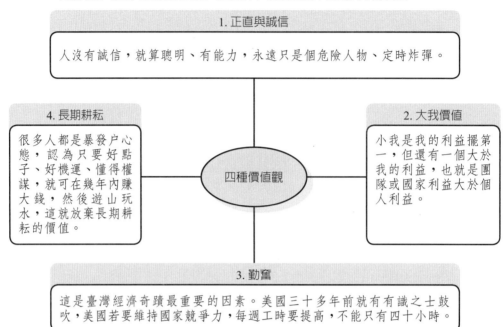

台積電公司董事長張忠謀先生（已退休）對新世紀中所謂人才的看法

1. 正直與誠信

人沒有誠信，就算聰明、有能力，永遠只是個危險人物、定時炸彈。

4. 長期耕耘

很多人都是暴發戶心態，認為只要好點子、好機運、懂得權謀，就可在幾年內賺大錢，然後遊山玩水，這就放棄長期耕耘的價值。

四種價值觀

2. 大我價值

小我是我的利益擺第一，但還有一個大於我的利益，也就是團隊或國家利益大於個人利益。

3. 勤奮

這是臺灣經濟奇蹟最重要的因素。美國三十多年前就有有識之士鼓吹，美國若要維持國家競爭力，每週工時要提高，不能只有四十小時。

圖3-15　新世紀人才的四種應具備價值觀

二、六種做事能力

除要重振舊價值觀外，張忠謀先生也提到新世紀人才應有的六種能力。

(一)要有獨立思考的能力

這是培養出來的人才。人的智慧可以像金字塔、分成一層一層，最底層是「Data」（資料），這些是未經整理的東西；往上一層是「Information」（資訊），這些是經過整理、評判的資料；而要更上一層成為智慧，就必須靠獨立思考。獨立思考的意思是不要輕信權威，不要相信你看到的資訊，下任何結論之前，要盡量參考更多的資訊，幫助自己判斷，所以獨立思考又稱批判性思考，也就是經常批判自己所下的結論。

(二)創新的能力

這是指跳出框框的思想。這能力每個行業都需要，每個人、公司，甚至國家，都有自設的框框，如果不跳出來，框框會愈來愈牢固，變成習慣；事實上，人常常有機會創新，例如：一個從來不做運動的人，開始每天運動，也是一種創新。通常有壓力才會開始創新，政府當然也要創新，且壓力應來自於人民。

(三)自動自發、積極進取的精神

人不要都只是被動做，或只把本分的事做好，如果看到有利益的事，沒要求你做就不做，這就是沒有自動自發的精神。有人一開始自動自發，但一遇到挫折就退縮，這則是不積極進取。積極進取是一旦開始，就要想辦法成功。積極進取就是「Entrepreneurship」，但這個字被翻譯成「創業精神」，其實是誤翻，因為創業不見得都樂觀進取，而在公司不創業的人，卻可以很樂觀進取。

(四)專業訓練加上商業知識

一門都不精的人，很難在新時代立足；但21世紀是個商業世紀，每個人都不能不有商業知識。例如：要看懂資產負債表，而且懂得其中巧妙；資產負債表雖只有一頁，但附錄通常十幾頁，巧妙就在附錄，要看是否「話後有話」、「話外有話」。

(五)溝通的能力

這是兩面的，別人與你溝通時，你也要有能力回應。聽、說、讀、寫都很重要，通常聽是最不受重視，但也許是最重要的。有成就的人與別人最大的不同，在於他聽的通常比別人來得多。

(六)能力是「英文」

因為在地球村裡，英文還是強勢語言，在臺灣如果不讀英文，會損失很多資訊。臺灣雖有很多翻譯書，但錯誤也很多，且常常抓不到重點，如果英文不好，會很吃虧。

1. 要有獨立思考能力

就是不要輕信權威，不要相信你看到的資訊，下任何結論之前，要盡量參考更多的資訊，幫助自己判斷。

2. 要有創新能力

也就是跳出框框的思想。這能力每個人、公司，甚至國家都需要，如果不跳出來，框框會愈來愈牢固，變成習慣。通常每個人都有機會創新，而且有壓力才會開始創新。

3. 積極進取精神

積極進取是一旦開始，就要想辦法成功。積極進取就是「Entrepreneurship」，但被譯成「創業精神」，其實是誤翻，因為創業不見得都樂觀進取，而在公司不創業的人，卻可以很樂觀進取。

4. 專業訓練 + 商業知識

在這個商業世紀，除專業技術外，也要具有商業知識，看得懂資產負債表，而且懂得其中巧妙。資產負債表雖然只有一頁，但附錄有十幾頁，巧妙就在附錄，要看其中是否暗藏玄機。

5. 溝通能力

這是兩面的，別人與你溝通時，你也要有能力回應。有成就的人與別人最大的不同，在於他聽的通常比別人來得多。

6. 英文能力

目前英文還是強勢語言，臺灣雖有很多翻譯書，但常常抓不到重點，如果英文不好，會損失很多資訊。

圖3-16　新世紀人才應具備之六種工作能力

本章習題

1. 何謂組織？請簡述之。

2. 設立組織應考慮哪些事項？

3. 何謂事業部組織？何謂功能性組織？何謂專案組織？

4. 何謂直線人員？幕僚人員？

5. 促成組織變革的外在原因為何？

6. 請列示科特教授對組織變革的八步驟為何？

7. 促成組織動態化的環境原因為何？

8. 何謂ESS的動態變化組織？

9. 何謂管理幅度？

10.台積電張忠謀董事長（已退休）提出新世紀人才的六種做事能力為何？

第四章
管理與規劃（企劃、計劃）力

本章重點摘要

一、企業規劃的五大基本特性為：

    (1) 規劃的必要性

    (2) 規劃的理性與邏輯性

    (3) 規劃的時間觀念

    (4) 規劃的連貫性

    (5) 規劃的前瞻性

二、企業規劃的四大好處為：

    (1) 可使管理階層有效適應環境改變

    (2) 可增加企業成功之機會

    (3) 可促使成員關注整體目標

    (4) 有助其他管理功能發揮

三、企業採行規劃的六大原因為：

    (1) 企業不再是無力羔羊

    (2) 技術創新大大提高

    (3) 企管工作日益複雜

    (4) 同業競爭壓力大

    (5) 企業環境變化大

    (6) 決策時間長度拉長

四、企業規劃的七大程序步驟為：

    (1) 界定企業經營使命

    (2) 設定目標

    (3) 進行環境因素預測

    (4) 評估本身資源條件

    (5) 發展可行方案

(6) 實施計劃方案

(7) 評估、修正及再出發

五、企劃案撰寫5W/2H/1E的八項原則為：

(1) What：何事、何目的、何目標

(2) How：如何達成

(3) How Much：多少預算

(4) When：何時計劃與安排

(5) Who：組織配置

(6) Where：何地

(7) Why：為何

(8) Evaluation：效益評估

六、六大跨領域商管知識為：

(1) 策略領域

(2) 行銷領域

(3) 經濟學領域

(4) 財會分析領域

(5) 企業管理領域

(6) 國內外環境變化領域

第一節　規劃的特性、好處、原因及程序

　　我們常聽到很多規劃種類，舉凡生涯規劃、理財規劃、節稅規劃、營運規劃等，從自然人到法人，無不需要規劃，有了規劃意味著會是一個好的開始。

　　這表示規劃乃是「未雨綢繆」、「謀定而後動」之意，從企業管理來看，擬訂一套良好的規劃，可使管理者在面對多變的環境時，能具有主動影響未來的能

力，而不是被動地接受未來。

一、規劃的基本特性

　　從管理觀點來看，規劃（Planning）乃代表一種針對未來所擬訂採取的行動，進行分析與選擇的程序，包含：定義組織目標、建立整體策略，以及發展全面性的計劃體系，來整合與協調組織的活動。基本上，規劃具有以下特性：

　　(一) **必要性**：規劃係管理循環之首先步驟，規劃做不好，接下來的組織領導、協調、考核等就會有所偏差，可見規劃乃是管理之基本。

　　(二) **理性**：規劃是全憑事實客觀根據，經過科學化與邏輯性分析、評估所形成，可說是相當理性而不夾雜人情或情緒。

　　(三) **時間性**：規劃具有時間性之構面，此係指規劃應具有時效性與優先次序之考量。

　　(四) **連貫性**：規劃要前後連貫，不可中斷或分歧；有一套短、中、長期持續規劃，才能發揮其累積的效用。

　　(五) **前瞻性**：規劃如果不能掌握前瞻特性，在面對大好機會時，可能因此無法先搶占市場，而錯失商機。

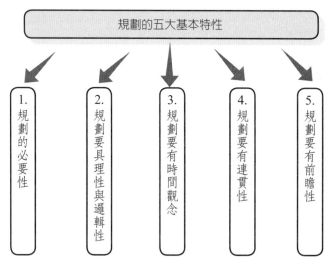

圖4-1　規劃的五大基本特性

二、規劃的好處

企業可透過規劃研擬的過程中，進一步地開發新的商機和擬訂策略，也可藉此防止封閉思維，協助企業及早因應可能的風險。因此善於規劃的企業，將可能蒙受以下潛在益處：

(一) **使管理階層能有效適應環境之改變**：規劃能提供環境變化的立即訊息供高階人員參考，使其能思考對策方案，以使高階管理有效掌握環境之動態演變。

(二) **可增進企業成功之機會**：規劃針對環境演變而提出因應之選擇方案及執行步驟，亦即面對動態，也能不出其掌握範圍內，因此，可增進企業各方面成功之機會。

(三) **可促使各成員關注組織的整體目標**：平常各部門只忙於各自目標，對於公司整體目標未有知悉，也無暇顧及，因此可能會損害整體績效。因此，乃有賴於企劃單位做好整體目標之規劃，促使各成員關注組織之整體目標。

(四) **有助於其他管理功能之發揮**：有了第一步的規劃，爾後之執行、督導、激勵與考核等管理過程，才能有一個根據遵循依憑，故會有助其他管理功能之發揮。

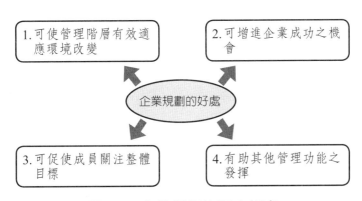

圖4-2　企業規劃的四大好處

三、規劃功能採行的原因

數年來，企劃的精神在實務上廣泛被使用，主要植基於以下六因素：

(一) 企業不再是完全受市場宰割的無力羔羊：企業若能善用成員之腦力，包括積極冒險精神及冷靜分析能力，不僅能夠適應並跟隨趨勢，尚能創造有利局勢。

　　(二) 技術革新的採用率大大提高：第二個因素是技術革新，在各行各業採用成功的比率大大提高，所以為了競爭，不得不及早計劃未來。

　　(三) 企管工作愈來愈複雜：因此不能不多做規劃。尤其企業規模擴大，產品線及市場區隔日益多角化，所以必須依賴團隊的計劃、執行及控制，才能順利運作。

　　(四) 同業競爭壓力滋長不息：同業競爭壓力，促使企業必須妥善計劃未來，不可坐以待斃。

　　(五) 環境變化及社會責任：企業經營的生態愈來愈複雜、企業社會責任日受重視等，均使企劃分析日益重要。

　　(六) 決策時間愈來愈長：長期性規劃的系列性甚屬重要，因此，企劃工作成為企業經營管理的首要機能。

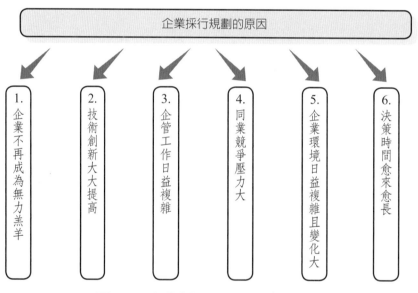

圖4-3　企業採行規劃的六大原因

四、規劃的七大程序

有關規劃程序（Planning Procedure），茲概述如下：

(一)**界定企業之經營使命**：此經營使命，乃在說明企業所能提供社會與客戶之效用或服務。有此經營使命之後，企業才能確定本身的生存理由與發展方向。

(二)**設定目標**：依據經營使命，必須設定企業想達成的各種目標，以為努力之指標。

(三)**進行有關環境因素之預測**：一企業要有效達成設定之各目標，必受到環境因素影響頗大，因此，必須努力減低對環境之依賴性，並進行評估與預測，此包括經濟景氣、消費者變化、市場競爭、政治社會之改變等。

(四)**評估本身資源條件**：要認真評估自己所擁有之資源條件是否足以支持所設目標、手段與方法；否則眼高手低，目標必然無法順利達成，而且徒然浪費資源。

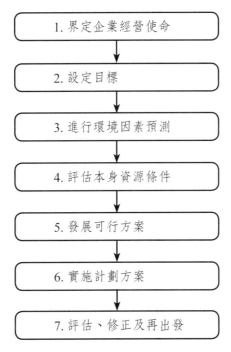

圖4-4　企業規劃的七大程序

（五）**發展可行方案**：目標確立、條件充足之後，再來要研訂幾套不同的可行方案，供作決定最適方案。當然，執行的結果或許會有差異，必要時應以備案支援。

（六）**實施該計劃方案**：經慎思擇定之計劃方案，便要全力投入，不可半途而廢、虎頭蛇尾，或是同時分散力量，做太多計劃方案。

（七）**評估修正及再出發**：針對執行之結果，必須評估其成效如何，有必要更改處，應予修正，以符實際需要，並創造更可觀之績效。

第二節　企劃案撰寫的5W/2H/1E原則

企劃案撰寫5W/2H/1E八項原則

當撰寫任何一個企劃案時，必須審慎思考及注意企劃案內容與架構，是否已包含5W/2H/IE的精神及內涵。

（一）What——何事、何目的、何目標

首先要注意這次企劃案撰寫的最主要核心目的、目標及主題為何，而且一定要界定得相當清楚明確，範圍也不能太大。因此，當主題、目的、目標確立之後，就可以環繞在這個主軸上，展開企劃案的架構設計、資料蒐集、分析評估及撰寫工作了。

（二）How——如何達成

再來，就是你要陳述如何達成前面提到的企劃案主題、目的與目標。在這個階段要特別注意到：1.有哪些假設前提？2.這些假設前提，有何客觀科學數據支持？3.這些客觀科學數據的來源及產生，又是如何？4.要如何說服別人相信這些想法與作法是可以有效達成的？以及5.是否能展現一些創新與突破，而不是只有傳統作法？

（三）How Much——多少預算

大部分的企劃案，一定都要有數字出現，不能只有文字。因為任何企劃案，最後都要付諸執行；只要是執行，就一定會有預算出現。因此，How Much是一個

企劃案的表現重點之一。因為，很多決策必須依賴最後數字，才能做決策；否則沒有客觀數據分析為基礎，常無法做決策或誤導成錯誤的決策。在預算方面，包括營收、成本、資本支出、管銷費用、人力需求、廠房規模、損益以及資金流量等預算預估。

(四)When——何時計劃與安排

這個階段一定要陳述計劃的執行時程如何安排，包括：1.何時開始正式啟動？2.何時應該依序完成哪些工作項目？以及3.最後總完成時間大概何時？假設某銀行信用卡部門將推出新上市的信用卡行銷活動，因此必須列出信用卡新上市所有工作時程表，包括卡片設計、審卡、記者會、廣告CF上檔、促銷活動、新聞報導、贈品採購、業務組織與推展和客服中心等數十個工作事項，均應列入工作時程表內，然後依時程全面展開工作。因此，企劃案中的時間點，應該非常明確。

(五)Who——組織配置

一個企劃案沒有人力組織，就無法執行。因此，企劃案中對於將來執行本案的組織、人力及相關配置需求，也要說明清楚。這包括公司內部既有的組織與人力，以及外部待聘的組織及人力。特別是一個新廠擴建案，必然會帶動新組織與新人力需求的增加。在這個階段，應該注意到必須由專責專人來負責特別的企劃案，這樣權責一致，才能有效推動任何的企劃案。

(六)Where——何地

這個階段必須對企劃案內容的地點加以說明，究竟其中所涉及到的地點是在國內或國外，單一地點或多元地點。例如：某電子廠到中國大陸投資生產，其據點可能包括上海、昆山、深圳等多個地點；再如很多公司提到要全球布局及全球運籌，那麼究竟要在哪些國家及城市設立生產據點、研發據點、物流倉庫、採購據點或行銷營業中心呢？

(七)Why——為何

企劃案撰寫中，經常要自己問自己很多的Why。唯有能夠很正確有力的答覆Why，企劃案才不會怕別人的挑戰與批評。例如：撰寫企劃案後，常會被人挑戰說：1.為什麼對產業成長數據如此樂觀預估？2.科技變化的速度是否列入考慮了？3.競爭者難道不會取得核心技術能力？4.美國經濟環境會如期復甦嗎？5.自身的核心競爭力已是對手難以追上的嗎？以及6.市場需求會有跳躍式的成長嗎？

企劃案內容撰寫的重要原則

1. What

做何事？何目的？何目標？何主題？
- 當主題、目的、目標確立之後，就可以環繞在這個主軸上，展開企劃案的架構設計、資料蒐集、分析評估及撰寫工作。

2. How

如何做？如何讓人相信是可以達成的？
- 有哪些假設前提？
- 這些假設前提，有何客觀科學數據支持？
- 這些客觀科學數據的來源及產生，又是如何？
- 要如何說服別人相信這些想法與作法，是可以有效達成的？
- 是否能展現一些創新與突破，而不是只有傳統的作法？

3. How Much

要多少預算，要花多少錢？
- 包括營收預算、成本預算、資本支出預算、管銷費用預算、人力需求預算、廠房規模預算、損益預算及資金流量預估等。

4. When

何時做？時程計劃安排為何？
- 何時開始正式啟動？何時應該依序完成哪些工作項目？最後總完成時間大概何時？

5. Who

何人做？哪些組織、人力及配置？
- 包括公司內部既有的組織與人力，以及外部待聘的組織及人力。

6. Where

何地做？國內或國外？單一地或多元地？

7. Why

為什麼要這麼做？

8. Evaluation

評估有形或無形的效益。

圖4-5　企劃案撰寫的八大原則（5W/2H/1E）

爲了回答這一連串的Why，企劃人員必須很深入的做好產業分析、市場分析、競爭者分析、顧客分析、自我分析、科技分析、法令分析及外部政經環境分析。

　　企劃人員如果眞能掌握這些複雜的分析情報，那麼在撰寫企劃案中，將對How如何達成目標的問題，更加有自信與看法。

(八)Evaluation——效益評估

　　企劃案最後一個重要原則，必須對本案的效益評估做出說明，以作爲結論引導。對企業的效益可以區分爲「有形效益」及「無形效益」兩種：

　　1.有形效益：指的是可以明確衡量的效益。例如：帶動營收額增加、獲利增加、市占率上升、生產成本大幅下降、股價上升、顧客滿意度上升、品牌知名度上升、組織人力精簡、資金成本降低、生產良率提高、專利權申請數增加、關鍵技術突破順利上線等。

　　2.無形效益：指的是難以用立即呈現眼前的數據衡量。例如：(1)策略聯盟所帶來的戰略效益；(2)企業形象變好，對企業銷售的無形助力；(3)技術研發人員送至國外受訓，其所增加的研發技術與知識的潛在增加；(4)公益活動所帶來的社會良好口碑與認同，以及(5)出國考察參訪及見習所感受到的創新、點子與模仿。

第三節　企劃人員的基本技能與商管知識

一、「一般化」企劃技能

　　一般化企劃技能是指在撰寫企劃案時，如何撰寫及呈現企劃案的總體表現：

　　(一) 組織能力：包括架構能力、組織結合能力、邏輯分析能力。你對於任何一種企劃案，是不是能夠很快的「組織架構」出整個企劃案撰寫綱要的邏輯、內容與順序？還是覺得毫無頭緒或紛亂雜陳？

　　(二) 文字能力：包括文字撰寫能力、下標題能力。你是否具有無中生有或有中更美的文字撰寫能力與下標題能力？能讓企劃案看起來很順暢、重點明確，不必人家說明就能看得懂？

　　(三) 蒐集能力：即蒐集資料的能力。你是否具有各種包括公司內外部管道來

源的資料蒐集能力？

(四) **判斷能力**：包括重點判斷能力、決策建議能力、替身角色扮演想像力。你是否對於蒐集到的資料，經過你或小組成員共同分析、討論後，能夠對企劃案撰寫重點有效掌握？並且對於報告內容的重要決策與方案，有能力提出建議或對策？

(五) **工具能力**：即電腦美編作業軟體應用能力。你是否有能力使用包括Power Point簡報等電腦美編作業軟體？

(六) **口語表達能力**：即簡報表達能力。你是否能很穩健、清晰、不會緊張的做企劃案口頭報告或簡報表達？

```
┌─────────────────────────────────────────────┐
│              一般化企劃技能                    │
└─────────────────────────────────────────────┘

     1. 組織能力
・你對於任何一種企劃案，是不是能夠很快的「組織架構」出整個企劃案撰
  寫綱要的邏輯、內容與順序？

     2. 文字能力
・你是否具有無中生有或有中更美的文字撰寫能力與下標題能力？
・你是否能讓企劃案看起來很順暢、重點明確，不必人家說明就能看得懂？

     3. 蒐集能力
・你是否具有各種包括公司內外部管道來源的資料蒐集能力？

     4. 判斷能力
・你是否對於蒐集到的資料，經過你或小組成員共同分析、討論後，能夠對
  企劃案撰寫重點有效掌握？
・你是否對於報告內容的重要決策與方案，有能力提出建議或對策？

     5. 工具能力
・你是否有能力使用包括 Power Point 簡報等電腦美編作業軟體？

     6. 口語表達能力
・你是否能很穩健、清晰、不會緊張的做企劃案口頭報告或簡報表達？
```

圖4-6　一般化企劃的六大技能

二、「跨領域」學理技能

有六大跨領域學理知識對企劃人員在企劃時會有助益，即：

(一) 策略領域：對制定集團、公司或專業群總部之策略方向、目標、競爭策略與計劃步驟內容，會有助益。

(二) 行銷領域：對如何創造公司營收成長的原因、方向、步驟、計劃，會有助益。

(三) 經濟學領域：對產業結構、產業競爭、規模經濟等分析與規劃，會有助益。

(四) 財會分析領域：對財務分析、會計報表分析、數據來源的前提假設與營運效益等分析，會有助益。

(五) 企業經營與管理概念領域：對企業經營循環與管理循環之內容與計劃之分析、規劃，會有助益。

有助企劃之學理知識

1. 策略領域
對企劃人員制定集團、公司或專業群總部之策略方向、目標、競爭策略與計劃步驟內容，會有助益。

2. 行銷領域
對企劃人員如何創造公司營收成長的原因、方向、步驟、計劃內容，會有助益。

3. 經濟學領域
對企劃人員之產業結構、產業競爭、規模經濟等分析與規劃，會有助益。

4. 財會分析領域
對企劃人員之財務分析、會計報表分析、數據來源的前提假設與營運效益等分析，會有助益。

5. 企業經營與管理概念領域
對企劃人員之企業經營循環與管理循環之內容與計劃之分析、規劃，會有助益。

6. 國內外各種環境構面知識領域
對企劃人員在掌握及分析國內外競爭環境的變化，擴大企劃案的思考架構及背景分析，會有助益。

圖4-7 六大跨領域學理商管知識之助益

（六）**國內外各種環境構面知識領域**：對掌握及分析國內外政治、經濟、法令、社會、文化、人口、結構、科技、競爭動態等環境變化，擴大企劃案的思考架構及背景分析，會有助益。

三、什麼才是好的規劃

實務上，一份好的規劃必須包含十三個要點：1.案子能夠立即、有效解決公司當前的問題；2.案子能夠帶給公司獲利、賺錢的商機；3.案子能夠顯著及大幅度改善公司事業或產品戰略結構，並且影響深遠；4.案子具有可行性及可執行性；5.企劃案是能夠做對的事情，做出正確的事情；6.案子能夠解決公司面臨的重大危機，轉危為安；7.案子具有高度及全局的洞見思維；8.案子結構性完整、邏輯性嚴謹以及具有創新之作；9.案子能夠維繫公司領導地位與領先地位；10.案子能夠反敗為勝；11.案子能夠超越競爭對手；12.案子能夠持續強化公司的核心競爭力，以及13.案子能夠累積公司的無形資產價值，如形象案子能夠超越競爭對手、品牌案子能夠超越競爭對手、專利案子能夠超越競爭對手、智財權案子能夠超越競爭對手，以及顧客資料庫等。

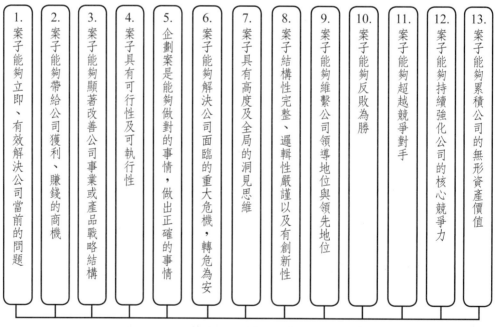

圖4-8　好的規劃案要素及報告十三要點

四、規劃報告應備要點

有了以上縝密思考，確定案子的可行後，就要開始將思考的內容以書面報告呈現，著手撰寫規劃報告並付諸行動。完整的規劃報告內容應具備十七個要點：1.What：要做什麼、什麼目標與目的；2.Why：為何如此做，是何原因；3.Where：在何處做；4.When：何時做，何時完成；5.Who：誰去做，誰負責；6.How to Do：如何做，創意為何；7.How Much Money：要花多少錢做，預算多少；8.Evaluation：評估有形及無形效益；9.Alternative Plan：是否有替代方案及比較方案；10.Risky Forecast：是否想到風險預測、風險多大；11.Market Research：是否有進行市調、行銷研究；12.Balance Viewpoint：是否有平衡觀點，沒有偏頗；13.Competitive：是否具有贏的競爭力；14.How Long：要做多長；15.Logically：是否具合理性及邏輯性；16.Comprehensive：是否具完整性及全方位觀，以及17.Whom：對象、目標是誰。

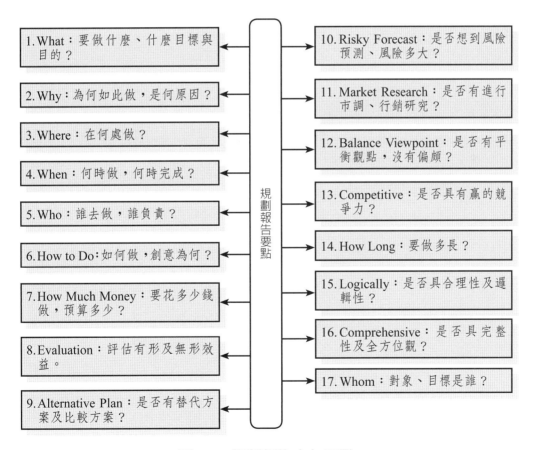

圖4-9　規劃報告十七要點

本章習題

1. 請列示規劃的五大基本特性為何？
2. 請列示規劃的四大好處為何？
3. 請列示規劃採行的六大原因為何？
4. 請列示規劃的七大程序為何？
5. 請列示企劃案撰寫的5W/2H/1E的八項原則為何？
6. 請列示一般化企劃的六大技能為何？
7. 請列示六大跨領域學理知識為哪六項？

第五章

管理與領導力

本章重點摘要

一、領導，就是帶領組織朝目標及願景邁進。

二、彼得‧杜拉克認為沒有永遠的領導者，也不需要有超級領導者，而是要建立制度化與專業化的領導者。

三、領導者的頭等大事，就是找能幹的人。

四、領導人與經理人兩者間是有區別差異的。

五、領導的三項組合是：領導者＋跟隨者＋情境

六、領導力量的六種來源為：

　　(1) 法定力量

　　(2) 獎酬力量

　　(3) 脅迫力量

　　(4) 專技力量

　　(5) 感情力量

　　(6) 敬仰力量

七、領導的各項理論分別有：

　　(1) 領導人屬性理論

　　(2) 領導行為模式理論

　　(3) 情境領導模式理論

　　(4) 領袖制宜技巧理論

　　(5) 適應性領導理論

　　(6) 參與式領導理論

八、前GE公司執行長對領導人要件的看法是4E與1P，如下：

　　(1) 正面能量（Energy）

　　(2) 鼓舞他人（Energize）

　　(3) 當機立斷（Edge）

(4) 執行力（Execute）

(5) 熱情（Passion）

九、成功領導者的六大法則：

(1) 尊重人格原則

(2) 相互利益原則

(3) 積極激勵原則

(4) 意見溝通原則

(5) 參與原則

(6) 相互領導原則

十、領導就是教導，應建立一個教導型的企業組織體。

第一節　領導的意義、基礎力量及特質

一、領導的深度意涵

(一)領導，是帶領組織朝目標與願景邁進

領導學大師華倫‧班尼斯（Warren Bennis）曾經為「領導」（Leadership）下了一個簡單定義——領導，是帶領人們朝特定願景與目標邁進。班尼斯認為，領導的核心價值，就在於能提供一個指導願景（Guiding Vision），讓領導人清楚知道自己和組織前進的目的為何，同時具備堅持下去的意志力。

曾著述《一分鐘經理人》、目前為知名企管顧問公司董事長暨總精神長的肯‧布蘭佳（Ken Blanchard）在《願景領導》一書中，曾以愛麗絲與咧嘴貓的對話，闡述「願景」對領導人與企業的重要性。肯‧布蘭佳強調，「領導力攸關企業的未來走向！如果企業經營者和員工都不知道公司未來將何去何從，那麼經營者的領導力也將變得可有可無。」成功的領導人懂得喚起組織共同的願景，讓員工能看到美好、光明的未來。肯‧布蘭佳認為，「願景能讓企業跳脫『擊敗競爭同業』的窠臼，讓企業展現真正的卓越，而不是整天在數字上錙銖必較。」

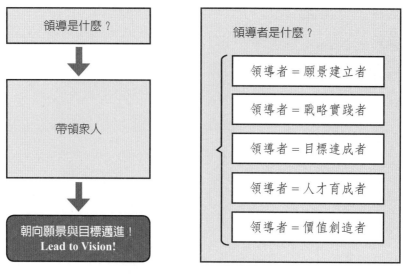

圖5-1　領導的深度意涵

(二)彼得‧杜拉克對領導者特質的看法

管理大師彼得‧杜拉克認為世界變化太快，沒有永遠的領導者。他在2003年出版的《談未來管理》，其中對領導者有精闢的說明，茲摘錄如下。

彼得‧杜拉克認為現今許多關於「領導」的討論，其實都沒有什麼讓他感覺深刻的。彼得‧杜拉克曾經跟政府部門許多領袖一起共事過（包括兩位美國總統杜魯門與艾森豪），也跟企業界、非政府組織、非營利組織，例如大學、醫院或教會的領導者，有過許多相處的經驗。彼得‧杜拉克表示，沒有任何一位領導者是一樣的。他指出成功的領導者只有兩點共同的特質：他們都有許多追隨者（所以，不是管理階層就是領導者，領導者要有追隨者）；另外，他們都得到這些追隨者很大的信任。

因此，所謂的領導者並沒有一個定義，更不要說第一流的領導者了。而且，某一個人在當今情勢下或某一個時機、某一個組織是第一流的領導人，卻很可能在另外一個情勢、另外一個時間，跌得四腳朝天。最重要的還是一個組織的自我管理、自我創新，領導者不是永遠的，尤其不可能依賴超級領導者，因為超級領導者的數量有限；若是公司只想靠英雄或天才來治理，其結果就是一個「慘」字可以形容。

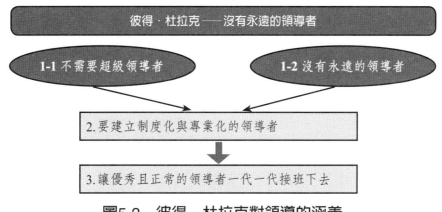

圖5-2　彼得‧杜拉克對領導的涵義

(三)領導者及高階主管的頭等大事──找能幹的人

從事管理工作的人都知道，把對的人擺在對的位置上，事情就搞定一大半。有的主管會把找人當作優先且重要的事來做；有些雖然自己忙得不可開交，卻總覺部屬能力不夠，工作交代不下去，成果做得不理想，可是就是不會花些時間去找好的幫手。

用人的第一個步驟是要認識人，其次是要判斷是不是有能力，再來就要思考適不適合引進組織，最後還要說服他願意離開原來工作，跟你一起打拚。而在公司內部，如何說動上層主管願意用這個人就要花不少力氣；再來，薪水、職稱等都需要跟人力資源部門溝通，等這個人順利進了公司之後，還要設法讓他融入現在團隊，不會很快陣亡。每個環節都需要兼顧，才能把一個好的幹部導入公司。

圖5-3　領導人的頭等大事──找能幹的人

二、領導人vs.經理人的區別

(一)領導與管理的定義不同

「領導」的定義是：「在一特定情境下，為影響一人或一群體之行為，使其趨向於達成某種群體目標之人際互動程序。」

而「管理」的定義則是：「管理者立基於個人的能力，包括專業能力、人際關係能力、判斷能力及經營能力；然後發揮管理機能，包括計劃、組織、領導、激勵、溝通協調、考核及再行動，以及能夠有效運用企業資源，包括人力、財力、物力、資訊情報力等，做好企業之研發、生產、銷售、物流、服務等工作，最終能達成企業與組織所設定的目標。」

雖然領導人與經理人的角色，乍看之下類似，但由上所述顯然有其不同之處，再經過以下仔細分類對照後，會發現真的很不同。

項目 差異點	(一) 領導者的特色	(二) 管理者的特色
1.出發點不同	找出追隨者的共同心理，而加以利用，以達到領導的目的。	找出員工個人的特質與能力，將人擺在適當的位置，以正確有效的執行。
2.要求不同	希望人更積極的發揮創意，改善現有的做事方法。	要求人按照基準的方法、制度、系統、規範、程序，正確執行工作。
3.目的不同	追求的是自發的創造力。	講究的是執行力。
4.人力運用不同	激發人力資源的潛在價值。	有效的利用人力資源。

圖5-4　領導與管理的差異區別

(二)領導人與經理人的角色不同

1.方向不同：經理人基本上「向內看」，管理企業各項活動的進行，確保目標的達成；領導人則多半「向外看」，為企業尋找新的方向與機會。

2.面對問題不同：管理的工作，是要面對複雜，為組織帶來秩序、控制和一致性；領導卻是要面對變化、因應變化。企業組織裡，必然有一部分的高層職務需要較多的領導，另外一部分職位則需要較多的管理。

3.**兩者無法彼此取代**：管理無法取代領導，同樣地，領導也不是管理的替代品，兩者其實是互補的關係。

4.**工作重點不同**：管理的工作重點，是掌握預算與營運計劃，專注的核心是組織架構與流程，是人員編制與工作計劃、是控制與解決問題。而領導的重點卻是策略、願景和方向，專注的是如何藉由明確有力的溝通，激發出員工的使命感，共同參與創造企業的未來。正因為如此，管理與領導，兩者缺一不可。缺乏管理的領導，將引發混亂；缺乏領導的管理，容易滋生官僚習氣。

不過，面對不確定的年代，隨著變化的腳步不斷加快，為了因應多變的市場與競爭，領導對於企業組織的興衰存亡，已經愈來愈重要了。

總而言之，領導人（Leader）和經理人（Manager）最大的差異在於：領導人最重要的能力可以說就是影響力，是間接的、是站在前方引導的、是能讓他人從內在願意主動追隨的夢想家；而經理人最重要的能力就是執行力，是直接的、是站在後方鞭策或在旁邊指正的、是能讓他人透過外在制度與規範下依序前進的實踐者。

	（一）領導人的角色（Leader）	（二）經理人的角色（Manager）
1	創新	管理
2	開發	維持
3	探究現實	接受現實
4	專注於人	專注於制度與架構
5	看長期	看短期
6	質問 How & Why	質問 How & When
7	目光放在公司未來	目光放在財務盈虧
8	原創	模仿
9	依賴信任	依賴控制
10	自己的主人	優秀的企業戰士

圖5-5　領導人與經理人的區別

三、領導的意義及力量基礎來源

(一)領導的意義

管理學家對「領導」之定義，有些不同的看法。

戴利（Terry）認為：「領導係為影響人們自願努力，以達成群體目標所採之行動。」

坦邦（Tarmenbaum）則認為：「領導乃係一種人際關係的活動程序，一經理人藉由這種程序以影響他人的行為，使其趨向於達成既定的目標。」

而另一種對「領導」比較普遍性的定義是：「在一特定情境下，為影響一人或一群體之行為，使其趨向於達成某種群體目標之人際互動程序。」

換句話說，領導程序即是：領導者（l：leader）、被領導者（f：follower）、情境（s：situation）等三方向變項之函數。

用算術式表達，即為 $L-f(l, f, s)$。

圖5-6　領導的三項組合

(二)領導力量的基礎

從管理學者對主管人員領導力量之來源或基礎，可含括以下幾種：

1.**法定力量**（Legitimate Power）：一位主管經過正式任命，即擁有該職位上之傳統職權，即有權力命令部屬在責任範圍內應所作為。

2.**獎酬力量**（Reward Power）：一位主管如對部屬享有獎酬決定權，即對部屬之影響力也將增加，因為部屬的薪資、獎金、福利及升遷均操控於主管手中。

3.**脅迫力量**（Coercive Power）：透過對部屬之可能調職、降職、減薪或解僱之權力，可對部屬產生嚇阻作用。

4.**專技力量**（Expert Power）：一位主管如擁有部屬所缺乏之專門知識與技術，則部屬應較能服從領導。

5.**感情力量**（Affection Power）：在群體中由於人緣良好，隨時關懷幫助部屬，則可以得到部屬衷心配合之友誼情感力量。

6.**敬仰力量**（Respect Power）：主管如果德高望重或具正義感，因此備受部屬敬重，而接受其領導。

---

1. 法定力量

一位主管經過正式任命，即擁有該職位傳統職權，即有權力命令部屬在責任範圍內應所作為。

2. 獎酬力量

一位主管如對部屬的薪資、資金、福利及升遷享有獎酬決定權，即對部屬之影響力也將增加。

3. 脅迫力量

透過對部屬之可能調職、降職、減薪或解僱之權力，可對部屬產生嚇阻作用。

4. 專技力量

一位主管如擁有部屬所缺乏之專門知識與技術，則部屬應較能服從領導。

5. 感情力量

隨時關懷幫助部屬，則可以得到部屬衷心配合之友誼情感力量。

6. 敬仰力量

主管如果德高望重或具正義感而使部屬對他敬重，而接受其領導。

圖5-7　領導力量的六大基礎來源

四、領導力的7個I特質

中國文化大學創新育成中心執行長廖肇弘曾經提出領導力的7I特質，其論述精闢，茲摘述如下，以供參考。由於內容豐富，特分兩單元介紹。

(一)Insight——遠見

Insight（遠見）代表著領導者的策略觀點與重大決策的選擇，領導者是否能夠選擇正確的方向與戰略，往往就是決定戰局最後勝敗的核心關鍵要素。

(二)Influence——影響力

無疑地，Influence（影響力）是所有成功領導者最基本，也最必備的重要特質。這種個人的魅力並不是來自於外表，而是來自於對理念的堅持、對他人的關懷、對願景的認同，以及對改變現狀的渴望等。短期的影響力來自於個人聲望、魅力或熱情的感情力；長期的影響力則來自於共同的理念，以及誠信所累積的信賴。

(三)Inspiration——激勵

成功的領導者，也一定是能強烈鼓舞士氣、快速激發團隊潛能的高手。歷史上以寡擊眾的戰役告訴我們，戰場上勝利一方的領袖所憑藉的，並不是武器糧秣的多寡，絕對是軍心士氣的強弱。同樣的，商場上領導者是否能夠啟發與激勵團隊整體士氣，達成既定目標，帶領組織邁向成長的高峰，更占有舉足輕重的角色。

(四)Integration——凝聚

隨著組織不斷成長，團隊成員陸續增多，出現許多意見不合或溝通瓶頸，都是組織發展過程中的常態。而在此階段，領導者是否能夠兼容並蓄，訂出能服眾的決策，進而整合各界的助力而非形成阻礙進步的阻力，顯然是領導者在領導力形成過程中將會遭遇的最大挑戰與考驗。

(五)Instruction——教導

領導，就某種程度而言，包含了「引導」與「教導」的內涵。一位優異的領導人，絕對會非常重視人才延攬和人才培育的工作。對團隊同仁來說，好的領導者也一定同時扮演著一位好導師的角色。領導人要能透過言教與身教，引導團隊同仁在不斷學習的過程中，增強自我的信心與能力，使得各方面的人才能在組織

中發揮更大的貢獻。

(六)Innovation——創新

通常團隊同仁願意追隨領導者，是因為相信領導者能帶領大家「改變現狀」，並讓「明天更美好」。而領導者除了要能夠描繪遠大的願景，當然也需要具備以創新的思維來實踐理想的能力。不論是組織變革、技術創新、組織創新、或是各式各樣的創新，基本上，「創新」就代表著「改變」，而「改變」最需要的往往就是「勇氣」與「毅力」。領導者，就是需要具備大膽創新的思維和勇於挑戰的勇氣。

(七)Integrity——誠信

前文提到，領導者的影響力和凝聚力的來源，最重要的就是團隊成員的信任。而團隊成員的信任，最重要的基礎來自於領導者的誠信。歷史故事上，許多三顧茅廬、禮賢下士的賢君，以及忠肝義膽、兩肋插刀的義士，寫下了許多可歌可泣的故事，不也都是為了「誠信」二字而已？

第二節　領導的各項理論

一、領導人屬性理論

所謂領導人「屬性理論」（Trail Theory）或稱「偉人理論」（Great Man Theory），乃是認為成功的領導人，大體上都是由於這些領導人具有異於常人的一些特質屬性。這些特質屬性包含有外型、儀容、人格、智慧、精力、體能、親和、主動、自信等。此派學者認為成功的領導效能，乃因領導者擁有某些個人特質使然，但似乎陷入以偏概全的缺失，茲簡明扼要分述如下：

（一）只重領導者個人特質而忽略被領導的人：此學派以領導者特質構面解釋或預測領導效能，忽略了被領導者的地位和影響作用。

（二）沒有絕對成功的屬性：屬性特質種類太多，而且相反的屬性都有成功的事例，因此，對於到底哪些屬性是成功屬性很難確定。

（三）屬性輕重難以劃分：各種屬性之間，難以決定彼此之重要程度（權數）。

(四) 無法量化：這種領袖人才，是天生的，很難描述及量化。

二、領導行為模式理論

所謂領導行為模式理論（Behavioral Pattern Theory），乃是認為領導效能如何，並非取決於領導者是怎樣的一個人，而是取決於他如何去做，也就是他的行為。因此，行為模式與領導效能就產生了關聯。換言之，領導者與被領導者之間的互動是衡量領導效能的主要關鍵。又可分為以下幾種類型：

(一) **懷特與李皮特**（White & Lippett）**的領導理論**：在團體動力文獻上經常被引用，包括權威式領導（Authoritarain）、民主式領導（Democratic），以及放任式領導（Laissez-Faire）。

(二) **李克的「工作中心式」與「員工中心式」理論**：管理學者李克（Likert）將領導區分為兩種基本型態：1.以工作為中心（Job-Centered）：任務分配結構、嚴密監督、工作激勵、依詳盡規定辦事，以及2.以員工為中心（Employee-Centered）：重視人員的反應及問題，利用群體達成目標，給予員工較大的裁量權。

依李克實證研究顯示，生產力較高的單位，大都採行以員工為中心；反之，則以工作為中心。

(三) **布萊克及摩頓**（Blake & Mouton）**的「管理方格」理論**：此係以「關心員工」及「關心生產」構成領導基礎的兩個構面，各有九型領導方式，故稱之為「管理方格」，即1-1型：對生產及員工關心度均低，只要不出錯，多一事不如少一事；9-1型：關心生產，較不關心員工，要求任務與效率；1-9型：關心員工，較不關心生產，重視友誼及群體，但稍忽略效率；5-5型：中庸之道方式，兼顧員工與生產，以及9-9型：對員工及生產均相當重視，既要求績效，也要求溝通融洽。

1. 懷特與李皮特的領導理論
①權威式領導　②民主式領導　③放任式領導

2. 李克的「工作中心式」與「員工中心式」理論
①以工作為中心：任務分配結構、嚴密監督、工作激勵、依詳盡規定辦事。 ②以員工為中心：重視人員的反應及問題，利用群體達成目標，給予員工較大的裁量權。 依李克實證研究顯示，生產力較高的單位，大都採行以員工為中心；反之，則以工作為中心。

3. 布萊克及摩頓的「管理方格」理論
此係以「關心員工」及「關心生產」構成領導基礎的兩個構面，各有九型領導方式，故稱之為「管理方格」。

圖5-8　領導行為模式三種理論

三、情境領導模式理論

費德勒（Fiedler）提出他的情境領導模式（Contingency Theory），其情境因素有三：

(一) 領導者與部屬關係：此係部屬對領導者信服、依賴、信任與忠誠的程度，區分為良好及惡劣。

(二) 任務結構：此係指部屬的工作性質，其清晰明確、結構化、標準化的程度區分為高與低。例如研發單位的任務結構與生產線的任務結構就大不相同，後者非常標準化及機械化，前者就非常重視自由性與創意性，而且也較不受朝九晚五約束。

(三) 領導者地位是否堅強：此係指領導主管來自上級的支持與權力下放之程度，區分為強與弱，愈由董事長集權的公司，領導者就愈有地位。

將這三項情境構面各自分為兩類，則將形成八種不同情境，對其領導實力各有不同的影響程度。在此種理論下，沒有一種領導方式是可以適用於任何情境都有高度效果，而必須求取相配對目標。費德勒認為當主管對情境有很高控制力時，以生產工作為導向的領導者，其績效會高；反之，在情境中只有中等程度控制時，以員工為導向的領導者會有較高績效。費德勒的理論，一般又稱為「權變理論」。

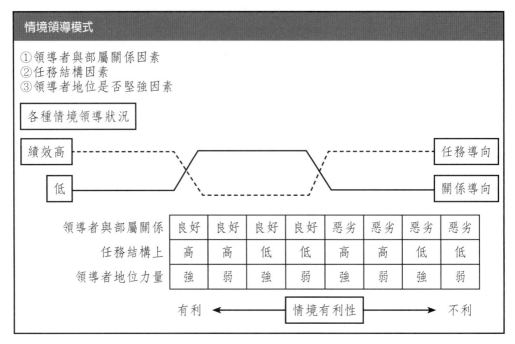

圖5-9　情境領導理論

四、領袖制宜技巧理論

費德勒發展一套技巧，可幫助管理階層人員評估他們自己的「領導風格」和「所處情境」，藉以增加他們在領導上之有效性（Effectiveness），此係為領袖制宜技巧（Leader Match Technique）。費德勒領袖制宜的基本觀念乃是：1.須先了解自己的領導風格；2.再透過對三項情境因素（主管與成員間關係、工作結構程度、職位權力）之控制、改善與增強，以及3.最終得以提高領導績效。也就是說，費德勒認為一個領導者之績效絕大部分取決於領導風格與對工作情境之控制力，在這兩者間尋求制宜配合。例如有些高級主管是強勢領導風格，其情境因素也必然有些相配合之條件存在。

領袖制宜技巧

①須先了解自己的領導風格。
②再透過對三項情境因素（主管與成員間關係、工作結構程度、職位權力）之控制、改善與增強。
③最終得以提高領導績效。

> 領導者的領導風格對工作情境之控制力，在這兩者間尋求制宜配合。

圖5-10　領袖制宜技巧理論

五、適應性領導理論

美國著名管理學家阿吉利斯（Argyris）曾綜合各家領導理論，而以整合性觀點提出他的「適應性領導」（Adaptive Leadership）。他認為所謂「有效的領導」（Effective Leadership），是基於各種變化的情境而定，故沒有一種領導型態被認為是最有效的，此必須基於不同的現實環境需求。因此，他提出以「現實為導向」（Reality Centered）的「適應性領導理論」（Adaptive Leadership Theory），這從國家領導人及企業界領導人等身上，都可看到這種以現實為導向的領導模式與風格。

適應性領導理論

①所謂「有效的領導」，是基於各種變化的情境而定；因此沒有一種領導型態被認為是最有效的，此必須基於不同的現實環境需求。
②這從國家領導人及企業界領導人等身上，都可以看到這種以現實為導向的領導模式與風格。

圖5-11　適應性領導理論

六、參與式領導理論

所謂參與式領導（Participative Leadership），係指鼓勵員工主動參與公司內部決策之規劃、研討與執行。

(一)參與式領導的優點

為何要參與式領導，當然有其優點所在，我們會發現讓部屬參與有關公司之

決策時，會有意想不到的凝聚力與創新力產生，因為：

1.參與決策之各單位部屬，對該決策會較有承諾感及接受感，而減少排斥。

2.參與決策可讓員工自覺身價與地位之提升，會要求更優秀之表現。

3.廣納雅言對高階經營者而言，會做出比較正確之最後決策。

(二)參與式領導的缺點

一個政策不會是完美無缺的，凡事總是一體兩面甚至多面，所以參與式領導也有可能產生以下落差：

1.參與決策雖提升部屬的期望，但是當他們的觀點未被採納時，士氣可能因此便大幅下降。

2.有些部屬並非都喜歡決策或做不同層次的事務，因為他們只希望接受指導；在如此意願下，參與式領導的成效不會太大。

3.參與式領導對部屬而言，雖會讓他們更覺地位之重要，但不表示一定會有高度績效產生，有時在不同環境下，集權式領導反而來得成功。

(三)參與程度的情境

領導者要決定員工參與決策之程度，須視下列七項情境狀況而定：

1.決策品質之重要性程度為何？

2.領導者所擁有可獨自做一個高品質決策之資訊、知識、情報是否十足充分？

3.該問題是否例行化或結構化？還是複雜模糊？

4.部屬之接納或承諾的程度，對此決策未來執行之重要性為何？

5.領導者的獨裁決定，過去被部屬接納的可能性為何？

6.部屬們反對領導者想要實施方案的可能性如何？

7.部屬們受到激勵解決問題，而達成組織目標的程度為何？

第三節　如何成功領導團隊

在講究專業分工的現代社會，企業所面對的環境及任務往往相當複雜，必須集合眾人智慧及團隊運作，群策群力達成目標。因此，如何有效帶領團隊達成企業目標，經理人可從下列七大關鍵因素著手。

一、建立良好的團隊「關係」

團隊成功與否，主要繫於成員之間良好的互動與默契。身為經理人，你除了觀察成員的互動情況，更須時時鼓勵成員相互支持。你可以運用技巧，逐步鞏固團隊成員關係，例如鼓勵團隊成員分享好創意、共同尋求進步與突破、共同追求成功與榮譽等。唯有團隊成員能互相了解與支持，尊重彼此感受，方能維持正向提升的團隊關係。

二、提高成員的團隊「參與」

由於任務與階段的不同，團隊成員的參與也就會有所差異。因此，如何讓成員明白彼此的參與程度，以及尊重彼此的角色，是團隊領導者的重要工作。經理人有責任，也有義務塑造一個良好而善意的溝通環境，讓每一位成員皆有表達意見的機會，並願意分享自己的經驗，進而提高成員的團隊參與。

三、注意管理團隊「衝突」

任何一個團隊都很難避免衝突。但正面的團隊衝突，不僅不會傷害團隊情感，更能轉換成前進動力。因此正面衝突，應視為一種意見整合的過程。在態度上，你更應該對事不對人的了解衝突原因及背景，進一步鼓勵成員使用合理的方式解決衝突。

四、誘導正面的團隊「影響力」

所謂的團隊影響力是指改變團隊行為的能力。在團隊中，每一位成員都掌握或多或少的影響力。但是，如何將影響力導向正面，以協助團隊持續努力，實為經理人的重要工作。你可以試著檢視個別成員的影響力、判斷是否有少數人牽制大局的狀況，同時營造每一位成員的機會，讓他們也可以展現影響力。

五、確立團隊「決策模式」

一個團隊究竟該採多數決策？少數決策？究竟有多少人應參與決策過程？經理人的責任在於凝聚成員的共識後，選擇一個合理的、共通的決策模式。一旦決策模式確定之後，你就必須與團隊溝通該決策模式，以獲得成員的支持與配合。

六、維持健全的團隊「合作」

任何一個團隊的運作，都是為了達成某種任務，或是完成某項工作。因此，為了確保健全的團隊運作，你可以透過下列幾項指標，檢視團隊運作現況：團隊的目標是否經過全體成員的同意？團隊解決問題的方式是否有效且具體？團隊成員是否具有時間管理能力？團隊成員是否會互相幫助以促使任務順利達成？這些都有助於經理人偵測現況，以維持健全的團隊運作。

七、制定公平的團隊「制度」

所謂的團隊規範是指成員所接受的團隊行為標準。公平的團隊規範不僅能幫助達成任務，更可以維持團隊運作不致偏差。因此，經理人有義務與團隊成員發展適用的規範，並形成團隊的行為文化。同時經理人不僅要設定規範，更要鼓勵嘉獎符合規範的正確行為，如果團隊中發生偏離規範的行為，則要檢討與改進。

上述七項關鍵因素，你掌握了多少？良好團隊都是經理人苦心經營、隊員全力配合的結果。因此，我們特別勉勵經理人，善用七項關鍵因素，帶領團隊，創造佳績！

第四節　成功領導者的觀念、要件與法則

一、前GE執行長對領導人要件的看法

「4E與1P」五項領導人特質，乃是前GE公司執行長傑克‧威爾許（Jack Welch）的觀點。

(一)正面能量

第一個E是正面能量（Positive Energy）。正面能量意指往前衝的能力，也就

是從實際行動中獲得成長，享受變化。擁有正面能量的人，通常外向樂觀。他們很容易和別人交談、做朋友。他們從早到晚都保持神采奕奕，極少露出疲態。他們樂在工作，從不抱怨工作辛苦，擁有正面能量的人，熱愛人生。

(二)鼓舞他人

第二個E是鼓舞他人（Energize Others）的能力。正面能量能激勵他人振作，懂得激勵別人的人，能夠鼓舞他的團隊去做不可能做的事，而且在進行的過程，樂在其中。事實上，這種人能吸引別人搶破頭，找機會和他們共事。

鼓舞他人不只是做做巴頓將軍式的演說，你必須深入了解你的業務，也要具備強大的說服力，能講得頭頭是道，以激起他人的鬥志。

(三)當機立斷

第三個E是當機立斷（Edge），也就是勇於做出「是或非」的困難決定。

這個世界充滿灰色地帶，任何人都可以從各種不同的角度來看待某個問題。有些聰明人有能力從不同的角度切入，而他們也真的會去追根究柢分析。但是，有效率的人，曉得什麼時候該停止評估，就算手邊資訊不夠完整，也能當機立斷。

(四)執行力

第四個E是執行力（Execute），即完成任務的能力。這似乎毋庸贅述，但是GE（奇異）多年來一直只強調前三個E，威爾許以為這些特質已經夠了，並據此評量數百名員工，評量結果可以歸類於「高潛力」的人不少，其中也有許多獲得晉升至管理職。

結果顯示，你或許具備正面能量、善於鼓舞士氣、並能當機立斷，然而你還是無法抵達終點線。執行力是種不凡而獨到的能力，代表一個人懂得如何化決策為行動，克服阻力、混亂或者始料未及的障礙，往前推進，直到完成。具備執行力的人，很清楚要做出成果，才能致勝。

(五)熱情

如果候選人具備四個E，接著你得看最後一個P，那就是熱情（Passion）。所謂熱情，威爾許的意思是指發自內心深處對工作產生真正熱忱的人。有熱情的人打從心底希望同事、下屬和朋友能夠勝出。他們熱愛學習與成長；若是身邊有志同道合的人，他們便大感振奮。

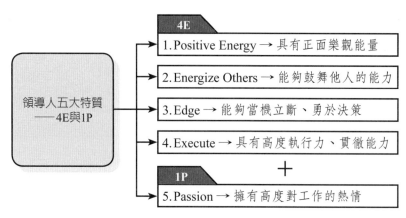

圖5-12　前GE執行長對領導人的特質觀點

二、高效能領導者的特質及培養

(一)成功領導人的特質

領導人是熱忱的學習者，他們從過去經驗中記取教訓，作為未來的借鏡。同時他們也具有「傳授」領導的能力，是贏家特有的一項核心競爭力。除此之外，這些領導人同時也具有以下幾點特質：

1. 理念：對於哪種作法能在市場上成功，以及如何經營組織，他們有很清楚的想法。他們會隨環境變動而更新想法，也協助其他人形成自己的想法。

2. 價值：成功領導人和組織都有一套人人能懂且身體力行的強烈價值。

3. 活力：領導人不但自己精力特別旺盛，也積極創造其他人的正面活力。他們的作法是，破除組織結構上不合理的官僚作風。

4. 膽識：成功領導人願意做出重大決定，也鼓舞和獎勵這麼做的人。

5. 故事：成功領導人透過講述兼具感性與理性的故事，使他們的願景和想法更加生動。

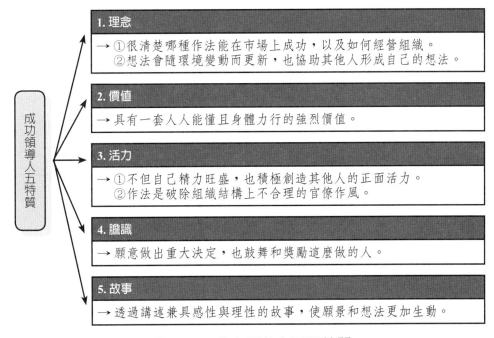

圖5-13　成功領導人五項特質

(二)高效領導者的培養

領導者如果想要增進領導品質，可以著重下列三個基本原則，培養出自己的領導特質：

1.**設定目標**：領導學之父華倫‧班尼斯曾為領導下了一個簡單的定義：「領導，就是帶領他人前往某個目標。」領導的功能在於創造變革，設定變革的方向就是領導的根本要件。設定方向與規劃不同，它產出的不是計劃，而是願景與策略，說明企業長遠的樣貌。

2.**凝聚人心，步調一致**：俗話說，沒有帶不好的兵，只有帶不好兵的將軍。讓人步調、目標一致（Alignment）比較像是一個溝通挑戰，領導者必須勾勒長遠的願景，並且使人信服，傳遞的訊息才會被接受，就好比將軍帶兵一樣，帶人要帶心，帶了心之後，就能發揮十足的戰力。

3.**激勵和激發**（Encourage and Inspire）：讓每位成員覺得他們是受到重視的，能夠對團隊產生貢獻，並且激發創意，對工作產生重要貢獻。如同《領導是一門藝術》作者馬克思‧迪伯瑞（Max Depree）指出：「組織當中最優秀的員工

都是志願者，相較於薪水和頭銜，他們更看重的是組織的共同理念。」因此領導者如何「滿足他們更深層的需求，使工作更有意義和成就感」，相當重要。

1. 設定目標

→領導的功能在於創造變革，設定變革的方向就是領導的根本要件。

2. 凝聚人心，步調一致

→領導者必須勾勒長遠的願景，並且使人信服，傳遞的訊息才會被接受。

3. 激勵與激發

→讓每位成員覺得受到重視，對團隊產生貢獻，並且激發創意，對工作產生重要貢獻。

最後，達成目標

圖5-14　高效能領導者的三大領導原則

三、成功領導者的特質與法則

(一)成功領導人五種特質

1.**使員工適才適所**：了解下屬的新責任領域、技能及背景，以使其適才適所，與工作搭配得天衣無縫。若你想透過授權以有效且有用的方式執行更廣泛的指揮權，就需要把握下屬資訊。

2.**應隨時主動傾聽**：這涵蓋了傾聽明說或未明說之事，更重要的一點是，這意味著你以一種願意改變的態度，就等於是送出願意分享領導權的訊號。

3.**要求部屬工作應目標導向**：你與下屬間的作業內容、與整個部門或組織目標之間應存在一種關係。在交付任務時，你應作為這種關係的溝通橋梁。下屬應了解其作業程度，才能主動做出可能是最有效率的決策。

4.**注重員工部屬的成長與機會**：無論何種情況，領導人及經理人必須向下屬

提出樂觀的遠景，以半杯水為例，你得鼓勵員工注意半滿的部分、不要看半空的部分。

　　5.訓練員工具批判性與建設性思考：在完成一項工作後，鼓勵下屬馬上檢視一些指標，包括如何及為何進行以及要做些什麼，並讓他們發問（例如：過去如何完成這項工作），鼓勵他們想出新的作業流程、進度或操作模式，使其工作更有效率與效能。

1. 使員工適才適所
了解下屬的新責任領域、技能及背景，以使其適才適所，與工作搭配得天衣無縫。

2. 應隨時主動傾聽
涵蓋傾聽明說或未明說之事，意味著領導者以一種願意改變的態度，等於是送出願意分享領導權的訊號。

3. 要求部屬工作應目標導向
作為下屬的溝通橋梁，使下屬主動做出最有效率的決策。

4. 注重員工部屬的成長與機會
無論任何情況，領導人必須向下屬提出樂觀的遠景。

5. 訓練員工具批判性與建設性思考
部屬完成一項工作後，鼓勵馬上檢視如何進行、為何進行，以及要做些什麼的指標，並給機會發問，鼓勵他們想出更有效率與效能的作業方式。

圖5-15　成功領導者五大特質

(二)成功領導者六大法則

　　1.尊重人格原則：主管與部屬間雖有地位上之高低，但在人格上完全平等。

　　2.相互利益原則：相互利益乃是「對價」原則，亦即互惠互利，雙方各盡所能、各取所需，維持利益之均衡化，關係才會持久。上級的領導，也必須注意下屬的利益。

　　3.積極激勵原則：人性擁有不同程度及階段性之需求，領導者必須了解其真

正需求，而多加積極激勵，以激發下屬的充分潛力。

4.**意見溝通原則**：透過溝通，垂直及平行關係才能得到共識，從而團結，否則必然障礙重重。順利溝通乃是領導的基礎。

5.**參與原則**：採民主作風之參與原則，乃是未來大勢所趨，是發揮員工自主管理及潛能的最好方法，也是集思廣益的最佳方法。

6.**相互領導原則**：以前認為領導就是權力運用，是命令與服從關係，其實不是，現代進步的領導乃是影響力的高度運用。而主管並非事事都懂，有時部屬會有獨到見解。

1.尊重人格原則	2.相互利益原則	3.積極激勵原則
職位雖有高低，但人格無貴賤，一律平等，所謂敬人者，人恆敬之。	即對價原則，互惠互利，各盡所能、各取所需，維持利益平衡。	了解個人不同程度的需求，以積極的激勵激發成員之最大潛力。

4.意見溝通原則	5.參與原則	6.相互領導原則
透過垂直與平行關係的溝通，得到共識，促成團結，破除障礙。	民主作風為未來之大趨勢，發揮成員自主管理及潛能，更能達成集思廣益之效。	現代的領導是影響力的高度運用，主管未必事事精通。因此，主管要有雅量接納部屬比自己高明的意見。

圖5-16　成功領導者六大法則

 ## 第五節　領導就是教導

教導是領導工作的核心，領導人其實是透過教導來領導其他人。領導不是規定特定作法、發號施令或要求服從，領導是要讓其他人看到真實情況，並了解達成組織目標所需採取的行動。教導攸關如何有效傳達想法和價值，因此，組織中任何層級的領導人都必須是一位指導者。簡單來說，如果你沒有教導，你就不是在領導。

一、建立教導型的組織

英特爾的全部領導人，從執行長安迪・葛洛夫（Andy Grove）到經驗豐富的經理人中（平均十二至十五年年資者），都必須負責教導工作，成效好壞甚至攸關他們的紅利。有的人負責教授公司的正式課程，有的人在世界各地的事業單位裡開課。那並不是決定紅利多寡的最大因素，但是卻是葛洛夫用來表明「這很重要，我要你們去做」的一種方式。如果你的主管向來不做教導，最後就跟1990年代初期的IBM一樣。他們把教導的工作全部交給那些本身不是領導人，甚至是公司外部的人負責。而一旦狀況改變，他們自己的人就不懂得如何做出重大決定，因為這只能從公司的資深人員身上學到。

二、領導與教導的作法

(一) **命令他們**：領導人對追隨者發號施令——聽命行事。這是最低層次的領導。

(二) **告訴他們**：領導人向追隨者講授他的可傳授觀點，追隨者也應當接受這項觀點。一切行動遵循共同認可的觀點，這是稍高一層次的領導。

(三) **推銷給他們**：領導人提出他的可傳播觀點，說服追隨者那是正確的，還可能包括給予模擬參與、有限的幾個選擇，形同一種交心模式。這是再高一層次的領導。

(四) **教導他們**：領導人藉著建立教導型組織，培養其他領導人，來建構成功的組織，這是最高層次的領導。美國密西根大學商學院教授諾爾・提區（Noel M. Tichy）與艾利・柯恩（Eli Cohen）在2000年曾合著出版《領導引擎》，榮獲該年度商業週刊推薦的商業書籍前十名。該書是研究調查美國十多家卓越優秀的企業所撰成的調查報告，對於領導議題有第一線訪談調查的精華重點，具有實務性。該書指出成功的組織是「教導型組織」，並提到企業之所以成為贏家，是因為具有優秀的領導人，這些領導人還協助培養內部各層級的領導人才。評斷一個組織成功與否的最終依據，不在於它今天是否成功，而在於它能否保持領先優勢到更久的未來。教導型組織的概念其實更勝於學習型組織，企業要發展成為內部各個層級都有教導者的組織。

在加州的聖塔克拉爾市（Santa Clara），英特爾執行長葛洛夫每年都要踏進課堂好幾次。葛洛夫的課程中，主要探討身為一個領導人，在察覺產業變動和帶

Leadership = Coaching
如果你沒有教導，你就不是在領導

1. 教導，才是領導工作的核心。

2. 不只是領導者，更要成為「教導者」。

3. 全公司建立及轉變成一個「教導型組織」。

4. 使每個部門、每個員工在教導下，不斷提升他們的專業能力、管理能力及領導能力。

領導與教導的作法
①命令他們→領導人對追隨者發號施令——聽命行事。這是最低
★☆☆☆　　層次的領導。

②告訴他們→領導人向追隨者講授他的可傳授觀點，追隨者也應
★★☆☆　　當接受這項觀點。這是稍高一層次的領導。
③推銷給他們→領導人提出他的可傳播觀點，說服追隨者那是正
★★★☆　　　確的，還可能包括給予模擬參與、有限的幾個選
　　　　　　　擇，形同一種交心模式。這是再高一層次的領導。

④教導他們→領導人藉著建立教導型組織，培養其他領導人，來
★★★★　　建構成功的組織。這是最高層次的領導。

最終，成為：

5. 高效能組織體

　High Performance Organization

①身為一個領導人，在察覺產業變動和帶領公司通過生存考驗上，應該扮演什麼樣的角色。
②如果組織內部各層級領導人都具備洞察趨勢能力，又有勇氣付諸行動，公司就能在競爭對手衰退時，依舊蓬勃發展。

圖5-17　領導就是教導

領公司通過生存考驗上，應該扮演什麼樣的角色。葛洛夫為什麼花時間這麼做？因為他相信如果英特爾內部各層級領導人都具備洞察趨勢能力，又有勇氣付諸行動，英特爾就能在競爭對手衰退時，依舊蓬勃發展。因此，葛洛夫一心一意要為公司每個層級培訓出優秀領導人。

本章習題

1. 請問彼得・杜拉克對領導的真實涵義為何？
2. 請問領導人的頭等大事為何？
3. 請列示領導的三項組合為何？
4. 請列示領導力量的六大基礎來源為何？
5. 請簡述李克的領導理論為何？
6. 請簡述情境領導模式為何？
7. 請簡述參與式領導為何？
8. 請列示GE公司前執行長的4E/1P五項領導人特質為何？
9. 請列示成功領導者的六大法則為何？
10.請簡述「領導就是教導」的意涵為何？

第六章

管理與決策力

本章重點摘要

一、管理決策的三種模式：(1)直覺性決策；(2)經驗判斷決策；(3)理性決策等。

二、影響管理決策的六大面向因素為：

(1) 策略規劃者的經驗及態度

(2) 企業歷史的長短

(3) 企業的規模與力量

(4) 科技變化的程度

(5) 地理範圍的大或小

(6) 企業業務與市場的複雜性

三、企業有效決策的五項指南要點為：

(1) 要根據事實

(2) 要敞開心胸分析問題

(3) 不要過分強調決策終點

(4) 檢查你的假設

(5) 下決策時機要適當

四、企業或個人要有效增強管理決策能力的十一項要點為：

(1) 多看書，多吸取同業、異業的資訊

(2) 應掌握公司內部各項會議學習機會

(3) 應向世界級卓越公司借鏡

(4) 提升學歷水準與理論的精進

(5) 應掌握主要競爭對手及主力顧客的動態情報

(6) 要累積豐厚的人脈存摺

(7) 多親臨第一現場觀察

(8) 多善用資訊工具

(9) 思維要站在戰略高點與前瞻視野

(10) 多累積經驗能量，養成直覺判斷力或直觀能力

(11) 有目標、有計劃、有紀律的終身學習

五、管理資訊情報的三大來源為：

(1) 多閱讀

(2) 多詢問及多傾聽

(3) 多到現場去觀察

第一節　決策模式的類別與其影響

一、決策模式的類別

一般來說，決策程度模式區分為以下三種型態，可供實務上運用：

(一) **直覺性決策**：此是基於決策者靠「感覺」什麼是正確的，而加以選定。不過，這種決策模式已愈來愈少。

(二) **經驗判斷決策**：此是基於決策者靠「過去的經驗與知識」以擇定方案。這種決策在老闆心中，仍然存在的。

(三) **理性決策**：此是基於決策者靠系統性分析、目標分析、優劣比較分析、SWOT分析、產業五力架構分析及市場分析等而選定的最後決策。這是最常用的決策分析。

二、影響決策的因素

哪些因素會影響決策呢？以下將概述可能會影響決策的六個因素，亦可稱之為決策分析應考量的六個構面。

(一) **策略規劃者或各部門經理人員的經驗與態度**：經理人員過去對企業發展成功或失敗的經驗，常造成首要的影響因素。而對環境變化的看法與態度也會影響決策之選擇，有些經理人員目光短淺只重近利，則與目光宏遠、重視短長期利潤協調之經理人員，自有很大不同。因此，成功的策略規劃人員及專業經理人，應該都以受過策略規劃課程的訓練為佳。

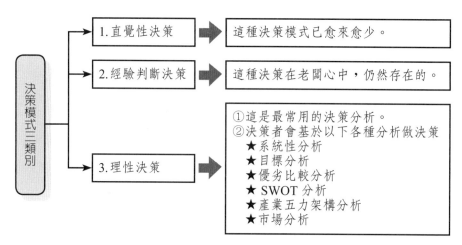

圖6-1 三種決策模式

（二）**企業歷史的長短**：若企業營運歷史長久，而且經理人員也是識途老馬時，對於決策選擇之掌握，會做得比無經驗或較新的企業爲佳。

（三）**企業的規模與力量**：如果企業規模與力量相形強大，則對環境變化之掌握控制力也會比較得心應手，亦即對外界的依賴性會較小。因此，大企業的各種資源及力量也比較厚實，包括人才、品牌、財力、設備、R&D技術、通路拓點等資源項目。因此，其決策的正確性、多元性及可執行性，也就較佳。

（四）**科技變化的程度**：第四個構面是所處的科技環境相對穩定程度，此包括環境變動之頻率、幅度與不可預知性等。當科技環境變動多、幅度大、且常不可預知時，則經理人員對其所投下之心力與財力就應較大，否則不能做出正確決策。

（五）**地理範圍是地方性、全國性或全球性**：其決策構面的複雜性也不同，例如：小區域之企業，決策就較單純；大區域之企業，決策就較複雜；全球化企業的決策，其眼光與視野就必須更高、更遠了。

（六）**企業業務與市場的複雜性**：企業產品線與市場愈複雜，其決策過程就較難以決定，因爲要顧慮太多的牽扯變化。若只賣單一產品，下決策就容易多了。

影響決策因素

1. 策略規劃者的經驗及態度

→①經理人員過去對企業發展成功或失敗的經驗，常造成首要的影響因素。
②對環境變化的看法與態度也會影響決策之選擇。
③成功的策略規劃人員及專業經理人，應該都受過策略規劃課程的訓練為佳。

2. 企業歷史的長短

→企業營運歷史長久＋經理人員識途老馬
　決策選擇之掌握 → 比無經驗或較新企業 → 佳

3. 企業的規模與力量

→①企業規模與力量相形強大，則對環境變化之掌握控制力也會比較得心應手，
　亦即對外界的依賴性會較小。
②大企業的各種資源及力量比較厚實，因此其決策的正確性、多元性及可執
　行性也就較佳。

4. 科技變化的程度

→①包括環境變動之頻率、幅度與不可預知性等。
②當科技環境變動多、幅度大，且常不可預知時，則經理人員對其所投下之
　心力與財力就應較大，否則不能做出正確決策。

5. 地理範圍的大或小

→①小區域之企業，決策就較單純。
②大區域之企業，決策就較複雜。
③全球化企業的決策，其眼光與視野就必須更高、更遠了。

6. 企業業務與市場的複雜性

→①愈複雜，決策過程就較難以決定，因為要顧慮太多的牽扯變化。
②若只賣單一產品，下決策就容易多了。

圖6-2　影響決策的六大面向因素

三、管理決策上的考慮點

　　一個有效的領導決策，應該考慮到以下幾點變動因素之影響：

　　(一) **決策者的價值觀**：一項決策的品質、速度、方向之發展，與組織之決策者的價值觀有密切關係，特別是在一個集權式領導型的企業中。例如：董事長式

決策或總經理式決策模式。

(二) **決策環境**：包括確定情況如何、風險機率如何，以及不確定情況如何。

(三) **資訊不足與時效的限制**：決策有時有其時間上的壓力，必須立即下決策，若資訊不足時會存在風險。此外，另一種狀況是此種資訊情報相當稀少，也存在風險。這在企業界也是常見的。因此，更須仰賴有豐富經驗的高階主管判斷了。

(四) **人性行為的限制**：包括負面的態度、個別的偏差，以及知覺的障礙。

(五) **負面的結果產生**：做決策時，也必須考量到是否會產生不利的負面結果，以及能否承受。例如：做出提高品質的決策，可能相對帶來更高的成本。

(六) **對其他部門之影響**：對某部門的決策，可能會不利其他部門時，也應一併顧及。

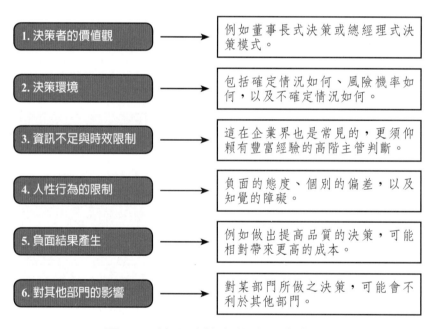

圖6-3　管理決策上的六項考慮點

四、有效決策之指南原則

如何才能讓決策有其實質上的效果產生？其實不難，只要掌握以下幾點原則，並妥善運用，即能澈底發揮決策的功效：

(一) 要根據事實：有效的決策，必須根據事實的數字資料與實際發生情況訂定，不可道聽塗說。因此，決策前的市調、民調及資料完整、數據齊全是很重要的。

(二) 要敞開心胸分析問題：在分析的過程中，決策人員必須將心胸敞開，不能局限於個人的價值觀、理念與私利，如此才能尋求客觀性與可觀性。另外，也不能報喜不報憂，或是過於輕敵與自信。

(三) 不要過分強調決策的終點：這一次的決策，並非此問題之終結點，未來持續相關的決策還會出現，而且僅以本次決策來看，也未必一試即能成功；有必要時，仍要彈性修正，以符實際。實務上，也經常如此，邊做邊修改，沒有一個決策是十全十美可以解決所有問題，決策是有累積性的。

(四) 檢查你的假設：很多決策的基礎乃是源於已定的假設或預測，然而當假設預測與原先構想大相逕庭時，這項決策必屬錯誤。因此，事前必須切實檢查所做之假設是否接近事實。

1. 要根據事實
→決策之前的市調、民調及資料完整、數據齊全是很重要的。

2. 要敞開心胸分析問題
→決策人員不能局限於個人的價值觀、理念與私利，如此才能客觀。也不能報喜不報憂，或過於輕敵與自信。

3. 不要過分強調決策終點
→實務上，也經常邊做邊修改，沒有一個決策是十全十美可以解決所有問題，決策是有累積性的。

4. 檢查你的假設
→為免假設與原先構想大相逕庭，故事前必須切實檢查所做之假設。

5. 下決策時機要適當
→決策人員應該於心緒最平和、穩定，以及頭腦清楚時，才做決策。

圖6-4 有效決策的五項指南原則

（五）**下決策時機要適當**：決策人員跟一般人一樣，也有情緒起伏。因此，爲不影響決策之正確走向，決策人員應該於心緒最平和、穩定，以及頭腦清楚時，才做決策。

第二節　如何提高個人的決策能力

作爲一個企業家、高階主管、企劃主管，甚至是企劃人員，最重要的能力是展現在他的「決策能力」或「判斷能力」。因爲，這是企業經營與管理的最後一道防線。究竟要如何增強自己的決策能力或判斷能力？國內外領導幾萬名、幾十萬名員工的大企業領導人，他們之所以卓越成功，擊敗競爭對手，取得市場領先地位，不是沒有原因的。最重要的原因是——他們有很正確與很強的決策及判斷能力。

一、多吸取新知與資訊

多看書、多吸取新知，包括同業及異業資訊，乃是培養決策能力的第一個基本功夫。統一超商前總經理徐重仁曾要求該公司主管，不管每天如何忙碌，都應靜下心來，讀半個小時的書，然後想想看，如何將書上的東西，運用到自己的公司，以及自己的工作崗位上。

依筆者的經驗與觀察，吸取新知與資訊大概有幾種管道：1.國內外專業財經報紙；2.國內外專業財經雜誌；3.國內外專業研究機構的出版報告；4.專業網站；5.國內外專業財經商業書籍；6.國際級公司年報及企業網站；7.跟國際級公司領導人訪談、對談；8.跟有學問的學者專家訪談、對談；9.跟公司外部獨立董事訪談、對談，以及10.跟優秀異業企業家訪談、對談。

值得一提的是，吸收國內外新知與資訊時，除了同業訊息一定要看之外，異業的訊息也必須一併納入。因爲非同業的國際級好公司，也會有很好的想法、作法、戰略、模式、計劃、方向、願景、政策、理念、原則、企業文化，以及專長等，值得借鏡學習與啓發。

二、掌握公司內部會議自我學習機會

大公司經常舉行各種專案會議、跨部門主管會議或跨公司高階經營會議等，這些都是非常難得的學習機會。從這裡可以學到什麼東西呢？

(一) 學到各個部門的專業知識及常識：包括財務、會計、稅務、營業（銷售）、生產、採購、研發設計、行銷企劃、法務、品管、商品、物流、人力資源、行政管理、資訊、稽核、公共事務、廣告宣傳、公益活動、店頭營運、經營分析、策略規劃、投資、融資等各種專業功能知識。

(二) 學到資深報告臨場經驗：包括學到高階主管如何做報告及如何回答老闆的詢問等應對技巧。

(三) 學到卓越優秀老闆如何問問題、裁示、做決策，以及他的思考點及分析構面：另外，老闆多年累積的經驗能力，也是值得傾聽。老闆有時也會主動拋出很多想法、策略與點子，也是值得吸收學習的。

三、應向世界級卓越公司借鏡

世界級成功且卓越的公司一定有其可取之處，臺灣市場規模一般，偶有跨國級與世界級公司出現。

因此，這些世界級大公司的發展策略、人才培育、經營模式、競爭優勢、決策思維、企業文化、營運作法、獲利模式、組織發展、研發方向、技術專利、全球運籌、世界市場行銷，以及國際資金等，都有精闢與可行之處，值得我們學習與模仿。借鏡學習的方式，可有以下幾種：

(一) 展開參訪實地見習之旅：所謂讀萬卷書，不如行萬里路，眼見為實。

(二) 透過書面資料：廣為蒐集、分析與引用。

(三) 展開雙方策略聯盟合作：包括人員、業務、技術、生產、管理、情報等多元互惠合作，必要時要付些學費。

四、提升學歷水準與理論的精進

現代上班族的學歷水準不斷提升，大學畢業生滿街都是，進修碩士成為晉升主管的「基礎門檻」，進修博士也對晉升為總經理具有「加分效果」。這當然不是說學歷高就是做事能力高或人緣好，而是說如果兩個人具有同樣能力及經驗

時，老闆可能會拔擢較高學歷的人或名校畢業者擔任主管。

另外，如果你是四十歲的高級主管，但三十多歲部屬的學歷都比你高時，你自己也會感受些許壓力。

提升學歷水準，除了增加自己的自信心之外，在研究所所受的訓練、理論架構的井然有序、專業理論名詞的認識、整體的分析能力、審慎的決策思維，以及邏輯推演與客觀精神建立等，對每天涉入快速、忙碌、緊湊的營運活動與片段的日常作業中，恰好是一個相對比的訓練優勢。唯有實務結合理論，才能相得益彰，文武合一（文是學術理論精進，武是實戰實務）。這應是最好的決策本質所在。

五、應掌握主要對手動態與主力顧客需求情報

俗稱「沒有真實情報，就難有正確決策」，因此，盡量周全與真實的情報，將是正確與及時決策的根本。要達成這樣的目標，企業內部必須要有專責單位，專人負責此事，才能把情報蒐集完備。

好比是政府也有國安局、調查局、軍情局、外交部等單位，分別蒐集國際、中國大陸及國內的相關國家安全資訊情報，這是一樣的道理。

六、累積豐厚的人脈存摺

豐厚人脈存摺對決策形成、決策分析評估及做出決策，有顯著影響。尤其，在極高層才能拍板的狀況下，唯有良好的高層人脈關係，才能達成目標，這不是年輕員工能做到的。此時，老闆就能發揮必要的臨門一腳效益。對一般主管而言，豐富的人脈自然要建立在同業或異業的一般主管身上。人脈存摺不必然是每天都會用到的，但需要用時，就能顯現它的重要性。

七、親臨第一線現場

各級主管或企劃主管，除了坐在辦公室思考、規劃、安排並指導下屬員工，也要經常親臨第一線，這樣才不會被下屬蒙蔽，有助決策擬訂。例如：想確知週年慶促銷活動效果，應到店面走走看看，感受當初訂定的促銷計劃是否有效，以及什麼問題沒有設想到，都可以作為下次改善的依據。

八、善用資訊工具提升決策效能

　　IT軟體工具飛躍進步，過去需依賴大量人力作業，又費時費錢的資訊處理，現在已得到改善。另外，由於顧客或會員人數不斷擴大，高達數十萬、上百萬筆等客戶資料或交易銷售資料，要仰賴IT工具協助分析。目前各種ERP、CRM、SCM、PRM、POS等，都是提高決策分析的工具。

九、思維要站在戰略高點與前瞻視野

　　年輕的企劃人員，比較不會站在公司整體戰略思維高點及前瞻視野來看待與策劃事務，這是因為經驗不足、工作職位不高，以及知識不夠寬廣。這方面必須靠時間歷練，以及個人心志與內涵的成熟度，才可以提升自己從戰術位置，躍升到戰略位置。

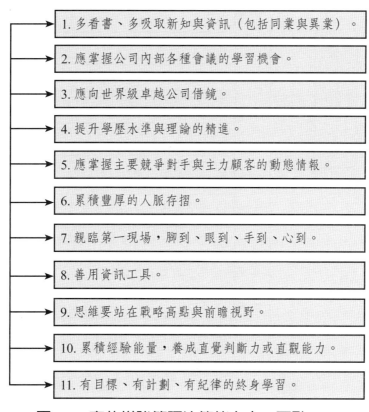

1. 多看書、多吸取新知與資訊（包括同業與異業）。

2. 應掌握公司內部各種會議的學習機會。

3. 應向世界級卓越公司借鏡。

4. 提升學歷水準與理論的精進。

5. 應掌握主要競爭對手與主力顧客的動態情報。

6. 累積豐厚的人脈存摺。

7. 親臨第一現場，腳到、眼到、手到、心到。

8. 善用資訊工具。

9. 思維要站在戰略高點與前瞻視野。

10. 累積經驗能量，養成直覺判斷力或直觀能力。

11. 有目標、有計劃、有紀律的終身學習。

圖6-5　有效增強管理決策能力十一要點

十、累積經驗能量成為直覺判斷力

日本第一便利商店7-11公司的董事長鈴木敏文曾說過，最頂峰的決策能力，必須變成一種直覺式的「直觀能力」，依據經驗、科學數據與個人累積的學問及智慧，就會形成一種直觀能力，具有勇氣及膽識下決策。

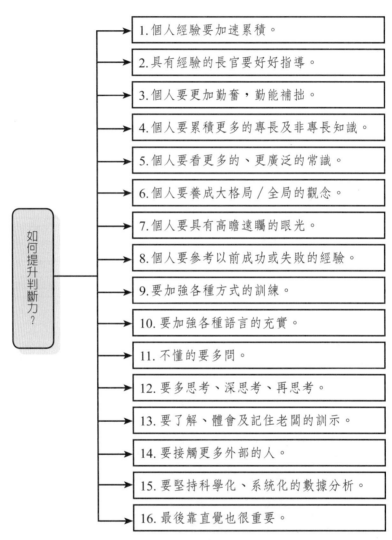

圖6-6　提升個人判斷力十六要點

十一、有目標、有計劃、有紀律的終身學習

人生要成功、公司要成功、個人要成功，總結而言，就是要做到「有目標、有計劃、有紀律」的終身學習。

 第三節　管理決策與資訊情報

一、資訊情報的重要性

過去筆者在撰寫經營企劃、競爭分析、行銷企劃或產業商機報告時，最感到困難之處，就是外部資訊情報的不容易準確與及時的蒐集。

特別是競爭對手的發展情報，以及某些新產品、新技術、新市場、新事業獲利模式等；國外最新資訊情報，也是不容易完整取得，甚至要花錢購買，或赴國外考察，才能得到一部分的解決。

資訊情報一旦不夠完整或不夠精確時，當然會使自己或長官、老闆無法做出精確有效的決策，也連帶使你的報告受到一些質疑或得重做的處分。因此，總結來說，企劃人員的一大挑戰，就是外部資訊是否能夠完整的蒐集到，這對企劃寫手是一大考驗。

二、資訊情報獲取來源

依筆者多年實務經驗，撰寫企劃案的資訊情報主要來源，可歸納以下幾點：

(一) **經由大量閱讀而來的資訊情報**：這是最基本的。先蒐集大量資訊情報，透過快速的閱讀、瀏覽，然後擷取其中重點及所要的內容段落。

(二) **親自詢問及傾聽而來的資訊情報**：這是指有些資訊情報無法經由閱讀而來，必須親自詢問。這部分比例不少，只是必須有能力判斷是否正確？但不管如何，就顧客導向而言，詢問及傾聽其需求，當然是企劃案撰寫過程非常重要且必要的一環。

(三) **親臨第一現場觀察與體驗**：除了上述兩種資訊情報來源外，最後還有一個很重要的是，必須親赴第一現場，親自觀察及體驗，才可以完成一份好的企劃案，如果不赴現場，與現場人員共同規劃、分析、評估及討論，又怎麼能夠憑空

想像出來呢？因此，走出辦公室，走向第一現場，從「現場」企劃起，也是重要的企劃要求。

---

1. 閱讀來源

→①閱讀國內／國外各種專業、綜合財經與商業的報章雜誌、期刊、專刊、研究報告、調查統計等。
②閱讀國內／國外同業及競爭對手的各種公開報告及非公開報告（包括上網閱讀）。
③閱讀國內／國外重要客戶及其上、中、下游產業價值鏈等業者的動態資訊。
④閱讀有關消費者研究報告。

2. 詢問及傾聽

→向下列單位或人員詢問及傾聽
★通路商　　　　　　　★銀行　　　　　　★會計師
★律師　　　　　　　　★投資銀行　　　　★外資
★證券公司　　　　　　★同業記者　　　　★上游供應商
★競爭對手公司內部消息　★政府行政主管單位　★其他

3. 現場觀察

→向下列單位現場人員觀察而來
★國內外生產公司　　　★經銷商　　　　　★零售商
★研發中心　　　　　　★設計中心　　　　★採購中心
★全球營運中心　　　　★競爭對手

圖6-7　管理資訊情報獲取的三種來源

三、平常養成資訊情報的蒐集

企劃高手或優秀企劃單位的養成，不是一蹴可幾，至少需要五年以上的歷練及養成，包括人才、經驗、資料庫，以及單位的能力與貢獻。筆者認為從平常開始，就應展開以下有系統的作法，蒐集更多、更精準的各種資訊情報：

(一) **不出門，而能知天下事 —— 閱讀而來，大量閱讀**：必須指定專業單位、專業人員閱讀，並且提出影響評估及因應對策上呈。

(二) **詢問及傾聽而來 —— 多問、多聽、多打聽**：必須指定專業單位及專業人員去問去聽，並且提出報告上呈。

(三) **現場觀察而得**：經常定期親赴第一線生產、研究、銷售、賣場、服務、物流、倉儲等據點仔細觀察，並且提出報告上呈。

(四) 平時應主動積極的參與各種活動：藉此建立自己豐沛的外部人脈存摺。

平常蒐集更多、更精確資訊情報的準則

1. 不出門，而能知天下事——閱讀而來，大量閱讀

→指定專業單位、專業人員閱讀，並且提出影響評估及因應對策上呈。

2. 詢問及傾聽而來——多問、多聽、多打聽

→指定專業單位及專業人員去問去聽，並且提出報告上呈。

3. 現場觀察而得

→經常定期親赴第一線生產、研究、銷售、賣場、服務、物流、倉儲等據點仔細觀察，並且提出報告上呈。

4. 平常應主動積極的參與各種活動

→藉此建立自己豐沛的外部人脈存摺及活躍的人際關係。

圖6-8 蒐集資訊情報的四種管道

四、決策時不同觀點的考量

當最高經營者或決策者要對公司重大決策做選擇時，經常要面對不同觀點的考量，包括：1.長期或短期；2.有形或無形效益；3.戰略或戰術；4.巨觀或微觀；5.一事業部或整個公司；6.迫切或緩慢些；7.短痛或長痛，以及8.集中或分散等構面之抉擇。實務上，面對不同現象的考量，如何取得平衡，以及捨小取大，應是思考主軸。

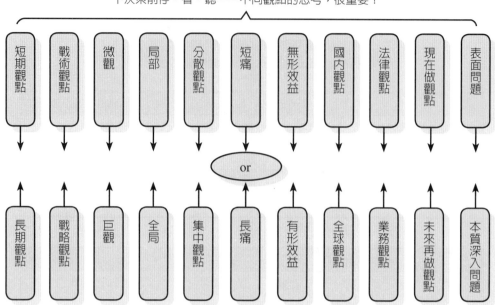

圖6-9　管理決策當下的各種觀點考量

五、增強管理決策信心的原則

　　由上所述，我們看到做決策當下的複雜性與重要性，因此當決策者信心不足而憂慮決策錯誤怎麼辦時，美國管理協會提供以下原則作爲有效增強決策信心的參考：

　　(一) **認清並避免偏見**：問題也許出在解決方法本身、建議者或剖析問題的工具。認清偏見及避免偏見，有助於深入了解思考模式，進而改善決策品質。

　　(二) **讓別人參與集思廣益，比自己一個人強**：理想的情況，應該強迫自己傾聽與自己相左的意見，不宜太有戒心，因爲每個人都有其優點，有助於做出最佳決策。

　　(三) **別用昨日辦法解決今日問題**：世界變化快，不容以陳腐答案解答新問題。

　　(四) **讓可能受影響的人也參與其事**：不論最後決定如何，若事前徵詢過受影響的員工，不但能促使其更投入行動計劃，而且更能共同承擔決策的成敗與執行的信心。

(五) **確定對症下藥**：我們常把重點擺在症狀，其實應看到問題本質而非表面。

(六) **考慮盡可能多元的解決方法**：經過個別或集體激盪後，找出盡可能多元的解決方法，然後逐一評估其利弊得失，再選擇最後最好的辦法。

(七) **檢查情報數據正確性**：若根據具體資料決定，先驗證數據確實，以免被誤導。因此，幕僚作業很重要。

(八) **認清解決方法有可能製造新問題**：先進行小範圍測試效果，再全面落實。

(九) **徵詢批評指教**：宣布決定前，應讓原先參與初步討論的人士有機會表示反對或提供不同意見。

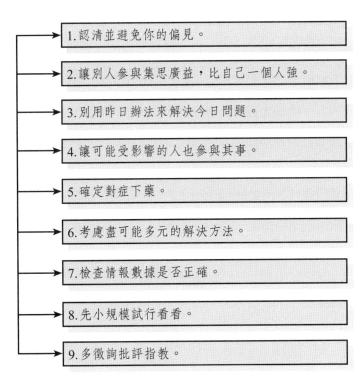

1. 認清並避免你的偏見。

2. 讓別人參與集思廣益，比自己一個人強。

3. 別用昨日辦法來解決今日問題。

4. 讓可能受影響的人也參與其事。

5. 確定對症下藥。

6. 考慮盡可能多元的解決方法。

7. 檢查情報數據是否正確。

8. 先小規模試行看看。

9. 多徵詢批評指教。

圖6-10　增強管理決策信心九原則

六、管理決策上的人脈建立

史丹福（Stanford）研究中心曾經發表一份調查報導，結論指出，一個人賺的錢，12.5%來自知識、87.5%來自關係，這個數據是否令你震驚？

再看看坊間許多有關人脈存摺的著作，你會發現，人脈競爭力是如何在個人與企業的成就裡，扮演著重要的角色。這麼說來，時間就是金錢，人脈就等於錢脈，我們不僅要思考人脈建立的重要性，更要把有限的時間與精力用在對的人、事、物上。

總括來說，良好的人際關係及人脈存摺，對思考及判斷有下列幾點你意想不到的助益：

(一) **可獲得不易取得的情報**：可幫助我們蒐集到不易獲得的資訊情報。

(二) **可供求證之用**：可供我們做某些方面或某些數據上的「求證之用」。

(三) **快速了解不熟悉領域**：有助我們快速了解不熟悉的行業、產業與市場。

(四) **尋找策略聯盟之用**：有助促成我們尋找國內或國外策略聯盟合作之用。

(五) **企劃內容可集眾人智慧**：有助我們企劃案內容集思廣益討論之用。

(六) **促進政策法令修訂**：有助我們促進政府修改不合時宜之法令與有利的產業政策之改變。

(七) **安排參訪國外**：有助我們比較快的安排國外先進國家參訪與見習之用。

(八) **引進國外企業合作**：有助引進國外知名品牌及廠商之合作。

(九) **募集國際資金**：有助引進國際財務資金之募集。

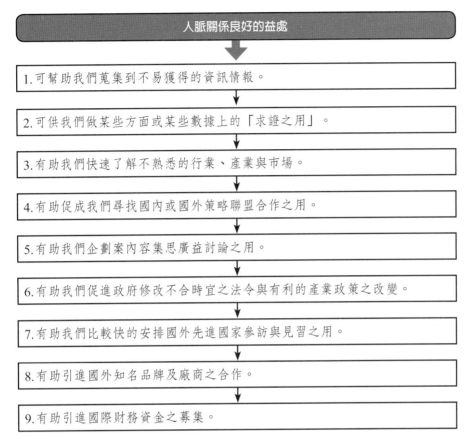

人脈關係良好的益處

1. 可幫助我們蒐集到不易獲得的資訊情報。

2. 可供我們做某些方面或某些數據上的「求證之用」。

3. 有助我們快速了解不熟悉的行業、產業與市場。

4. 有助促成我們尋找國內或國外策略聯盟合作之用。

5. 有助我們企劃案內容集思廣益討論之用。

6. 有助我們促進政府修改不合時宜之法令與有利的產業政策之改變。

7. 有助我們比較快的安排國外先進國家參訪與見習之用。

8. 有助引進國外知名品牌及廠商之合作。

9. 有助引進國際財務資金之募集。

圖6-11　好人脈的九大助益

七、應跟這些對象建立人脈存摺

　　人脈存摺當然愈多愈好，不管是經常可用或長期可用，都是值得我們用心經營及維繫，包括下列這些對象：1.上游供應商（原物料廠商、零組件廠商、進口貿易商、代理商）；2.同業友好廠商；3.下游大客戶（國外OEM大客戶）；4.下游通路商（經銷商、批發商、零售商）；5.政府行政機構；6.國外政府機構；7.媒體界、公關界；8.大學及學者教授；9.產業專家們；10.國內外研究單位；11.國內外銀行主管；12.國內外知名財務公司、投資銀行、招募籌資；13.國內外知名會計師事務所、律師事務所及企管顧問公司；14.國內外財團法人；15.過去相關同學及同事們，以及16.其他各種單位及人員等。

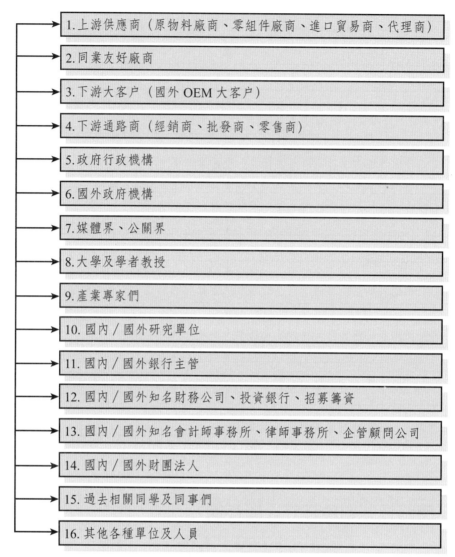

1. 上游供應商（原物料廠商、零組件廠商、進口貿易商、代理商）

2. 同業友好廠商

3. 下游大客戶（國外 OEM 大客戶）

4. 下游通路商（經銷商、批發商、零售商）

5. 政府行政機構

6. 國外政府機構

7. 媒體界、公關界

8. 大學及學者教授

9. 產業專家們

10. 國內／國外研究單位

11. 國內／國外銀行主管

12. 國內／國外知名財務公司、投資銀行、招募籌資

13. 國內／國外知名會計師事務所、律師事務所、企管顧問公司

14. 國內／國外財團法人

15. 過去相關同學及同事們

16. 其他各種單位及人員

圖6-12　應跟這些對象建立人脈存摺

八、提高管理決策的思考能力

　　至於要如何提高思考能力呢？有以下幾個重點可供參考：1.要對問題的最核心本質是什麼，追出最根本的東西；2.要從廣度、深度及重度來看待；3.要有充足的經驗、知識及常識；4.要集思廣益的思考，而非靠一個人的思考；5.不能完全人云亦云，要不斷的問為什麼；6.不能完全依賴過去的經驗及成功，有時要有顛覆傳統及創新的想法；7.要追索出真理及真相；8.某種程度建立在科學數據分析上；9.有時是靈光乍現、直觀、直覺反射的，以及10.要有嚴謹的邏輯推理能力。

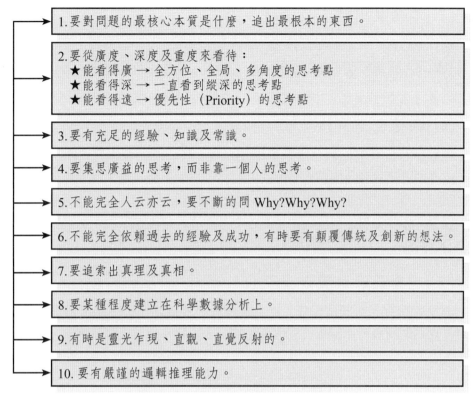

1. 要對問題的最核心本質是什麼，追出最根本的東西。

2. 要從廣度、深度及重度來看待：
★ 能看得廣 → 全方位、全局、多角度的思考點
★ 能看得深 → 一直看到縱深的思考點
★ 能看得遠 → 優先性（Priority）的思考點

3. 要有充足的經驗、知識及常識。

4. 要集思廣益的思考，而非靠一個人的思考。

5. 不能完全人云亦云，要不斷的問 Why?Why?Why?

6. 不能完全依賴過去的經驗及成功，有時要有顛覆傳統及創新的想法。

7. 要追索出真理及真相。

8. 要某種程度建立在科學數據分析上。

9. 有時是靈光乍現、直觀、直覺反射的。

10. 要有嚴謹的邏輯推理能力。

圖6-13　提高思考能力十要點

九、IBM公司制定決策五步驟

(一)建立決策的需求和目標為何

在制定任何決策時，先思考制定決策原先目標和需求為何？在做決策後，可得到最好的結果為何？唯有找出促成決策背後最原始的需求，才能擁有清楚的決策方向。

(二)判斷是否尋求員工參與及想法

制定決策可以由經理人獨立完成，亦可邀請員工腦力激盪，得到更多樣的選擇及想法。不過，在此想強調的是「如何適時地讓員工參與決策」。一般可以依照下列五項標準，判斷讓員工參與決策的必要性：1.你是否有充足的資訊制定決策？2.員工是否有足夠的能力與必備的知識參與制定決策？3.員工是否有意願參與決策過程？4.讓員工參與是否會增加決策的接受度？以及5.速度是否很重要？

(三)準備並比較各項選擇方案

在許多情況下，容易受限於過去經驗而無法思考更多的選擇。因此，當決策不易判斷時，建議經理人再回頭思考基本需求，刺激更多的想法，進而擬訂最佳的決策。

(四)評估負面情境

就算是符合需求的周全決策，也會因為一些因素而產生非預期的麻煩。因此，你必須隨時思考負面情境發生的可能性，以備不時之需。特別是在對高階主管提案時，高階主管通常會詢問：若過程不如預期的進行，該如何應變？決策執行過程會有哪些不利的影響因素？是否有其他的可行備案？因此，最好能先針對可能的負面情境，設想應對措施。

(五)選擇最適決策方案

在審慎進行前面四個步驟，而且經理人已能清楚掌握需求、目標、必須做的事、想要做的事，並確定已評估負面情境後，此時通常已不難選出最適當的決策。不過，仍須提醒經理人要小心別落入「分析的癱瘓」（Paralysis of Analysis）陷阱，因為猶豫不決，或認為所想的方案都不符合理想中的最佳方案，結果到最後一個決策也沒下！

IBM前任董事長華特生（Watson）曾說過：「無論決策是正確或是錯誤，我們期望經理人快速做決策！倘若你的決策錯誤，問題會再度浮現，強迫你繼續面對，直到做了正確決策為止！因此，與其什麼都不做，還不如勇往前行！」

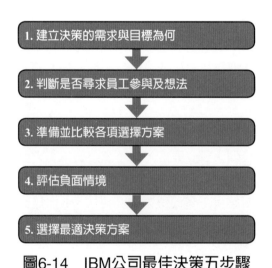

圖6-14　IBM公司最佳決策五步驟

本章習題

1. 請說明決策模式有哪三種？
2. 請列示影響決策的六大面向因素爲何？
3. 請列示管理決策上的六項考慮點爲何？
4. 請列示有效決策的五項指南原則爲何？
5. 請列示有效增強管理決策能力的十一要點爲何？
6. 請列示管理資訊情報獲取的三種來源爲何？
7. 請列示良好人脈存摺對管理決策有哪九項助益？
8. 請列示IBM公司最佳決策的五步驟爲何？

第七章

管理與授權、分權、集權力

本章重點摘要

一、授權的六大優點為：

    (1) 減輕高階主管負荷

    (2) 增加高階主管思考及策略規劃工作

    (3) 培育人才

    (4) 鼓勵員工勇於任事

    (5) 加速擴展企業版圖

    (6) 員工會有成就感，留住好人才

二、授權有七大原則，如下：

    (1) 授權前的必要培訓及磨練

    (2) 隨時提供資源協助

    (3) 給予部屬適當的工作激勵

    (4) 容忍部屬的決策疏失

    (5) 逐步授權，勿一下子授權太多

    (6) 應思考授權對組織結構的影響

    (7) 權責應一致，有權就有責，有責就有權

三、分權組織有四大優點，如下：

    (1) 各單位可因地制宜，反應快速

    (2) 適合大規模企業不斷發展

    (3) 各單位會努力完成自身的目標

    (4) 有助培養獨當一面的人才

四、企業選擇集權或分權程度的六大因素為：

    (1) 要看組織規模大或小的程度

    (2) 要看產品組合簡單或複雜程度

(3) 要看市場分布多或少程度

(4) 要看功能性質的不同而定

(5) 要看工作人員性質的不同而定

(6) 要看外部環境變化程度大或小

五、統一7-11授權的三項原則爲：

(1) 要適才適所

(2) 要建立制度化運作模式

(3) 要適時提供必要協助

第一節　授權的意義、好處、原則及阻礙原因

一、授權的意義、好處及阻礙原因

授權是有效支配領導者時間的技巧，也是發揮組織力量的重要因素。但要如何授權才是正確的？當無法落實授權眞正目的時，問題究竟何在？

(一)授權的意義

所謂「授權」（Delegation of Authority）係指一位主管將某種職權（Authority）及職責（Responsibility），指定某位部屬負擔，使部屬可以代表他從事領導、政策、管理或作業性之工作。簡單來說，被授權的部屬具有批核公文的權力及開會做結論的權力。

(二)授權的好處

授權對領導者及組織有什麼好處呢？茲可歸納整理成下列幾點：

1.**減輕高階主管負荷**：授權可以節省不必要溝通的浪費，高階主管只要檢視工作成果即可，不必也不需要詢問過程細節。

2.**增加高階主管思考及策略規劃工作**：授權讓高階主管能有更多時間專注在從事規劃、分析與決策方面的重要事務，不用花太多時間在細節工作上。

3.**培育人才**：可藉授權培育組織未來的高階管理與領導人才。

4.**鼓勵員工勇於任事**：授權可以鼓勵員工勇於承擔工作任務的組織氣候，而不是推諉塞責。

5.**加速擴展企業版圖**：唯有透過授權普及機制，組織才能拓展爲全球企業的規模，也才能加速擴張成長。

6.**員工有成就感，留住好人才**：授權是提供部屬最好的學習機會，也是提升部門績效的積極作爲。對部屬信賴與尊重，更能激發其創意，增加工作意願。

如下圖示：

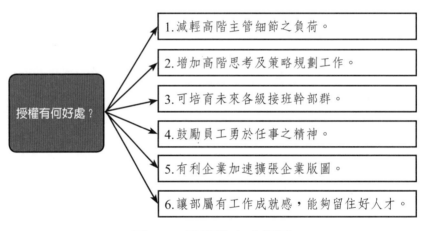

圖7-1　授權的六大優點

(三)阻礙授權的因素

儘管授權有其實質利益，但並非都能順利，通常阻礙授權的因素有以下兩大類：

1.**主管不願授權的原因**：

(1) 部屬能力有限，尚不足以擔當重責大任及決策性事務時。能力有限若強要授權，則會造成錯誤決策或一再請示之麻煩，亦即主管對部屬缺乏信心。

(2) 主管愛權力，喜歡權力集於一身，而無法放心將權力完全下放。

(3) 企業發展階段未到最高負責人可以完全授權的時候。

2.**部屬拒絕接受授權的原因**：

(1) 對接受權力者缺乏額外激勵，形成責任加重卻無任何回饋之情況，也使得部屬不願承擔新責任。

(2) 有些授權是有名無實，形成高階嘴巴說要授權，但實質上卻不一樣。

(3) 部屬恐懼犯錯，反而形成對原有地位的傷害，得不償失。

(4) 有些部屬習慣於接受命令做事，這樣比較簡單。

如下圖示：

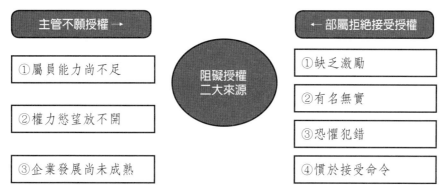

圖7-2 阻礙授權的二大類因素

二、授權原則及對授權者的督導

授權對組織自有其正面貢獻，但授權時還要遵循一些原則，才能實踐實質意涵。

(一)授權的原則

關於授權原則，茲分述如下，有助於克服授權障礙（Overcome the Obstacles）：

1.**授權前的必要培訓與磨練**：在授權之前，應對部屬施予必要之教育訓練與職務磨練，讓部屬能水到渠成的接下授權棒子。

2.**隨時提供資源協助**：所謂授權，並非下授權力名詞而已，而是必須提供充分資源的協助，否則巧婦難為無米之炊。

3.**給予部屬適當工作激勵**：當部屬能如期承接權力責任，而完成組織使命目標時，高階主管應給予適當獎勵與晉升。

4.**容忍部屬決策疏失**：授權之初，部屬之決策，難免有疏失，高階主管應抱持容忍原則，勿過於苛責。

5.**逐步授權**：授權應採陸續漸進放出權力，不必一下子全部都授權，如此將可避免重大政策之錯誤。

6.**授權對組織結構的影響**：應考慮到整個組織結構，是否適合於授權，否則就應該考慮調整組織結構。

7.**權責一致**：授權後，必須課以責任，完成任務，否則成了空洞權力利用。

如下圖示：

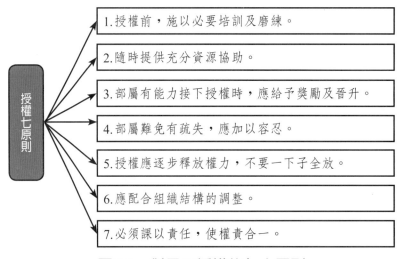

圖7-3 對員工授權的七大原則

(二)授權者的控制方式

高階主管及各級主管對於部屬授權後的控制方式，可採取如下方法：

1.**事前充分研討**：對於重大決策，如果部屬無充分把握或仍得不到解答時，可與上級主管充分研討，尋求解答及共識，並可減少疏失。

2.**期中報告**：授權者不需要管太細節的過程，若仍會擔心，可在期中要求部屬提期中報告，以了解進度執行狀況。

3.完成報告：在計劃或期間終了時，部屬必須呈報成果績效給上級參考，以作考核及指示之用。

三、克服阻礙組織授權之途徑

組織建立一套正確合理的授權制度，可以減輕高階主管日常瑣碎的負擔，並藉此培育未來中、高階領導人才等優點，但仍會遇到內部保守人員的不願配合而失敗。既然組織授權乃時勢所趨，這時管理者便要思考如何針對這些反對聲浪，逐步克服其為何阻礙的原因了。

(一)提供必要訓練

屬員專業能力不足，才會導致對自我決策能力的疑慮，這時應針對部屬之需求，給予必要之訓練，鼓勵及指導，以培養其擔當責任之能力。這需要一些時間、安排及過程。

(二)有效激勵屬員

如果只授權卻無激勵回饋，屬員難免會有工作多但沒好處的現實想法，這時應給予完成職責之屬員足夠之獎勵及回饋，讓他願意接受授權，勇於挑戰目標，全力達成任務。

(三)建立適當的控制與支援

組織應發展良好之控制系統，當屬員遇到問題或困難時，可以迅速獲知並協助，使其不至於產生偏差或重大挫折，失去信心。

(四)明示權力及責任

組織應訂定翔實及合理之「權責劃分表」，以明確各級主管應有權力及應負責任。從上而下均按此授權機制執行，就不會瞻前顧後了。

(五)必要資源的支援

既然授權，就不能有名無實，應給屬員擔負任務必要的資源；否則巧婦難為無米之炊，對有意願及能力的屬員無異是一種士氣及向心力的雙重打擊。

(六)容許有限失誤

有時部屬有恐懼犯錯的心理，害怕會危及既有地位，這時應對初次授權的屬員，容忍有限度與非故意性之失誤，在失敗中求取成功。

(七)組織結構設計改變

當組織推展授權制度時，如一再遇有阻礙，就應考慮組織結構的設計是否有利於授權，或者開始即考慮周詳，否則應改變組織結構。

第二節　分權及集權的好處、考量因素

一、分權的意義、好處、條件及原則

近年來，分權式決策的趨勢比較突出，這與實務上期使組織更加靈活和主動地反映出管理思想是一致的。

(一)分權的意義

由一個組織授權程度的大小，可以形成組織結構面上一個重要問題，那就是分權與集權。如果一個組織各級主管授權程度極少，大部分大小職權均集中在很少數的高階主管，則稱為集權組織；反之，各項權力均普及到各階層指揮管道，則稱為分權（Decentralization）組織。事實上，從分權主導集權角度上來看，正反映這個企業經營者之經營管理風格。

(二)分權組織的好處（優點）

一個分權化的組織，有其公認的好處，茲歸納整理以下幾點，以供參考：

1.**各單位可即時解決問題**：各單位主管可因地制宜，即時有效解決各個經營與管理問題，具有決策快速反應的效果。

2.**適合大型企業不斷發展**：相當適合於大規模、多角化及全球化經營的組織體，依各自的產銷專長，發揮潛力。

3.**有助各單位完成目標**：各階層主管擁有完整的職權及職責，將會努力完成組織目標。

4.**有助培養優秀人才**：能夠有效培養獨當一面之各級優秀主管人才。

(三)分權的環境趨勢

基本上，當企業考量環境趨勢要朝多角化、國際化，以及生產科技自動化等三種方向發展時，正是有利於分權化組織之採行。

(四)分權的條件

從上述分析來看，我們又可結論出較適合分權的狀況有以下幾種：1.組織屬大規模；2.產品線繁多、多角化程度高；3.市場結構分散且複雜；4.工作性質多變化；5.外在環境難以精確預測；6.決策者面臨彈性需求，以及7.海內外事業單位眾多者。

(五)分權的原則

換言之，我們可以研究出分權的原則如下：1.產品愈多樣化，分權化愈大；2.公司規模愈大，分權化愈強；3.企業環境變動愈快，企業決策愈分權化；4.管理者應當對那些耗費大量時間，但對自己權力及控制損失極小的決策，讓部屬執行；5.對下授的權力予以充分及適時控制，本質上就是分擔，以及6.產業市場及科技快速變化時，企業組織就愈分權。

二、集權的好處及考量因素

隨著市場環境的快速變化，組織勢必日益多元及複雜，因此，過去所謂領導者將權力一手抓的集權管理與控制的組織現象，早因為不符實務運作所需而日趨瓦解。現在，只有集權與分權的比例在組織管理中如何產生變化，至於集權與分權應如何判斷選擇，則有賴領導者的智慧了。

(一)集權的意義

所謂集權（Centralization）是指決策權在組織系統中，較高層次的一定程度之集中。集權和分權主要是一個相對的概念。在組織管理中，集權和分權是相對的，絕對的集權或絕對的分權都是不可能的。

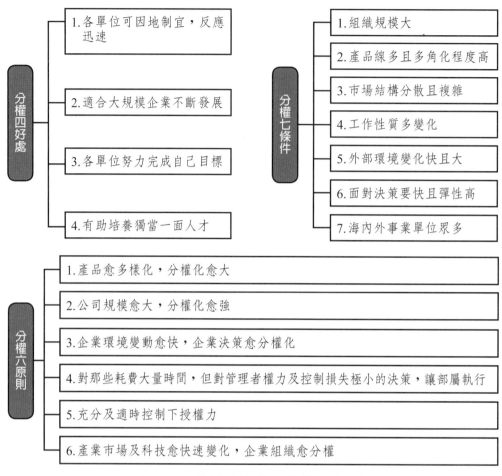

圖7-4　分權的好處、條件及原則

(二)集權組織的好處

集權式組織最顯著的利益，可歸納整理成以下幾點：

1.**降低成本**：可精簡組織，避免浪費人員成本。

2.**決策與執行的高效能**：就指揮系統層面來看，具有決策效率化之優點，而在執行面也有強力貫徹之效果。

3.**高階幕僚能力得以充分發揮**：可澈底發揮高階幕僚單位之功能。

(三)選擇集權或分權的考慮因素

任何一個組織沒有辦法說到底是採分權好或集權好，這要視組織發展的階

段、營運狀況等多重因素加以分析評估。茲將組織選擇集權或分權程度應考量的各種因素歸納整理如下，以作爲決策之參考：

　　1.**組織規模大或小**：這應是一項最基本的因素，因爲分權化的發生，也是爲因應組織規模擴大後，實質管理上分工的高度需求。

　　2.**產品組合簡單或複雜**：產品線愈多或多角化程度日益升高，爲因應對不同產品之產銷作業，是以分權化獨立營運的要求也就增加。

　　3.**市場分布多或少**：市場區域分布愈廣，也就迫使走上分權化組織之路。例如：在國際化發展下，全球就是一個大市場，各市場距離如此遙遠，實在難以使用集權化組織。

　　4.**功能性質不同的區別**：企業各部門因其功能性質不同，故也可能採取不同的權力方式組織。例如：財務單位、企劃單位、稽核單位就傾向集權論；而業務單位、廠務單位及海外事業單位則較分權化。

　　5.**人員性質的不同**：人員程度不同，也會影響組織方式。例如：研發人員其自主性較高，故採分權化組織；而廠務工作人員工作較標準化，故採集權化組織。

　　6.**外界環境變化大或小**：組織所面臨環境的變動程度較大，則採分權式組織因應；變動程度較小，則採集權式組織。

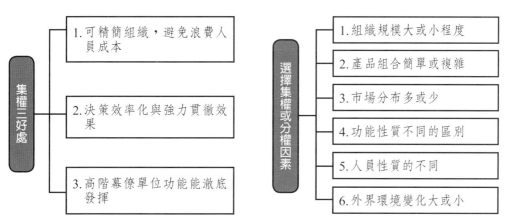

圖7-5　集權的好處及選擇集權或分權的因素

三、統一超商授權作法

統一7-11前任總經理徐重仁在《經濟日報》專欄〈談工作與生活〉中，針對他對授權的看法，提出個人的多年經驗，非常精闢有用，故摘其重點如下，以供參考。

(一)擺脫老闆主導，建立團隊經營制度

許多中小企業在權威式、人治管理的企業文化下，一切由老闆主導，員工做事多半以老闆的主觀、好惡為依歸。

例如：隨時想開會就開會，與外部談生意或策略合作，都是老闆說了就算，有交情的很容易就可以做成生意，沒交情的就照規矩來；這種狀況下，不但老闆不在就做不成事，員工也會養成被動的思維模式和工作習慣，對企業是一大危機。

企業經營成敗的關鍵，在於經營團隊。當老闆的如果要讓企業運作上軌道，提高經營效率，甚至成為國際級的企業，就必須跳脫處處以老闆為中心的企業文化，建立團隊經營的制度與適度授權。

(二)如何授權才有效果

但究竟該如何做，才能讓幹部主管逐漸養成「單飛」的能耐，又讓企業發揮最佳效率呢？

1.適才適所：這是授權的第一步，選擇合適的人才做適當的工作。選才用人最重要是看其是否具備工作與學習的熱忱，以及無私與創新的精神。只要具備上述的條件，這些人才都可以透過適度授權與培養，成為可以獨當一面的經營者。

統一超商流通集團次集團32家子公司的總經理，很多都是如此培養出來的，他們在接手新事業之前，往往對這個領域全然陌生，但結果都可成為專業的經營者，並且創造出好的成績。

徐重仁的經驗是，在授權的過程中，領導者有責任帶領經營團隊朝正確的方向前進，並且因應快速變化的環境，做出快速而明確的決策。

2.建立制度化的運作模式：制度化運作可讓每一階層的幹部養成解決問題的習慣和主動創新革新的精神，調整工作方法和作業流程，不要動不動就把問題扔給上層主管或老闆；如果老闆不肯或不放心授權，是無法形成這種氣氛的。

3.適時提供必要協助：依照上述作法，難免會有錯誤與風險，企業一方面要有嘗試錯誤、擔負風險的準備。也要設法把風險降到最低，所以領導者必須適時提供輔導與協助。例如：有些工作可以讓主管放手去做，有些工作領導者則須親自帶著經營團隊及員工一起做，讓他們從做中學，累積成功的經驗，這樣學習效果最佳，風險也最低。

　　綜上所述，我們可以得到一個結論──「讓他單飛吧！」這句在親子教育上很適用的至理名言，套用在企業想要壯大組織的實務上，也非常可行。統一7-11徐重仁前任總經理對「授權」的「單飛」看法，深值吾人仿效。

本章習題

1. 請說明分權的四項好處優點？
2. 請列示組織較適合分權的條件及狀況為何？
3. 請列示分權的原則有哪些？
4. 請列示授權的好處為何？
5. 何謂授權？何謂分權？
6. 如何克服阻礙組織授權之途徑？
7. 請列示選擇集權或分權的考慮因素為何？
8. 請列示統一7-11如何授權？

第八章

管理與溝通協調力

本章重點摘要

一、正式溝通的三種類型為：

(1) 下行溝通

(2) 上行溝通

(3) 水平溝通

二、常見的溝通障礙之原因為：

(1) 訊息被有意歪曲

(2) 過多的複雜溝通

(3) 組織架構不健全

三、如何改善組織溝通六大方向為：

(1) 將溝通管道機制化、制度化

(2) 將P-D-C-A管理循環落實在資訊流通上

(3) 建立全方位回饋系統

(4) 應建立員工對公司的各項建議系統

(5) 發行組織文宣加以宣導

(6) 善用資訊科技加強溝通效率

四、組織間的協調途徑為：

(1) 召開面對面跨部門、跨公司會議協調

(2) 利用電話親自協調

(3) 利用親自拜會協調

(4) 利用E-Mail、LINE訊息協調

(5) 利用公文簽呈協調

第一節 溝通的意義、程序及改善之道

一、溝通的意義

所謂溝通（Communication）乃指一人將某種想法、計劃、資訊、情報與意思傳達給他人的一種過程。不過，溝通不僅是透過文字、口頭將訊息傳遞給某人就好了，更重要的是，對方有沒有正確察覺你的意思，不能有所誤解，而且要有某種程度之接受，不能全然拒絕；否則這種無效的溝通，稱不上是真正的溝通。

二、溝通的層面

綜上所述，我們得知溝通不只是一種情感表達交流，更是一種認知的過程。再進一步看，溝通具有兩種層面：

(一) **認知層面**：訊息必須分享，才能達到溝通效果。

(二) **行為層面**：進而必須引起對方之行為反應，溝通才算完成。

三、溝通的程序

溝通學家白羅（Berlo）於1960年提出一種技術性模式以描述溝通程序。此模式包括以下六個要素：

(一) **溝通來源**（Communication Source）／**發訊者**（Sender）：指組織溝通訊息的來源，可能是一個人、一群人或是一個團體。發訊者本身的學識、態度、經驗、人格特質、溝通技巧等都會影響組織溝通的效果。

(二) **編碼**（Encoding）：指溝通者將其所欲表達的想法，以某種符號或方式表現。編碼的方式很多，如最常使用的文字和語言，也可以是圖畫或符號，並不局限於有形的表達方式。這一道手續會受到技巧、態度、知識和社會文化系統的影響。

(三) **訊息**（Message）：指資訊傳送者編碼後的具體產物，包括事實、觀念、意見、態度與感情等訊息。

(四) **通路**（Channel）：即訊息的傳送符號與工具。不同訊息適合在不同時空環境中，組織的發訊者需要慎選。

（五）**解碼**（Decoding）：接受者是訊息傳達的對象，但訊息被接收之前，必須轉換爲接受者能了解的符號形式。這一道手續也會受到技巧、態度、知識和社會文化系統的影響。

（六）**溝通接受者／收訊者**（Receiver）：即組織溝通訊息的接收者，可能是一個人、一群人或一個團體。接受者本身的學識、態度、經驗、人格特質、溝通技巧等，都會影響組織溝通的效果。

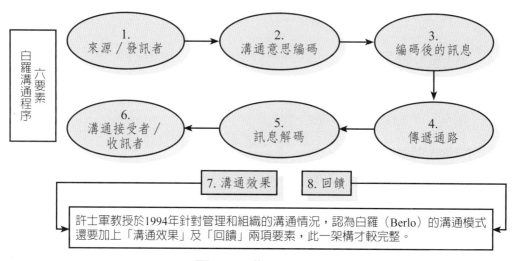

圖8-1　溝通的程序

四、正式溝通的三種類型

正式溝通（Formal Communication）係指依公司組織體內正式化部門及其權責關係而進行之各種聯繫與協調工作，其類別可區分以下三種：

（一）**下行溝通**：一般以命令方式傳達公司之決策、計劃、規定等訊息，包括各種人事命令、通令、內部刊物、公告等。

（二）**上行溝通**：是由部屬依照規定向上級主管提出正式書面或口頭報告；此外，也有像意見箱、態度調查、提案建議制度、動員月會主管會報或E-Mail等方式。

（三）**水平溝通**：常以跨部門集體開會研討，成立委員會小組；也有用「會簽」方式執行水平溝通。

五、常見的溝通障礙

在人們溝通訊息的過程中，常會受到各種因素的影響和干擾，使溝通受到阻礙；實務上，組織也是如此。組織最常發生的溝通障礙，大致可歸納整理成下列原因：

（一）**訊息被歪曲**：在資訊流通過程中，不管是向上、向下或平行，此訊息經常被有意或無意的歪曲，導致收不到真實的訊息。

（二）**過多的溝通**：管理人員常要去審閱或聽取太多不重要且細微的資訊，而不見得每個人都會判斷哪些是不需要看或聽的。

（三）**組織架構的不健全**：很多組織中出現溝通問題，但其問題本質不在溝通，而是在組織架構出了差錯，包括指揮體系不明、權責不明、過於集權、授權不足、公共事務單位未設立、職掌未明、任務目標模糊，以及組織配置不當等。

六、如何改善組織溝通六大方向

要徹底改善組織溝通障礙，可從下列幾個方向著手：

（一）**溝通管道機制化**：將溝通管道流程化與制度化，即以「機制」代替隨興。

（二）**將P-D-C-A落實在資訊流通上**：將規劃、組織、執行、控制、督導等管理功能的行動，加以落實而改善資訊流通。

（三）**建立上下左右回饋系統**：應建立回饋系統，讓上、下、水平組織部門及成員都能知道任務將如何執行？執行的成果如何？將如何執行下一步？

（四）**應建立員工對各項建議系統**：如此一來，將有助於組織成員能把心中不滿、疑惑、建言等意見，讓上級得知並予以處理。

（五）**發行組織文宣加以宣導**：運用組織的快訊、出版品、錄影帶、廣播、手機簡訊、LINE群組等，作為溝通之輔助工具。

（六）**善用資訊科技加強溝通效率**：在多變的環境及科技的社會中，溝通的方法已經是多樣化了，除可用語文或非語文等，亦可運用資訊科技來促進溝通的效果，例如：跨國的衛星電視會議、網路視訊會議、電話會議等。此外，亦經常使用公司內部員工網站、E-Mail電子郵件系統或LINE群組，以傳達溝通內容並達成溝通效果。

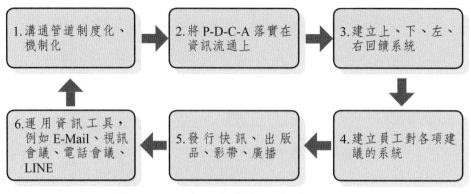

圖8-2　改善組織溝通六方法／方向

七、溝通管理的態度與技巧

「思想決定行為，行為產生結果」，想要進行有效溝通，首要從態度著手。眞誠、自信、彈性是溝通的基本態度，要讓對方感受到誠意，展現自信，不畏衝突，保持溝通彈性，互相尊重對方立場，才能了解彼此需求和底線，找到雙方都能接受的空間。

(一)耐心傾聽

溝通最重要的關鍵在於傾聽。台積電董事長張忠謀（已退休）把溝通視為新世紀人才必備的七種能力之一，在他看來，傾聽是最不受重視，卻是最重要的技巧，「有成就的人與別人最大的不同，就在於他聽得比別人來得多。」傾聽時，應全神貫注，注視對方雙眼，身體不宜有過多肢體動作，以免打斷說話者。傾聽過程中，要適度回應，重複對方說話的重點或最後一句，以做到確認對方的意思。另外，耐心傾聽，也是自我學習成長的很好方式。因為人們聽與看的記憶不太一樣，聽到的反而記憶更久、更深。

(二)對話能力

溝通是一種對話能力的展現，問話應盡量使用對方習慣的語彙，確認則以自己的話語重新詮釋對方的話，回應時盡量陳述事實，少用批評、侵略或攻擊的言詞。組織中最常使用的溝通方法是口頭溝通，其中表情動作占55%，也就是訊息和傳遞，主要來自溝通時臉部和身體的表達功能，如果主管嘴巴說沒關係，但表情僵硬、身體呈現防衛狀態，部屬一定也會清楚地接收到這個不愉快的訊息。

(三)衝突管理

衝突大都因爲既得利益與潛在利益擺不平而產生。組織衝突在所難免，但大部分衝突都可透過溝通管理。過去管理者常極力避免衝突，但現在適度的衝突則被視爲激勵團隊良性競爭的積極手段，理想的衝突管理是將合作、競爭與衝突調理到最佳狀況，即每一方都不盡滿意但可接受。不管是說服或妥協，最重要的是建立共識，最好的狀況是形成競合關係，在意念上爲共同目標努力，但在行動上則爲個人績效求表現。

第二節　做好成功溝通及原則與協調意義

一、溝通十二原則

(一)多觀察

敏銳的觀察力，絕對可以訓練。從自然界和身邊人、事、物開始訓練，再加以追蹤印證自己的觀察是否正確，假以時日就能有敏銳的觀察力。尤其，在私下會議中或正式會議中的觀察力培養，尤應重視。有正確的觀察，才能有適當與適時的回應及溝通表達。

(二)多看活化頭腦的書籍

多看有關心理方面和啓發心智的書籍，對於了解人性會有幫助，也能增進頭腦的啓發，而不會陷入鑽牛角尖的困頓之中，這對人性溝通也大有助益。

(三)學習角色互換

看到朋友所發生的事，或電視、電影裡主角的遭遇，試著和他互換角色，想想如果自己是他，會怎麼想？怎麼做？在思考學習中，不斷使自己溝通能力增強。

(四)學習傾聽

「傾聽」是需要不斷練習的，一開始可能必須咬牙先讓別人表達，但是一定要眞的聽進心裡去，然後思考，分析、判斷一下，如果自己有更好的意見，再說出來也不遲。專心傾聽是溝通的第一步，而且也是一種眞誠的表現。

(五)練習說服別人的口語表達

要如何運用言語說服人是必須要學習的課題。把聲音盡量放輕柔，態度要誠懇，雙眼堅定地注視對方的眼睛，切勿讓人有不確定的感覺，遣詞用語要簡單易懂，最好是有一語道破的功力，切忌嘮叨不已，點到為止，讓人有思考的空間。

(六)注意別人心態的平衡

要注意別人心理平衡的問題，所以挖東補西，適度的補償，有助於心理平衡。因此，有利要大家分享，有權要大家分權。

(七)了解別人的需求

要清楚別人的需求為何，並且讓人了解自己提議的願景在哪裡？想要做有效的溝通，首先要先清楚對象的真正需求究竟為何？這必須當面溝通清楚。

(八)有建設性的意見

同樣是意見，有人只是批評，有人從比較正面的方向思考，意見要有建設性才能夠真正解決問題。因此，溝通的方案，必須是有利於雙方的建設性解答。

(九)態度誠懇贏得信任

誠懇的態度，才能得到對方的信任。如果沒有信任的基礎，根本無從溝通。

(十)學習妥協與折衷的方法

沒有共識，就要運用妥協，以折衷的辦法將問題解決。因此，也要學習妥協折衷的藝術。當雙方均有相當之資源與優勢條件時，就必須妥協。

(十一)格局要大與客觀

溝通高手一定要有大格局，放下主觀意識，盡量客觀地看待每一件事。因此，既要顧及局部，但也要放眼大局。

(十二)目的性思維

所謂的「貓論」，不管白貓、黑貓，只要抓到老鼠的就是好貓，這種強烈的企圖心，才能讓你產生強大的力量。

1. 多觀察	2. 多看活化頭腦的書籍
→有正確的觀察，才能有適當與適時的回應及溝通表達。	→多看心理方面和啓發心智的書籍，有助於了解人性，也能增進頭腦的啓發。

3. 學習角色互換	4. 學習傾聽
→學習從他人角度思考自己的反應，能增強自己的溝通能力。	→專心傾聽是溝通的第一步，而且也是一種真誠的表現。

5. 練習說服別人的口語表達	6. 注意別人心態的平衡
→聲音輕柔，態度誠懇，勿讓人有不確定的感覺，用語簡單，最好一語道破。	→有利要大家分享，有權要大家分權。

7. 了解別人的需求
→要先清楚對象的真正需求究竟為何？這必須當面溝通清楚。

8. 有建設性的意見
→溝通的方案，必須是有利於雙方建設性解答。

9. 態度誠懇贏得信任
→如果沒有信任的基礎，根本無從溝通。

10. 學習妥協與折衷的方法
→當雙方均有相當之資源與優勢條件時，就必須妥協。

11. 格局要大與客觀
→溝通高手既要顧及局部，也要放眼大局。

12. 目的性思維
→強烈的企圖心，才能產生強大的力量。

↓

邁向成功的個人、群體與組織之溝通管理能力

↓

組織內能夠互信、互賴、互依、互榮

圖8-3　成功做好溝通十二原則

二、協調的意義與途徑

(一)協調的意義

協調活動是一種將具有相互關聯性的工作，化為一致行動的活動過程。基本上，只要有兩個或以上相互關聯的個人、群體、部門，希望達到共同目標時，都需要協調活動。例如：政府為推動重大政務的各部會協調功能，或是企業要推動某項重大事項，也必須協調組織內部各部門。

(二)協調的途徑

協調的途徑因為科技進步，也跟著多元豐富起來。除一般傳統上常進行的會議協調方式，親自拜訪現場協調的也大有所在；而網路的便利，以電子郵件快速往返溝通達成協調也頗為頻繁。為方便讀者參考，茲將組織常用的協調途徑，歸納整理如下：1.利用召開跨部門、跨公司之聯合會議討論；2.利用電話親自協調；3.親自登門拜訪協調；4.利用E-Mail與LINE訊息協調，以及5.利用公文簽呈方式協調等。

1.召開面對面跨部門、跨公司會議協調。
2.利用電話親自協調。
3.親自登門拜會協調。
4.利用 E-Mail、LINE 訊息協調。
5.利用公文簽呈協調。

圖8-4　做好協調的五種途徑

第三節　企業與員工溝通案例

一、日本佳能公司重視聆聽員工及溝通

日本佳能（Canon）公司曾經榮獲日本年度十大優秀企業之一，而且在過去十年的日本經濟景氣寒冬中，仍能持續保持成長的卓越企業。主要是御手洗富士夫於1995年9月擔任該公司總裁而建立的。以下我們來看看御手洗富士夫是怎麼做到的！

（一）**要求二十名高級主管傾聽員工想法，然後以身作則**：每天早上，可說是數十年如一日，總裁御手洗一定會在社長室旁邊的特別接待室與近二十名高層主管開會，不設定特定議題，談論比較重要的媒體報導，或由個人提出自己部門最近碰到的問題，當場討論、決定作法，事後連公文或電話都免了。御手洗還教給主管一套哲學，「有些事不能聽員工的，有些事則非聽不可。」換言之，「不要做『眼睛只往上看』的比目魚。」御手洗提醒各級主管：「首先要設定正確目標，此時絕對不能聽部屬的。但完成目標的細部作法，一定要好好聽員工意見，然後率先以身作則。」

（二）**每年直接和七千名以上員工對話**：他認為「員工比股東重要」，喜歡直接和員工溝通。為了解現場狀況，每年他都會到每個工廠，然後對前一年業績提出看法，談談今後方針和計劃。「要常常和員工溝通，啟發他們，激發他們的潛能。」御手洗每年會直接和七千名以上的員工對話，如果不是員工人數太多，他恨不得每個人都講。

二、美國Wal-Mart運用多元與即時溝通管道全面溝通

全球第一大量販店公司——沃爾瑪（Wal-Mart）的創辦人山姆‧威頓（Sam Walton）在其自傳書中，指出沃爾瑪百貨溝通制度的重要性。

（一）**週六晨會、電話、網路及衛星電視均是溝通工具**：如果將沃爾瑪百貨的制度濃縮成一點，那就是溝通，這很可能是沃爾瑪成功的真正關鍵。週六早晨的會議、每一通電話、衛星系統，都是溝通的方式。良好的溝通對這麼大的公司，其重要性無以復加。如果你想出銷售海灘巾的好辦法，卻不能告訴公司每個人，那還有什麼用呢？如果佛羅里達州聖奧古斯汀（St. Augustine）的商店直到冬天才獲得訊息，就已錯失良機；再如班頓威爾的採購員不知道海灘巾的銷售量可望加

倍，商店就可能沒東西賣。

　　沃爾瑪在只有幾家店時就已分享資訊，所以認為分店經理應該知道和他的店有關的所有數字，然後各部門主管也可知道這些數字。沃爾瑪在拓展過程中，一直都這麼做。這也是為什麼沃爾瑪花費數億元投資在電腦及衛星上，就是讓公司所有細節資料都能很快散播。經由資訊科技及衛星，分店經理對於經營狀況都很清楚，並在短時間內，掌握所有資訊，如每月盈虧報表、店內銷售現況及他們所需要的各種報表。

　　(二) 創辦人親自上電視，用衛星傳播給員工：雖然創辦人山姆‧威頓經常到各商店視察，也常召集地方幹部到班頓威爾，有時仍覺得命令無法貫徹，如果他有話要說，就會馬上就到電視攝影機前，透過人造衛星，傳達給商店休息室電視機前的同仁。

本章習題

1. 請簡述溝通的意義及其程序為何？
2. 請列示正式溝通的三種類型？
3. 請列示三種常見的溝通障礙為何？
4. 請簡述要改善組織溝通障礙的六大方向為何？
5. 請列示做好成功溝通的十二原則為何？
6. 請列示做好協調的五種途徑為何？

第九章

管理與激勵、獎酬力

本章重點摘要

一、動機的形成起因在「需求」與「刺激」。

二、動機的四大類型為：

(1) 勝任動機與好奇動機

(2) 成就動機

(3) 親和動機

(4) 公平公正要求動機

三、組織中，員工的績效係為「能力」與「動機」兩者相乘而得。

四、馬斯洛心理學家提出人性的五種層次需求理論，由低到高層次為：

(1) 生理需求

(2) 安全需求

(3) 社會需求

(4) 自尊需求

(5) 自我實現需求

五、麥克裡蘭認為人性有三種需求為：

(1) 權力需求

(2) 成就需求

(3) 情感需求

六、佛洛姆的期望理論認為，努力及高的工作績效，會導致晉升及加薪，而這些對個人都是很重要的。

七、雙因子理論，係指有二大類因素影響人性，一是保健因素，二是激勵因素。

八、很多調查顯示，員工心目中第一名激勵的項目，仍是金錢。

九、很多公司對員工獎酬多少的決定因素仍在於：(1)實際對公司的貢獻；(2)員工個人的能力、表現，及(3)員工未來潛力。

十、公司對員工物質面的獎酬包括：

(1) 加薪

(2) 加發績效獎金

(3) 年終獎金多發

(4) 分紅獎金

(5) 員工認股

(6) 給予停車位

(7) 給予配車

(8) 給予祕書

(9) 給予個人房間（辦公室）

第一節 動機的形成與各種激勵理論

一、動機的形成與類型

(一)動機的形成

動機起因於「需求」（Needs）與「刺激」（Stimulate）。員工個人行為的基本模式，大致是經過刺激（原因），而使員工個人有了新的需求、新的期望、新的緊張及新的不適，因此，會衍生出新的個人行為與行動，而朝向他在新的刺激下的新目標。

(二)動機的類型

根據學者Ivancevich的分法，他將與工作相關之動機區分為下列四種：

1.**勝任動機與好奇動機**（Competencies & Curious）：員工希望經由工作完成任務，表示能夠勝任。而對新目標與新工作之挑戰，亦充滿好奇，想一探究竟。

2.**成就動機**（Achievement）：當員工完成一項挑戰目標後，他會感到很有成就感，這是一種成就動機與榮耀動機。

3.**親和動機**（Affiliation）：除有成就感之外，員工也有渴望與他人能夠合作、親密、友誼、談心之需要，否則會變成物質人、經濟人。

4.公平公正要求動機（Equity）：員工對報酬、薪資、紅利分配，均有「公平合理」之要求，因此物質報酬不在多寡，而在公平性。一旦公平動機不能滿足，員工就會站起來表示意見。

員工工作的動機

1. 勝任動機與好奇動機

→①員工經由工作完成任務，表示能夠勝任。
　②對新目標與新工作之挑戰，亦充滿一探究竟的好奇心。

2. 成就動機

→當員工完成一項挑戰目標後，他會感到成就感。

3. 親和動機

→員工除有成就感之外，也渴望與他人能夠合作、親密、友誼、談心。

4. 公平公正要求動機

→①員工對報酬、薪資、紅利分配，均有「公平合理」之要求。
　②物質報酬不在多寡，而在公平性。

圖9-1　員工工作的四大動機

(三)基本的「動機理論」與「動機流程」

不管就管理理論或企業實務來看，組織中員工的績效，係由組織員工的「能力」及「動機」兩者相乘而得，換言之，績效必須同時存在能力與動機才行，缺一不可。只有能力，而無動機或有動機無能力，均無法創造出公司良好的績效。

當公司高階決策者討論到員工的動機時，他們所要關心的主題有幾個：1.驅動員工行為的動機為何？2.這個行為朝向哪一個方向？以及3.如何維持或持續這個行為？

二、馬斯洛的人性需求理論

美國人本主義心理學家馬斯洛（Maslow）的需求層次理論，是研究組織激勵時，應用得最為廣泛的理論。他認為人類具有五個基本需求，從最低層次到最高

層次之需求。這五種需求即使在今天，仍有許多人停留在最低層次而無法滿足。

(一)生理需求

在馬斯洛的需求層次中，最低層次是對性、食物、水、空氣和住房等需求都是生理需求。例如：人餓了就想吃飯，累了就想休息。人們在轉向較高層次的需求之前，總是盡力滿足這類需求。即使在今天，還有許多人不能滿足這些基本的生理需求。

(二)安全需求

防止危險與被剝奪的需求就是安全需求，例如：生命安全、財產安全，以及就業安全等。對許多員工來說，安全需求的表現在職場的安全、穩定，以及有醫療保險、失業保險和退休福利等。如果管理人員認為對員工來說安全需求最重要，他們就在管理中強調規章制度、職業保障、福利待遇，並保護員工不致失業。

(三)社會需求

一旦人們的生理與安全需求得到滿足後，這些需求再也不能激勵行為了。此時，社會需求就成為行為積極的激勵因子，這是一種親情、給予與接受關懷友誼的需求。例如：人們需要家庭親情、男女愛情、朋友友情等。

(四)自尊需求

此需求是有關個人的自尊，亦即對自信、自立、成就、信心、知識、地位、尊敬與鑑賞的需求。包括個人有基本高學歷、公司高職位、社會高地位等自尊需求。

(五)自我實現需求

最終極的需求則是自我實現，或是發揮潛能，開始支配一個人的行為，每個人都希望成為自己能力所達成的人。達到這樣境界的人，能接受自己，也能接受他人。例如：成為創業成功的企業家。

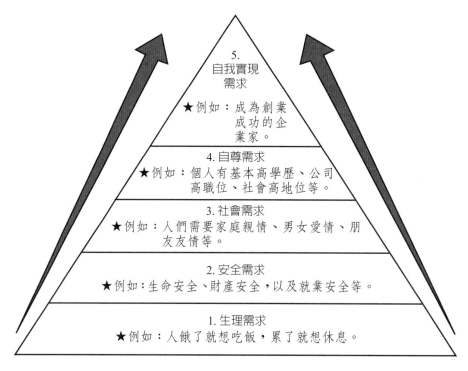

圖9-2　馬斯洛人性需求理論

三、成就需求理論

關於企業如何激勵員工的成就需求，進而促進組織目標之發展與達成，茲綜合整理各大學派如下，以供實務上參考。

(一)愛金生的需求成就理論

心理學家愛金生（Atkinson）認為成就需求是個人的特色。高成就需求的人，受到極大激勵來努力達到成就工作或目標的滿足，同時這些人喜歡聽到別人對他們工作績效的明確反應與讚賞。

愛金生對需求成就理論（Need Achievement Theory）有以下幾點發現：

1.**不同程度的激勵動力**：人類有不同程度的自我激勵動力因素。

2.**訓練有助自我成就**：一個人可經由訓練獲得成就激勵。

3.**成就激勵攸關著工作績效**：成就激勵與工作績效有直接關係，即愈有成就動機之員工，其成長績效就愈顯著的好。

(二)麥克裡蘭的需求理論

學者麥克裡蘭（McClelland）的需求理論係放在較高層次需求（Higher-Level Needs），他認為一般人都會有三種需求：

1.**權力需求（Power）**：權力就是意圖影響他人，有了權力就可依自己喜愛的方式做大部分的事，也有較豐富的經濟收入，例如總統的權力及薪資就比副總統高。

2.**成就需求（Achievement）**：成就可以展現個人努力的成果，並贏得他人的尊敬與掌聲。例如：喜歡唸書的人，一定要唸個博士學位，才會感到有人生成就感；而在工廠的作業員，也希望有一天成為領班主管。

3.**情感需求（Affiliation）**：每個人都需要友誼、親情與愛情，建立與多數人的良好關係，因為人不能離群而孤居。

麥克裡蘭的三大需求理論與馬斯洛的五大需求理論有些近似，不過前者是屬於較高層次的需求，至少是馬斯洛的第三層級以上需求。

麥克裡蘭建議公司經營者，扮演一位具有高度成就動機的典範者，使得員工有模仿學習的對象，並且成為一個高成就動機的員工，尋求工作的挑戰及負責。

(三)阿爾德弗的激勵理論

依照學者阿爾德弗（AIderfer）的看法，他基本上認同馬斯洛的五個需求層次看法，但他把五種需求層次濃縮為三大類，分別是生存（Existence）、關係（Relatedness），以及成長（Growth）等，簡稱為ERG理論。

1.**生存需求（Existence Needs）**：相當於馬斯洛之生理與安全需求；此需求是指物質的基本需求，例如：空氣、水、薪水、紅利、工作環境等之滿足。

2.**關係需求（Relatedness Needs）**：相當於馬斯洛之社會與自尊需求；此需求是指與同事、上司、部屬、朋友及家庭間建立好的人際關係。

3.**成長需求（Growth Needs）**：相當於馬斯洛之自尊與自我實現需求；此需求是指個人表現自我，尋求發展機會的一種需求。

(四)波特與勞勒的激勵「整合模式」

波特與勞勒（Porter & Lawler）兩位學者綜合各家理論，形成較完整之動機作用模式。他們將激勵過程視為外部刺激、個體內部條件、行為表現和行為結果的共同作用過程。他們認為激勵是一個動態變化迴圈的過程，即：獎勵目標→努力

→績效→獎勵→滿意→努力，這其中還有個人完成目標的能力，獲得獎勵的期望值，覺察到的公平、消耗力量、能力等一系列因素。只有綜合考慮到各面向，才能取得滿意的激勵效果。因此，我們可得知波特與勞勒對激勵的看法如下：

1.**員工自行努力的原因**：此指員工感到努力所獲的獎金報酬價值很高，以及能夠達成之可能性機率。

2.**增進工作技能**：除個人努力外，還可能因為工作技能與對工作了解等兩種因素所影響。

3.**好績效會贏得報酬**：員工有績效後，可能會得到內在報酬（如成就感）及外在報酬（如加薪、獎金、晉升）。

4.**公平標準為何**：這些報酬是否讓員工滿足，則要看心目中公平報酬的標準為何；另外，員工也會與外界公司比較，如果感到比較好，就會達到滿足了。

波特與勞勒期望激勵理論在今天看來仍有相當的現實意義，它告訴我們，不要以為設置了激勵目標、採取了激勵手段，就一定能獲得所需的行動和努力，並使員工滿意。要形成上述且良性循環，取決於獎勵內容、獎懲制度、組織分工、目標導向行動的設置、管理水平、考核的公正性、領導作風及個人心理期望等多種綜合性因素。

茲圖示如下：

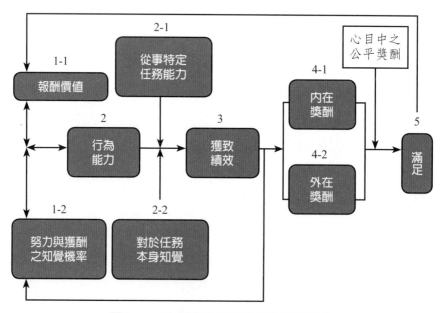

圖9-3　波特與勞勒動機作用模式

四、公平理論與期望理論

(一)亞當斯的公平理論

激勵的公平理論（Equity Theory）認為每一個人受到強烈的激勵，使他們的投入或貢獻與他們的報酬之間，維持一個平衡；亦即投入（Input）與結果（Outcome）之間應有一合理的比率，而不會有認知失調的失望。

換言之，愈努力工作者，以及對公司愈有貢獻的員工，其所得到之考績、調薪、年終獎金、紅利分配、升官等，就愈為肯定及更多。因此，這些員工在公平機制激勵下，即會更加努力，以獲得努力之後的代價與收穫。例如：中國信託金控公司在2010年因盈餘達150億元，因此，員工的年終獎金，即依個人考績獲得4到10個月薪資的不同激勵。

該理論是亞當斯（Adams）學者所提出，他認為當員工感到公平程度是提高工作績效及滿足的主因。因此，公司在各種制度設計上，必須以「公平」為核心點。

(二)佛洛姆的期望理論

佛洛姆（Vroom）的期望理論（Expectancy Theory）認為一個人受到激勵努力工作是基於對於成功的期望。

【概念】佛洛姆對於期望理論提出以下三個概念：

1.**預期**：表示某種特定結果對人是有報酬回饋價值或是重要性的，因此員工會重視。

2.**方法**：認為自己的工作績效與得到激勵之因果關係的認知。

3.**期望**：乃指努力和工作績效之間的認知關係；也就是說，我努力工作，必將會有好的績效出現。

【步驟】綜上所述，佛洛姆將激勵程序歸納為以下三個步驟：

1.**激勵對自己是否重要**：人們認為諸如晉升、加薪、股票紅利分配等激勵對自己是否重要？Yes。

2.**高績效能否晉升**：人們認為高的工作績效是否能導致晉升等激勵？Yes。

3.**努力能否等於高績效**：人們是否認為努力就會有高的工作績效？Yes。

【案例】國內高科技公司因獲利佳、股價高，並且在股票及現金紅利分配制度下，每個人每年都可以分到數十萬、數百萬，甚至上千萬元的股票紅利，因此，更加促動這些高科技公司的全體員工努力以赴。

茲圖示如下：

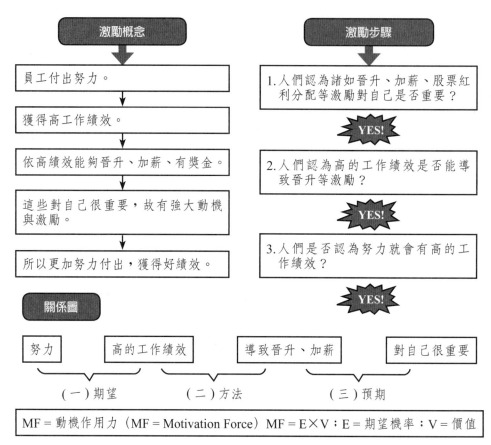

圖9-4　佛洛姆的期望與激勵理論

五、雙因子理論或保健理論

雙因子理論或保健理論是赫茲伯格（Herzberg）研究出來的，他認為缺少了保健因素（例如：較好的工作環境、薪資、督導等），則員工會感到不滿。但是，一旦這類因素已獲相當滿足，則一再增加並不能激勵員工；這些因素僅能防止員工的不滿。另一方面，他認為激勵因素（例如：成就、被賞識、被尊重

等），卻將使員工在基本滿足後，得到更多與更高層次的滿足。例如：對副總經理級以上高階主管來說，薪水的增加已沒有太大感受，假設若從每月10萬元薪水增加一成到11萬元，並不重要。重要的是他們是否有成就感，是否被董事長尊重及賞識，而不是像做牛做馬一樣被壓榨。另外，他們是否有更上一層樓的機會，還是就此退休。

 第二節　激勵與獎酬員工的實務法則

一、激勵員工的六大實務法則

激勵員工的定義：「利用適當的機制與方案，鼓勵員工積極投入工作，為公司創造長久的競爭優勢。」

為順應未來趨勢，經營者應立即根據自身條件、目標與需求，發展出一套激勵員工作戰力的計劃。員工在這種計劃的激勵下，勢必會創造高度的創造力與生產力。

(一)金錢是激勵的第一選擇

許多企業利用金錢來激勵員工，結果付給員工的薪資與福利不僅因為企業的生產力大增而回收，而且更增加員工的作戰力與士氣。

(二)訂定團隊目標的獎勵

許多企業只對個人的業績給予獎勵，但事實上，成功的背後必須倚靠許多員工一起努力才能完成，如果只有少數人獲得獎勵，更會影響整體團隊的績效與合作默契。相關的研究顯示，過度強調個人獎勵，將導致以下後果，即破壞團隊合作的基礎、變相鼓勵員工爭相追逐短期且可立即看見成效的工作目標，甚至會誤導員工相信獎勵與員工績效一點關聯也沒有。

(三)表揚與慶祝活動

無論是人、部門或個人的表現，都應挪些時間給團隊舉辦士氣激勵大會或相關活動。舉辦這些活動最主要目的，在於營造歡樂與活力的氣氛，可提振員工的士氣與活力。

(四)參與決策及歸屬感

讓員工參與對他們有利害關係事情的決定，這種作法表示對他們的尊重及處理事情的務實態度，往往員工最了解問題狀況，也知道改進方式，以及顧客心中想法；當員工有參與感時，對工作的責任感便會增加，也較能輕易接受新的方式及改變。

(五)增加訓練的機會

美國雀伯樂鋼鐵廠（Chaparral）非常鼓勵員工接受訓練。任何時候，該公司都有85%的員工接受各種訓練。如果員工想上大學或到其他地方學習新製程與技術，公司都會提供休假與旅費以示鼓勵。經由公司所提供的訓練，員工的作戰士氣相當高昂。

(六)激發員工的工作熱情

藉由激發員工的工作熱情，也可以成功提升作戰力。美國五金連鎖公司家庭倉庫（Home Deport）是一個能激發第一線員工且工作情緒佳的環境，堅信每位員工的表現是企業成敗的關鍵。他們相信與員工的關係，除冰冷制度外，還有感情存在。只要有心培養員工熱情，讓員工的情緒管理有更好的表現，更能增加公司整體的表現。

二、獎酬員工的目的、決定因素及具體內容

如果獎酬的目的是為了激勵並引導員工行為，那麼就該讓所有管理階層及員工充分了解並支持公司的獎酬制度。

(一)獎酬之目的

公司對個人或部門群體的獎酬表現，主要在於達成對內、對外之目的，如下：

1. 對內目的：包含(1)提高員工個人工作績效；(2)減少員工流動離職率；(3)增加員工對公司的向心力，以及(4)培養公司整體組織的素質與能力，以應付公司不斷成長的人力需求。

2. 對外目的：包含(1)對外號召吸引更高與更佳素質的人才，加入此團隊；(2)對外塑造公司重視人才的企業形象。

1. 提高員工工作績效	2. 增強員工對公司向心力
3. 降低員工流動率	4. 形成良好企業文化
5. 號召外部優秀人才加入	6. 塑造幸福企業形象

圖9-5　對員工獎酬的六大目的

(二)獎酬的決定因素

現代企業對員工個別獎酬的制度，逐漸採用「能力主義」或「表現主義」，而漸放棄年資主義。換言之，只要有能力、對公司有貢獻看得到，在部門內績效也表現優異者，不論其年資多少，均會有良好的差異獎酬。

一般來說，獎酬（含薪資、年終獎金、業績獎金、股票及現金紅利分配等）的決定因素，包括以下幾項：

1.**實際績效**（Performance）：績效是對工作成果的衡量，應有客觀指標，不管是直系業務部門或幕僚單位均一樣。一般公司均是採預算管理及目標管理的指標。

2.**其他次要因素之衡量**：除此之外，可能還會衡量其他次要因素，包括：(1)工作年資（在公司任職多少年以上）；(2)努力程度；(3)工作的簡易度與困難度，以及(4)技能水準。

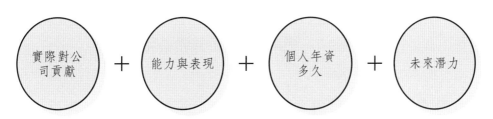

實際對公司貢獻　＋　能力與表現　＋　個人年資多久　＋　未來潛力

圖9-6　對員工獎酬激勵的四項決定因素

(三)獎酬的實施內容

就實務而言，公司對員工個人或群體的獎酬，可以從以下兩種角度說明：1.內在獎酬（較重視心理、精神層面）；2.外在獎酬（較重視外在實際物質報酬）。

茲圖示如下：

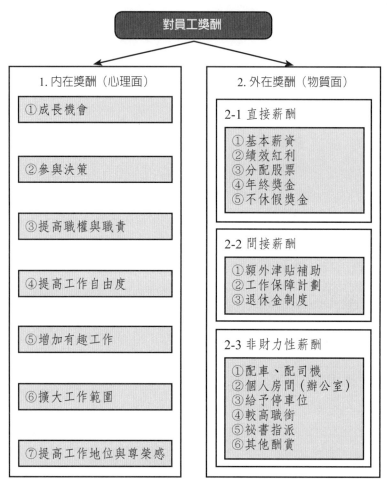

圖9-7　對員工獎酬的具體項目

(四) 獎酬對組織行為之涵義

公司優良的獎酬制度，必然可以提高員工對公司的向心力與工作滿足感，但需要注意下列條件：

1. **獎酬制度的公平性**：員工必然認為公司的獎酬制度具有公平性（Equity）。

2. **工作成果攸關獎勵結果**：獎酬必與績效結果連結。

3. **考核全面性公平公正**：績效考評必須公平、公正、有效與客觀。

4.中高階主管的獎酬著重差異化需求：獎酬愈往中高階主管看，愈需要配合個別員工的個人差異化需求。

本章習題

1. 請列示動機的四種類型為何？
2. 請列示馬斯洛的五種人性需求層次為何？
3. 請列示麥克裡蘭的三種人性成就需求為何？
4. 請列示佛洛姆的期望理論為何？
5. 請簡述雙因子理論為何？
6. 請問何者為激勵員工的第一優先選擇？
7. 請問獎酬員工的六大目的為何？
8. 請問獎酬員工多少的決定因素有哪些？
9. 請列示獎酬員工的物質面有哪些項目？

第十章

管理與問題解決力

本章重點摘要

一、鴻海製造業解決問題的九大步驟，如下：

　　(1) 發掘問題

　　(2) 選定題目

　　(3) 追查原因

　　(4) 分析資料

　　(5) 提出辦法

　　(6) 選擇對策

　　(7) 草擬行動

　　(8) 成果比較

　　(9) 標準化

二、外商IBM公司解決問題的六大步驟，如下：

　　(1) 定義並釐清問題

　　(2) 分析問題

　　(3) 訂出可能的解決方案

　　(4) 選出解決方案，訂出行動計劃

　　(5) 進行解決方案並追蹤結果

　　(6) 機動調整執行方案內容

三、Q→W→A→R解決問題四個步驟：

　　(1) Q（Question）（問題是什麼）

　　(2) W（Reason Why）（原因是什麼）

　　(3) A（Answer）（答案是什麼）

　　(4) R（Result）（結果為何）

四、日本7-11董事長鈴木敏文解決問題四步驟的觀點，如下：

(1) 蒐集並分析→新鮮情報

(2) 大膽提出創新→假設

(3) 進行執行→檢驗

(4) 執行後→觀察結果及做必要的調整改善

五、台塑集團解決問題八步驟，如下：

(1) 確定專案目的、範圍、對象及要點

(2) 組成專案小組

(3) 訂定工作計劃

(4) 現狀了解

(5) 理出結構

(6) 分析要項

(7) 發掘問題點並歸納

(8) 問題點求證

六、在解決問題過程中，經常向外部專業單位諮詢及請教，如下單位：

(1) 會計師事務所

(2) 律師事業所

(3) 銀行

(4) 財務顧問公司

(5) 設備公司

(6) 市調公司

(7) 政府部門

(8) 人才公司

(9) 上游供應商

(10) 下游通路公司

(11) 獨立董監事

(12) 國外先進同業

(13) 學術界教授學者

(14) 專業研究機構

(15) 製造技術公司

(16) 品質檢定公司

 第一節　鴻海郭台銘與IBM公司的解決問題步驟

一、鴻海郭台銘董事長解決問題九大步驟

　　國內第一大企業鴻海精密董事長郭台銘，他所自創的「郭語錄」，在該公司內部很有名，幾乎他身邊每個特助及中高階主管都必須熟悉這些郭董事長數十年來的經營心得與管理智慧。「郭語錄」廣泛被員工熟記，且經常被問到的就是解決問題的智慧及作法。郭台銘提出九步驟，茲摘要闡釋如下：

(一)發掘問題

　　企業運作，其實都是在解決當前浮現出來的問題。如果沒有問題，就按照慣常方式（Routine）做下去。但是，如果出現棘手問題，就馬上尋求解決問題。不過，企業卓越經營者的定義有兩種：

　　1.建立標準化：把處理事情的模式，盡量標準化（Standard Operation Procedure, SOP），亦即我們常說的，要建立一種「機制」（Mechanism），透過法治，而不是人治，法治才可以久遠，人治則將依人而改變處理原則及方式，那會製造更多的問題。有了標準化及機制化之後，問題出現可能就會減少些。

　　2.標準化不能解決所有問題：企業不可能在標準化之後，就沒有問題了。一方面是內部環境改變，使問題出現；另一方面是外部環境改變，使問題出現，尤其是後者更難以控制，實屬不可控制因素，例如：某個國外大OEM代工客戶，由於某些因素而可能轉向我們的競爭對手後，這就是大問題了。

　　因此，卓越企業的準則是希望提早發現問題，使問題在剛萌芽或發酵的潛伏

期，我們就能即刻掌握而快速因應，撲滅或解決尚未形成的問題，因此，「發掘問題」是一門重要的工作與任務。

任何公司應有專業部門單位處理這些潛藏問題的發現與分析；另外，在各既有部門中，也會有附屬單位做這方面的事。當這些單位發掘問題後，就應循著一定的機制（或制度、規章、流程）反映給董事長、總經理或事業總部副總經理知道，好讓他們及時掌握問題的變化訊息，然後才能預先防範及思考因應對策。

(二)選定題目

問題被發掘之後，可能會有下列兩種狀況：

1.問題很複雜也有多種面向：這時候必須深入探索分析，解開盤根錯節，挑出最核心、最根本且最必須放在優先性角度來處理。

2.問題比較單純，比較單一面向：這時候，就比較容易決定如何處理。

不管是上述哪一種狀況，在此階段，就是必須選定題目，確定要處理的主題或題目是什麼？選定題目有幾項原則，就是此項目必須是當前的（當下的）問題、優先處理的問題、重大性的問題、影響深遠的問題、急迫的問題及影響多層面的問題等。這些問題都必須經由老闆或高階主管出面做決策，至於小問題，就由第一線人員、現場人員或各部門人員處理即可。

(三)追查原因

在追查原因時，要區分以下兩個層面：

1.善用分析工具：比較有系統的分析工具，大概以「魚骨圖」方式或「樹狀圖」方式較為常見。以魚骨圖為例，乃表示某一個浮現的問題，可以從四大因素與面向來看待，而每個因素又可分析出兩項小因子，因此，總計有八個因子，造成此問題的出現。至於「樹狀圖」，其表示方法則是將問題的所有可能產生原因分層羅列，從最高層開始，並逐步向下擴展。

2.有形原因與無形原因：在追查原因上，我們還要再區分為有形的原因（即是可找出數據、來源或對象等支持），以及無形的原因（即是無法量化、無法有明確數據，不易具體化的，比較主觀、抽象、感覺或經驗的）。然後，綜合這些有形原因與無形原因，作為追查原因的總結論。

(四)分析資料

分析最好要有科學化、統計化，以及系列性、長期性的數據加以支持。不可

憑短暫、短期、主觀、片面及單向性的數據，就對問題做出判斷。因此，在進行數據分析時，應注意以下幾項原則：

1.**歷史性、長期性比較分析**：與過去數據相較，看看發生了什麼變化？

2.**產業比較分析**：與所在產業相較，看看發生了什麼變化？

3.**競爭者比較分析**：與所面對的競爭者相較，看看發生了什麼變化？

4.**事件行動比較分析**：採取行動後，與沒有採取行動之前相較，看看發生了什麼變化？

5.**環境影響比較分析**：以外部環境的變化狀況與自己現在的數據相較，看看發生了什麼變化？

6.**政策改變影響比較分析**：與政策改變後相較，看看發生了什麼變化？

7.**人員改變影響比較分析**：與人員改變後相較，看看發生了什麼變化？

8.**作業方式改變比較分析**：與作業方式改變後相較，看看發生了什麼變化？

(五)提出辦法

在資料分析後，大致知道該如何處理了。接下來，即是要集思廣益，提出辦法與對策。

其中，辦法與對策不應只限於一種，應從各種不同角度來看待問題與相對應的不同辦法，主要是希望思考周全一些，視野放遠一些，以利老闆從各種面向考量，而做出最有利於當前階段的最好決策。

(六)選擇對策

提出辦法後，必須向各級長官及老闆做專案呈報，或個別報告，通常以開會討論方式居多。此時，老闆會在徵詢相關部門意見與看法後下決策。也就是老闆要選擇究竟採取哪一種對策。

例如：某部門提出如何挽留國外大OEM客戶的兩種不同看法、思路與辦法對策請示老闆，老闆就要下決策，究竟是A方案或B方案。

當然老闆在下決策時，他的思考面向與部屬不一定完全相同，此時老闆的選擇對策，要基於下列比較因素與觀點：1.短期與長期觀點的融合；2.戰略與戰術的融合；3.利害深遠與短淺的融合；4.局部與全部的融合；5.個別公司與集團整體的融合，以及6.階段性任務的考量。

(七)草擬行動

　　老闆做好選擇對策之後,即表示確定了大方向、大策略、大政策與大原則。接下來,權益部門或承辦部門即應展開具體行動與計劃的研擬,以利各部門作為實際配合執行的參考作業。

　　在草擬行動方案時,為使其可行與完整,同樣的,也經常結合相關部門單位,共同或分工分組研擬具體實施計劃,然後再彙整成一個完整的計劃方案。

(八)成果比較

　　當行動進入執行階段後,就必須即刻進行觀察成效如何。有些成效,當然是短期內可以看到,但有些成效則需要較長的時間,才可以看到它所產生的效果,這樣才比較客觀。因此,對於成果比較,我們應掌握以下幾點原則:1.短期成果與中長期成果的比較觀點;2.所投入成本與所獲致成果的比較分析;3.不同方案與作法下,所產生的不同成果比較分析;4.戰術成果與戰略成果的比較分析;5.有形成果與無形成果的比較分析;6.百分比與單純數據值的成果比較分析,以及7.當初所設定預期目標數據與實際成果的比較分析。在這七點成果比較分析的兼顧觀點下,才能正確掌握成果比較的真正意義與目的。

(九)標準化

　　當成果比較確認了改善或革新效益正確後,即將此種對策作法與行動方案加以文學化、標準化、電腦化、制度化,爾後相關作業程序及行動,均依此標準而行。最後,就成了公司或工廠作業的標準操作手冊及作業守則。

二、IBM公司解決問題步驟

　　不論大小企業,每天都會遇到問題。試想「問題」發生時,一定要立即做出回應並迅速處理嗎?或者也可以像人生一樣隨著時間淡化?

　　不過,企業如果不正視面對問題,會不會因而產生社會觀感不佳或是員工幸福指數低的情形呢?這裡我們分享IBM公司如何系統化解決問題的六大步驟及方法。

(一)定義並釐清問題

　　首先,經理人必須澄清「問題是否存在」,以及「是否值得解決」,在IBM多半會以蒐集相關資料、分析資訊的方式,檢視問題是否真的存在。而透過下列

幾個題目，將可協助經理人定義並釐清現狀：

1.**不面對的結果如何**：對此問題如果不採取任何行動，是否會影響企業目標的達成？

2.**現有的風險**：目前會產生哪些風險？風險會有多大？

3.**現有能力及人力如何**：個人或團隊的力量足以提供解決方案嗎？

4.**對問題的了解度**：我們能定義問題是如何產生、如何結束嗎？

定義並釐清現狀之所以重要，是因為在企業中，每天都會遇到問題。有些問題值得花心力解決，但有些問題很可能會隨時間而消失。因此，在時間資源都有限的情況下，經理人必須集中心力在「重點問題」上。

當確定「問題的確存在」，緊接著就必須將問題寫下來，清楚、簡潔、正確且每個人都可了解的陳述，將是解決問題的重要基礎。這個動作的最大意義，在於將問題具體化，並讓相關人員明瞭問題核心。

(二)分析問題

在將問題界定清楚後，經理人就必須即刻進行問題分析，並找出產生的原因。許多管理學上的技巧，如魚骨圖（Fish Bone Diagramming），都可以作為分析工具。

此外，經理人也可以與部屬舉行討論會議，有系統地將問題產生的原因予以分類，並且列出解決的優先順序。

分析問題的過程除了可集眾人之智慧，也可以訓練員工們思考問題的能力。

在會議中，你可以請員工提出意見，並將問題產生的原因加以分類。隨後再依問題原因的重要性排序，集中心力先解決首要的問題根源。

重點問題的描述與分析，包括：1.問題的事實是什麼？2.問題的起因、背景及演變是什麼？3.問題的影響面是什麼？影響程度、長遠性與對象是什麼？4.問題解決的優先性目標是什麼？可能的策略性方向是什麼？5.基本的政策與原則是什麼？解決的說詞是什麼？

(三)訂出可能的解決方案

在訂出可能解決方案時，經理人可以邀請多位同仁，甚至跨單位的成員共同進行腦力激盪會議，以產生創新的想法。你可以鼓勵每位成員寫下所有可能的解

決方案，點子愈多愈好，以創造豐富的可能性。

其實，大家都知道運用「腦力激盪」方式，找出可行的解決方案。但是，大多數人卻忽略了如何有系統的整理腦力激盪的結果。要將腦力激盪的結果點石成金，關鍵在於排序。排序的原則，包括：此方案是否真正能解決問題？是否能獲得管理階層的支持？以及是否可付諸執行等。透過精密的篩選，至少可以發掘三至四個可能方案。

(四)選出解決方案，訂出行動計劃

在面對三至四個可能方案，你該如何找出最佳方案，並訂定行動計劃呢？

你可以透過「影響力／執行力矩陣」（X軸是影響力，亦即方案執行後的影響程度；Y軸是執行力，亦即方案推行的難易程度），篩選出最佳的解決方案。

如果方案落在「影響力最大，推行度最容易」的象限，那就應該當機立斷，馬上針對此方案擬訂行動計劃。

在擬訂行動計劃時，有幾個要項值得銘記在心，例如：完成任務的先後順序、誰應該負責哪件事、何時應該完成等，以確保計劃如期完成。

(五)推行解決方案並追蹤結果

最後，執行及評估階段是不可或缺的部分。推動方案過程中，需要不斷檢視決策的推行狀況，並樹立各階段里程碑。

除此之外，為使評估順利進行，你也必須事前給予「成功」事項的定義，並明訂衡量方式。

面對大多數的問題需要集眾人之智慧。如果問題對員工產生極大的衝擊、解決方案需要極大的創意或經理人的資訊不充足時，經理人更應該以開放的態度，讓員工參與解決問題的過程，以團隊的力量化問題為機會，創造更好的營運成本。

雖然方案已在執行階段中，仍須具有可機動調整可行方案內容的彈性，以備不時之需。

(六)機動調整執行方案內容

針對前述追蹤結果，隨時要機動提出調整後的改善方案，以為應對之用。

多個解決方案比較					
方案	優點	缺點	需求條件	產生結果預估	負面影響評估
A					
B					
C					

圖10-1　機動調整方案內容

 ## 第二節　問題解決工具

一、問題解決的階段、核心與工具技巧

問題解決（Problem Solving）提供的是一套解決問題的邏輯思考方法，並藉由工具與技巧學習，有系統地發現問題的徵兆、原因，研擬解決的步驟、解決方案，以訂定行動計劃、解決問題。

(一)問題解決的核心

問題解決的重要性，可從其被列為主管必備的八大核心管理能力之一，以及近年來許多外商和國內高科技公司，將其從主管階層往下延伸到一般員工的教育訓練，即能窺見一二。

問題解決的精神，即在於訓練共同思考邏輯，替員工與主管找出順暢解決問題的流程，並簡單借助一些理性的工具、技巧，譬如說以一張「魚骨圖」去判斷問題成因，將引發問題的成因，由大項逐步如魚骨推演到細項，一一檢驗討論，有系統地抓出問題的關鍵。

魚骨圖因其形狀如魚骨，故稱「魚骨圖」，又名特性因素圖，乃由日本管理大師石川馨先生所發展出來的，故又名石川圖。它是一種發現問題「根本原因」的方法，也稱為「因果圖」，原本用於質量管理。

(二)問題解決五個階段

一般來說，問題解決藉著「描述問題→斷定成因→選擇解決方法→計劃行動步驟→跟進措施」五個階段，配合運用魚骨圖、評分表、調查表等二十四種方法

技巧，協助簡化資料的分析，並激發出具有創意性的解決方案。

問題解決五個階段中，第一階段是「描述問題」。所謂描述問題，就是幫問題「定義」，也就是要定義這種狀況是否構成問題，清楚地描述問題的輪廓，並與從前比較，是否超過太多而形成問題。再來斷定成因、選擇解決方法、計劃行動步驟與跟進措施等後續過程，必須仰賴二十四種工具技巧來協助。

(三)問題解決二十四種工具技巧

這二十四種工具技巧，包括腦力激盪法、紙筆輔助腦力激盪法、循環式腦力激盪法、雙重顛倒法、魚骨圖、流程圖、分布圖、計劃圖表、控制圖表、簡圖、直方圖、調查表、影響力分析、晤談、小組提名過程、意見問卷調查、不同觀點、評級、評分等包羅萬象的問題解決工具。

對於一般員工來說，問題解決即是前面所說的四個階段、二十四種方法技巧的教授。對於中高階主管來說，問題解決除了「分析」之外，特別著重「決策」。因為中高階主管必須承擔決策責任，並且尋求創新方法來解決問題，因此不僅需要知道如何分析問題，也必須學會如何做正確決策，確保其所做的決策包含充分的訊息和創新的點子。

如下圖示：

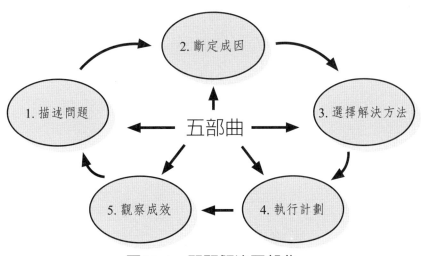

圖10-2　問題解決五部曲

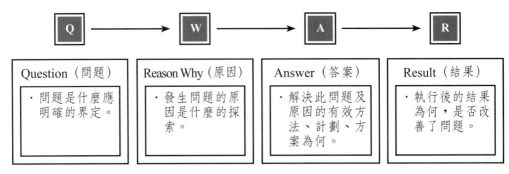

圖10-3　Q→W→A→R解決問題四步驟

二、問題解決實例

(一)日本7-11董事長如何分析與解決問題

日本最大、也是全世界第一大，已突破一萬店的日本7-11便利超商公司董事長鈴木敏文在其所著《統計心理學》與《消費心理學》等兩本專書中，指出他個人分析與解決問題的四個步驟。茲分述如下：

1.**蒐集並分析新鮮情報**：對每天一萬店銷售情報，進行問題發現與商機挖掘。

2.**大膽提出創新的假設**：憑藉著直覺、POS數據科學化，突破創新。

3.**進行執行檢驗**：研訂對策方案，如無誤則盡快規劃及執行。

4.**觀察執行結果及做必要調整改善**：觀察假設是對或錯。若錯了，即刻調整改善，直到對為止。

如下圖示：

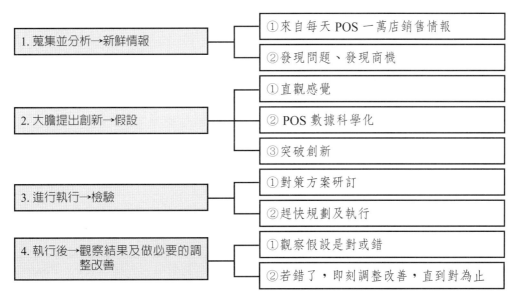

圖10-4　日本7-11董事長的解決問題四步驟

(二)以團隊小組為解決問題之導向

企業實務上，經常針對較大問題及工作事項而成立跨部門及跨單位的「工作團隊小組」，期以收效較大。工作團隊小組的作業流程，大致如下：1.工作小組成立→2.目的與目標的設立→3.問題探索（情報蒐集）→4.情報分析→5.問題原因發現→6.解決Idea的創造→7.Idea評價與整合→8.解決對策的決策→9.工作小組解散及歸建。

(三)台塑集團專案小組運作模式及流程

台塑集團如何歷久不衰，可歸功其獨特的集團專案小組運作模式及流程，步驟如下：1.確定專案目的、範圍、對象及要點；2.組成專案小組（人員專長、部門、人數）；3.訂定工作計劃（進行項目、進度及需配合或協助事項）；4.現狀了解（製程、作業方式、主要特性、績效狀況及特定項目）；5.理出結構（歸納各績效值或了解所知事項，以顯示主要項目）；6.分析要項（針對主要項目之影響績效要因進行分析）；7.發掘問題點並歸納，以及8.問題點求證（依績效值分析結果之問題點，向實際發生部門求證）。

三、問題解決過程中，經常借重的外部專業單位

若範圍涉及廣泛，也要邀請外部專業人士列席表達意見，以周延決策。這些

外部專業人士，包括會計師、律師、顧問、供應商、重要客戶、學者、專家及相關人士等，如下表：

方案	外部單位（外部人員）	問題解決
1.	會計師事務所	①財簽　②稅簽　③併購案　④上市、上櫃案 ⑤公司申請變更　⑥其他會計與稅務事務等
2.	證券公司（承銷商）	輔導上市、上櫃作業及承銷作業
3.	銀行	融資借款（短期及中長期借款）
4.	財務顧問公司	①合併案②資金仲介③收購案④私募增資
5.	投資銀行、投資機構	①私募增資　②財務結構調整 ③併購　　　④發行公司債
6.	無形資產鑑價公司	對無形資產（如技術專利、研發 Know-How、圖片庫、軟體程式等）鑑價，以作為擔保品融資
7.	不動產鑑價公司	對房屋、土地、大樓、廠房之鑑價
8.	製造技術服務公司	提供某種特殊製程技術之公司
9.	認證公司	各種認證取得之服務公司（例如 ISO9002）
10.	專利權登記公司	登記各種技術、商標及創新模式專利
11.	設備公司	提供各種精密升級設備
12.	民調、市調公司	對各種商品及消費者進行市場調查，以利行銷決策
13.	專業研究機構	提供產業、市場、技術報告之服務
14.	政府執行管制部門	提供審查、備查及核准營運之管制工作
15.	各產業公會、協會、協進會	反映同業意見、政策需求等相關事宜
16.	企管顧問公司	提供組織、策略、制度、銷售等領域之輔導
17.	人才庫公司	提供人才仲介服務
18.	人力訓練公司	提供企業內部教育訓練規劃、師資邀請等服務
19.	學術界（各大學）	提供學術性及企業性專業研究報告
20.	下游通路業者	提供通路商、商品變化與消費者變化之情報
21.	上游供應商	提供上游供應產品、價格、教學等之情報
22.	外部獨立董監事	提供對公司經營方針與決策之諮詢意見
23.	國外先進同業	提供國外市場與經營組織情報訊息

圖10-5　解決問題過程中，經常借重外部專業單位

四、利用邏輯樹思考對策及探究原因

(一)什麼是邏輯樹

邏輯樹（Logic Tree）又稱問植樹、演繹樹或分解樹等，就是從單一要素開始進行邏輯式展開，一邊不斷分支，一邊為了進行說明，而將構成要素層層堆疊或展開的一種思考架構。邏輯樹若從由右自左的圖形轉換成由下而上，變成像是金字塔型，又稱金字塔結構（Pyramid Structure）。邏輯樹是以邏輯因果關係的解決方向，經過層層的邏輯推演，最後導出問題的解決之道。以下各種案例將顯示使用邏輯樹來做「思考對策」及「探究原因」，是非常有效的工具技能，值得好好運用。

(二)利用邏輯樹思考對策

當公司老闆（董事長）下令希望今年度能夠增加「稅前淨利」（獲利）時，企劃人員可以利用邏輯樹思考各種可能方法與作法：

1.**提升業績作法**：包括(1)增加銷售量：加強促銷活動、提升客戶忠誠再購、提升單一客戶業績、增加業務人力、增加新銷售通路，以及提高業務人員與獎勵制度；(2)提高單價：折扣減少、提升品質、提升功能、改變包裝和強化品牌，以及(3)推出新品牌或新產品：推出副品牌或推出新產品與新品牌等作法。

2.**降低成本作法**：從下列幾點進行成本費用的降低，包括(1)降低零組件原物料成本；(2)利用外包降低人力成本；(3)利用自動化設備，降低人力成本；(4)減少機器設備；(5)減少閒置資產，進行處分；(6)減少幕僚人力成本；(7)移廠、移辦公室，降低租金，以及(8)減少交際費用支出等作法。

3.**增加營業外效益**：包括(1)減少銀行借款利息成本；(2)閒置資金最有效運用，以及(3)減少轉投資認列虧損等作法。

(三)利用邏輯樹探究原因

為何競爭對手某品牌洗髮精突然成為市場占有率的第一名？茲分析如下：

1.**強力廣告宣傳成功**：(1)大額度支出，一次支出，一炮而紅；(2)電視CF代言人明星找對人，以及(3)媒體報導配合良好，記者公關成功。

2.**定位與區隔市場成功**：(1)產品定位清晰有立基點，訴求成功，以及(2)區隔市場，明確擊中目標市場。

3.**價位合宜**：(1)價位感覺物超所值，以及(2)價格在宣傳促銷有特別優惠價。

4.**通路商全力配合**：(1)通路商因為大量廣告宣傳，故大量吃貨配合，以及(2)通路商在賣場位置配合理想。

5.**產品很好**：(1)包裝設計突出；(2)品牌容易記住，以及(3)品質功能佳。

如下圖示：

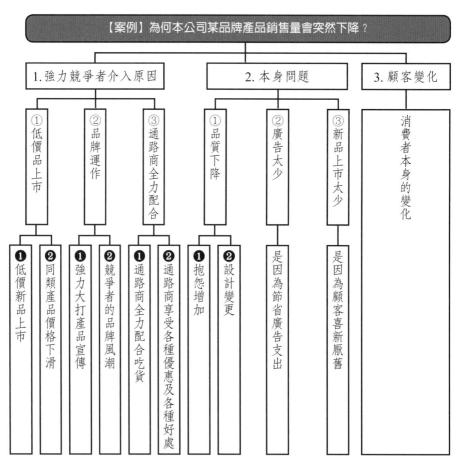

圖10-6　運用邏輯樹探究原因

本章習題

1. 請列示鴻海郭台銘董事長對解決問題的九大步驟為何？
2. 請列示IBM公司解決問題的六大步驟為何？
3. 何謂魚骨圖分析法？
4. 何謂Q→W→A→R解決問題四步驟法？
5. 在問題解決過程中，經常需要借重及諮詢哪些外部專業單位？

第十一章

管理與控制、考核、經營分析力

本章重點摘要

一、管理控制的三類別：(1)事前控制、(2)即時同步控制，及(3)事後控制。

二、為何需要管理控制：(1)環境的不確定性、(2)危機的避免，及(3)鼓勵成功。

三、管理控制中心的四種型態為：

(1) 利潤中心

(2) 成本中心

(3) 投資中心

(4) 費用中心

四、管理控制項目的五大面向為：

(1) 財務會計面向

(2) 營業與行銷面向

(3) 研究發展面向

(4) 生產／製造／品管面向

(5) 其他面向

五、損益表分析項目，主要有六個項目：

(1) 營收分析

(2) 成本分析

(3) 毛利率分析

(4) 費用分析

(5) 稅前損益分析

(6) EPS（每股盈餘）分析

六、經營分析比例比較用法有如下四個：

(1) 應與去年同期比較分析

(2) 應與同業比較分析

(3) 應與公司年度預算目標比較分析

(4) 應與國外同業比較分析

七、損益平衡點：係指公司不賺也不賠的那一個營運點，因此，越過損益點就是公司開始賺錢了。凡是公司在新創第一年時，都不易開始賺錢，大概要第二年或第三年之後，才會越過損益平衡點而開始賺錢。

八、BU制度分析：BU係指Business Unit，亦即獨立責任事業單位，BU制度可依事業別、公司別、產品別、品牌別、分館別等加以區分。BU制度之目的，即在打破吃大鍋飯的心態，而能權責一致、獨立負責獲利賺錢，並且賞罰分明之組織改革體制。

九、預算管理制度：目前最為普及的績效管理方法之一，亦即公司在每年年底時，均會訂出下個年度的每個月損益獲利目標預算，然後，每個月都要實行檢討損益預算的達成率如何，並加以深入分析、檢討及改進對策。

第一節 管理控制的類別、原因及原則

控制是一項確保各種行動均能獲致預期成果的工作，如果沒有控制或考核制度與相關部門，那麼計劃的推動就很難百分百的落實了。

一、管理控制的類別

基本上，組織內各種營運工作，應有以下三種類別的控制方法可供運用：

(一) **事前控制**：係指在規劃過程時，已採取各種預防措施，例如：政策、規定、程序、預算、手續、制度等之研訂以及各種資源之準備與配置。例如：SOP制度及預算目標等。

(二) **即時同步控制**：係指在有異常狀況之執行當時即同步獲得資訊，並馬上進行處理改善；此有賴良好的資訊管理回饋系統。例如：預定的出貨數量是否已準時生產完成，或銷售目標是否已達成等。

(三) **事後控制**：係指在事件發生一段時間後，再進行檢討執行狀況以為改正。例如：年度總檢討、月檢討、特大專案檢討等。

圖11-1　管理控制的三類別

二、為何需要管理控制

控制的意義是指確保組織能達成預算目標的一種過程，其需要控制之理由如下：

（一）**環境的不確定性**：組織的計劃及設計都是以未來環境為預估背景，然而社會價值、法律、科技、競爭者等環境變數都可能改變。因此，面對環境的不確定性，控制機能的發揮是不可或缺的。尤其在激烈變動的產業環境中，像高科技產業，變化更是巨大。

（二）**危機的避免**：不管是外部環境或內部環境的變化，使組織運作產生一些偏差與失誤時，若不及時予以控制，可能將面臨更大、更意想不到的危機。例如：國外OEM（委託代工）大客戶可能異動的訊息，就必須及時有效的控管及因應。

（三）**鼓勵成功**：對員工激勵其士氣並回饋其成果，透過控制系統中的回報作業可達到此目的。因此控制系統之主要目的，乃在鼓勵全員努力的成功。

三、有效管理控制的八項原則

對組織內部營運體系的有效控制，應把握下列原則，才能做好控制作業與目標。

(一)適時的控制

有效的控制必須能夠適時發現問題，以便管理者及時採取補救措施。更進一步說，管理者最好能夠防患於未然；再不然也要同步控制才行。

(二)要能鼓勵員工一致的配合

控制考核的標準要能鼓勵員工一致配合，即控制標準的設計應該：1.公平且可以達成；2.可以觀察及衡量；3.必須明確不可模糊；4.控制標準值不宜太高，但

非輕易可達成；5.控制標準必須完整，以及6.由員工參與設定，或由單位提報，呈上級核定。

(三)運用例外管理

所謂「例外管理原則」係指管理者只須注意與標準有重大差異者，不必埋首於平凡細微事務。

例如：台塑企業集團的例外差異管理就做得非常好，只要與既定目標數有差異，電腦會自動列印出來，相關單位主管就必須填報為何有差異以及如何因應。

(四)績效迅速回饋給員工

管理者必須將績效迅速的回饋給員工，以提高員工們的士氣。例如：有好的績效達成、超前的生產量完成等。

(五)不可過度依賴控制報告

有些控制報告只告訴我們事情的結果，但對於背後真實情況，必須親自發掘。換言之，只知What，但不知Why及How。因此，還必須搭配專案改善小組的功能。

(六)配合工作狀況決定控制程度

高階人員必須知道何時應予以控制、何時多讓部屬自我控制，此乃管理藝術之發揮。其實，最好的控制是員工或單位自我控制，總公司只做重要項目的控制及稽核。

(七)避免過度控制

實務上有時會發生總管理處幕僚人員對程序管制過於嚴苛，讓第一線人員無法專責或發揮應有的戰力。因此，必須明白控制的目的是為了更好的結果，而非控制。

(八)建立雙向溝通，促進了解

控制考核單位與被考核單位，雙方人員應多雙向溝通、協調及開會討論，才能有效達成目的，解決問題。

四、管理控制中心的型態

就會計制度而言，為達成財務績效，對內部可區分為四種型態來評估其績效。

(一)利潤中心（Profit Center）

利潤中心是一個相當獨立的產銷管運單位，其負責人具有類似總經理的功能。實務上，大公司均已成立「事業總部」、「事業群」或BU單位的架構，做好利潤中心運作的核心。營收額扣除成本及費用後，即為該事業總部的利潤。

(二)成本中心（Cost Center）

成本中心是事先設定數量、單價及總成本的標準，執行後比較實際成本與標準成本之差異，並分析其數量差異與價格差異，以明責任。實務上，成本中心應該會包括在利潤中心制度內。成本中心常用在製造業及工廠型態的產業。

(三)投資中心（Investment Center）

投資中心是以利潤額除以投資額去計算投資報酬率，以衡量績效。例如：公司內部轉投資部門，或是獨立的創投公司。

(四)費用中心（Expense Center）

費用中心是針對幕僚單位，包括財務、會計、企劃、法務、特別助理、行政人事、祕書、總務、顧問、董監事等幕僚人員的支出費用，加以總計，並且按等比例分攤於各事業總部。因此，費用中心的人員規模不能太多、太龐大；否則各事業總部的分攤，他們會有意見。當然，一家數億、上百億、上千億大規模的公司或企業集團，勢必會有不小規模的總部幕僚單位，這也是有必要的。

茲圖示如下：

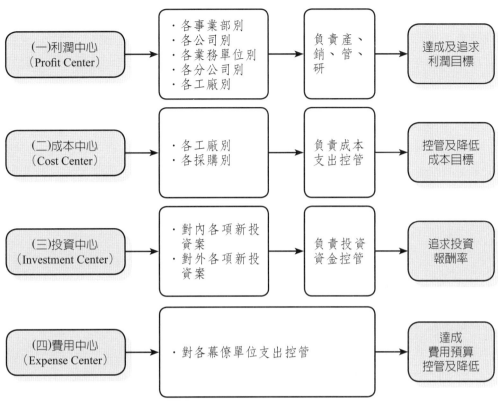

圖11-2　管理控制中心的四種型態名稱

 第二節　管理控制與評估的項目及財會經營分析指標

一、管理控制項目的五大面向

在企業實務營運上，高階主管較重視的控制與評估項目，茲整理如下，希望透過簡明扼要的介紹，讓讀者對此管理議題能有通盤的概念。

(一)財務會計面

市場是現實的，企業營運如果沒有獲利，如何永續經營？所以高階主管首要了解的是企業的財務會計，並針對以下內容加以控制與評估，即：1.每月、每季、每年的損益獲利預算目標與實際達成率；2.每週、每月、每季的現金流量是

否充分或不足；3.轉投資公司財務損益狀況之盈或虧；4.公司股價與公司市值在證券市場上的表現；5.與同業獲利水準、EPS（每股盈餘）水準之比較，以及6.重要財務專案的執行進度如何，例如：上市櫃（IPO）、發行公司債、私募、降低聯貸銀行利率等。

(二)營業與行銷面

再來是營業與行銷，這是企業獲利的主要來源及管道，而以下數據及市場變化，會有助於高階主管了解企業產品在市場上的流通狀況：1.營業收入、營業毛利、營業淨利的預算達成率；2.市場占有率的變化；3.廣告投資效益；4.新產品上市速度；5.同業與市場競爭變化；6.消費者變化；7.行銷策略回應市場速度；8.OEM大客戶掌握狀況，以及9.重要研發專案執行進度如何。

(三)研究與發展面

企業不能僅靠一種產品成功就停滯不前，必須不斷研究與發展（R&D），才能有創新的突破，因此高階主管必須對以下研發相關進展有所掌握：1.新產品研發速度與成果；2.商標與專利權申請；3.與同業相比，研發人員及費用占營收比例之比較，以及4.重要研發專案執行進度如何。

(四)生產／製造／品管面

企業不斷研發，但生產、製造及品管產品的品質度及完成時間如何，這是攸關企業的專業與信譽，當然也是高階主管必須重視的，即：1.準時出貨控管；2.品質良率控管；3.庫存品控管；4.製程改善控管，以及5.重要生產專案執行進度如何。

(五)其他面向

上述四個控制與評估項目，幾乎是高階主管必修的課題，除此之外，還有以下列入專案管理的項目，也必須予以特別留意並控制與評估：1.重大新事業投資專案列管；2.海外投資專案列管；3.同／異業策略聯盟專案列管；4.降低成本專案列管；5.公司全面E化專案列管；6.人力資源與組織再造專案列管；7.品牌打造專案列管；8.員工提案專案列管，以及9.其他重大專案列管。

二、財務會計經營分析指標

財會指標的分析，有如下五大方向之經營數據分析：

(一)損益表分析

損益表是表達某一期間，某一營利事業獲利狀況的計算書，期間可以爲一個月／季／年等。也是多數企業經營管理者最重視的財務報表，因爲這張表宣告這家企業的盈虧金額，間接也揭露這家企業經營者的經營能力，但損益表的功能絕不只是損益計算，深入其中常可發現企業經營上的優缺點，讓企業藉此報表不斷改進。

(二)資產負債表分析

資產負債表是反映企業在某一特定日期財務狀況的報表，所以又稱爲靜態報表。

資產負債表主要提供有關企業財務狀況方面的訊息，透過該表，可以提供某一日期資產的總額及其結構，說明企業擁有或控制的資源及其分布情況，也可以反映所有者所擁有的權益，據以判斷資本保值、增值的情況以及對負債的保障程度。

(三)現金流量表分析

現金流量表是財務報表的三個基本報告之一，所表達的是在一固定期間（每月／每季）內，一家機構的現金（包含銀行存款）的增減變動情形。該表的出現，主要是在反映出資產負債表中各個項目對現金流量的影響，並根據其用途劃分爲經營、投資及融資三個活動分類。（註：損益表、資產負債表、現金流量表又稱爲財會三大表，也是最主要的三張表。）

(四)轉投資分析

轉投資就是企業進行非現行營運方向或他項產業營運的投資，但是愈來愈多的臺灣上市、上櫃公司把生產重心轉移至中國大陸，在公司財務報表上就產生了愈來愈龐大的業外收益，母公司報表上的數字也愈來愈沒有代表性。因此如何判斷報表數字的正確性，正是奧妙所在，所以不論是看同業或自家企業，高階主管應注意下列幾點分析：1.轉投資總體分析；2.轉投資個別公司分析，以及3.轉投資未來處理計劃分析。

(五)財務專案分析

除上述外，企業可能會有下列財務專案的進行需求，需要高階主管隨時投入心力：1.上市、上櫃專案分析；2.外匯操作專案分析；3.國內外上市、上櫃優缺點

分析；4.增資或公司債發行優缺點分析；5.國內外融資優缺點分析，以及6.海外擴廠、建廠資金需求分析。

茲圖示如下：

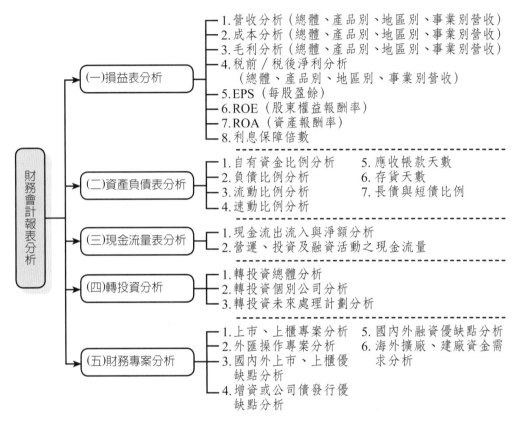

圖11-3　財務會計分項的具體項目名稱

三、經營分析的比例比較用法

對於任何今年實際經營分析的數據，我們都必須注意到五種可靠正確的比例分析原則，才能達到有效的分析效果。

(一)應與去年同期比較

例如：本公司今年營收額、獲利額、EPS（每股盈餘）或財務結構比例，比去年第一季、上半年或全年度同期比較增減消漲幅度如何。與去年同期比較分析的意義，即在彰顯今年同期本公司各項營運績效指標是否進步或退步，還是維持不變。

(二)應與同業比較

與同業比較是一個重要的指標分析，因為這樣才能看出各競爭同業彼此間的市場地位與營運狀況。例如：本公司去年業績成長20%，而同業如果也都成長20%，甚或更高比例，則表示這整個產業環境景氣大好所帶動。

(三)應與公司年度預算目標比較

企業實務最常見的經營分析指標，就是將目前達成的實際數字表現，與年度預算數字互作比較分析，看看達成率多少，究竟是超出預算目標，或是低於預算目標。

(四)應與國外同業比較

在某些產業或計劃在海外上市的公司、計劃發行ADR（美國存託憑證）或發行ECB（歐洲可轉換公司債）的公司，有時也需要拿國外知名同業的數據，作為比較分析參考，以了解本公司是否也符合國際間的水準。

(五)應綜合性／全面性分析

有時在經營分析的同時，我們不能僅看一個數據比例而感到滿意，更應注意各種不同層面、角度與功能意義的各種數據比例。換言之，我們要的是一種綜合性與全面性的數據比例分析，必須同時納入考量才會周全，以免偏頗或見樹不見林的缺失。

茲圖示如下：

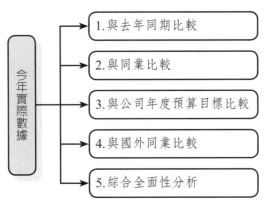

圖11-4　經營分析的比較比例用法

四、績效評估的程序、目的與激勵

(一)績效評估之程序

對組織個人及群體進行績效評估，乃是一種控制工具的功能，其基本程序包括四種，即：1.關鍵績效指標的制度（Key Performance Indicator, KPI）；2.實際達成績效的衡量；3.評估比較（實際與預算），以及4.提供賞罰的行動。

(二)績效評估的目的

對人的績效評估，有以下幾個項目可參考運用，茲簡單說明如下：

1.**人事決策參考：**可作為一般人事決策之參考。例如：晉升、降級、輪調、資遣等。

2.**獎酬分派基礎：**讓員工了解組織對其績效考核的回饋狀況，可作為獎酬分派的基礎。例如：調薪、年終獎金、股票紅利分配及業績獎金等。

3.**工作指派依據：**可作為評估甄選及工作指派之標準。

4.**了解未來培訓方向：**可作為未來人力資源規劃之參考依據，以及確認員工個人或幹部之教育訓練計劃需求。

5.**了解個人或單位對公司之貢獻：**了解個人、群體（部門）對公司營運績效目標達成之貢獻程度，以確保公司整體營運績效處於良好狀況下。

(三)績效評估與激勵

在前面章節中曾述及「期望激勵理論」（Expectancy Theory）中，績效是一個重心。該理論闡述：1.對努力與績效關係之預期，以及2.績效與獎酬關係之預期。

換言之，員工對「努力 → 績效 → 獎賞」之三職制關係愈明確及相信者，則愈具激勵效果。而獎賞的依據，就是依員工對公司的績效成果而定。

(四)高績效組織——必先強化績效目標管理

環顧世界一流企業——奇異、IBM的管理經驗，都是以達到高績效組織（High Performance Organization, HPO），作爲企業強化體質的重要手段，但如何才能轉化成爲高績效目標？

首先，必須先強化績效管理，明確訂立每位員工的績效目標和考核標準，把公司的成敗責任，下放到每一位員工身上，澈底分層負責。其次，營運成果也必須下放到員工，堅守賞罰分明的原則，讓每一位員工都能達到公司期望的潛力。

所謂的「績效管理制度」，也就是貫徹目標管理（Management by Objective, MBO）的精神，公司的年度總目標，經由各級主管和部屬面對面討論，細分到每一位員工當年度的目標和績效評估標準。

 ## 第三節　管理與損益分析、預算管理及 BU制度分析

一、如何看懂損益表

企業管理者必須對企業的營運狀況有所了解，除財會本行的其他專業部門高階主管，最好養成讀懂財務報表的能力。這樣才能了解企業營運是處在何種階段，要如何改善並採取何種經營策略，才有助於企業未來的發展。

尤其是損益表（Income Statement），可以清楚表達企業每階段的獲利或虧損，其中收入部分能讓企業管理者了解哪些產品或市場可再開源，而哪些成本及費用可再予以控制或減少。

總括來說，數字會說話，每一個數據背後都有它的意涵，管理者不能輕忽。

(一)損益表的構成要項

1.基本上，損益表主要構成要項就是營業收入（各事業總部收入或各產品線收入）扣除營業成本（製造業為製造成本，服務業為進貨成本）後，即為營業毛利（一般在25%～40%之間）。

2.營業毛利再扣除營業管銷費用（一般在5%～15%之間，視不同行業而定）後，即為營業淨利。

3.營業淨利再加減營業外收入與支出（指利息、匯兌、轉投資、資產處分等）後，就稱為稅前淨利（一般在5%～15%之間）。

4.稅前淨利再扣除所得稅（17%），即為一般熟知的稅後淨利（一般在3%～10%之間）。稅後淨利除以流通在外股數，即為每股盈餘（Earnings Per Share, EPS）。

5.每股盈餘乘以10～30倍即為股價。

6.股價乘以流通總股數，即為公司總市值（Market Value）。

(二)損益表各項分析

從損益表中，可以追蹤出很多「問題及解決方案」的作法，必須逐項剖析探索，每一項都要深入追根究柢，直到追出問題及解決的確切答案。例如：

1.**營業收入如何**：營業收入為何比別人成長慢？問題出在哪裡？是在產品或通路？廣告或SP促銷活動？還是服務或技術力？

2.**營業成本如何**：我們的營業成本為何比競爭對手高？高在哪裡？高出多少比例？為什麼？改善作法如何？

3.**營業費用如何**：營業費用為何比別人高？高在哪些項目？如何降低？

4.**股價如何**：為什麼我們公司的股價比同業低很多？如何解決？

5.**ROE如何**：為什麼我們的ROE（股東權益報酬率）不能達到國際水準？

6.**利息支出如何**：為什麼我們的利息支出水準與比率比同業還高？

綜上所述，我們可以得知損益表內的每個科目其實都有其意涵，分別代表並記錄這家企業經營過程中所有發生的交易行為，讓管理者有跡可循，可說是管理

者非懂不可的財務報表之一。

茲圖示如下：

1. 營業收入（各事業總部收入或各產品線收入）
－ 2. 營業成本（製造成本或服務業進貨成本）
3. 營業毛利（Gross Profit）（一般在 25%～40% 之間）
－ 4. 營業費用（管銷費用）
（一般在 5%～15% 之間，視不同行業而定）
5. 營業損益
± 6. 營業外收入及支出
7. 稅前淨利（一般在 5%～15% 之間）
－ 8. 所得稅（17%）
9. 稅後淨利（Net Profit）（一般在 3%～10% 之間）
10. 每股盈餘（EPS＝稅後淨利 ÷ 流通在外總股數）
11. 股價（EPS×10～30 倍＝股價）
12. 股價 × 流通總股數＝公司總市值

圖11-5　損益表格式

二、損益平衡點的重要性

所謂「損益平衡點」（Break-Even Point, BEP），即是指當公司營運一項新事業或新業務時，必須每月或每年達成多少銷售量或銷售額時，才能使該項事業損益平衡，不賺也不賠。很多新事業或部門在剛起頭時，因連鎖店數規模或公司銷售量尚未達到一定規模量，因此呈現短期虧損，這是必然的。但是一旦跨越損益平衡點的關卡，公司營運獲利就有明顯的起色。

從會計角度來看，達到損益平衡點時，代表公司的銷售額，已可負擔固定成本及變動成本，因此才能損益平衡。

從公司經營立場來看，當然盡量力求加速達到損益平衡點，至少三年內，最多不能超過五年。即使不賺錢但也不要繼續虧損，因為會把資本額虧光，而被迫增資，或向銀行再借款，甚至關門倒閉。

茲圖示如下：

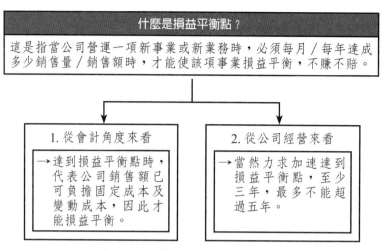

圖11-6　損益平衡點的重要性

三、BU制度分析

　　責任事業單位（英文簡稱為BU）制度是近年來常見的一種組織設計制度，它是從戰略事業單位（Strategic Business Unit, SBU）制度，逐步簡化稱為責任事業單位（Business Unit, BU）；然後，因為可以有很多個BU存在，故也可稱為Bus。

(一)何謂BU制度

　　BU組織乃指公司可依事業別、公司別、產品別、任務別、品牌別、分公司別、分館別、分部別、分層樓別等之不同，而歸納為幾個不同的BU單位，使之權責一致，並加以授權與賦予責任，最終要求每個BU要能夠獲利才行；此乃BU組織設計之最大宗旨。BU組織也有人稱為「責任利潤中心制度」，兩者確實頗為相似。

(二)BU制度的優點何在

BU組織制度究竟有何優點呢？大致可歸納整理成以下幾點，茲分述如下：

1.**權責一致**：確立每個不同組織單位的權力與責任的一致性。

2.**提升整體績效**：可適度有助於提升企業整體的經營績效。

3.**良性競爭**：可引發內部組織的良性競爭，並發掘優秀潛在人才。

4.**邁向優良的績效管理**：可有助於形成「績效管理」導向的優良企業文化與

組織文化。

5.績效攸關賞罰的好壞：可使公司績效考核與賞罰制度有效連結。

(三)BU制度有何盲點

事實上，不是每個企業採取BU制度，每個BU就能賺錢，否則，為什麼同樣實施BU制度的公司，依然有不同成效呢？因此，BU制度仍有其盲點所在，如下：

1.BU單位的負責人很重要：當BU單位的負責人，如果不是一個很優秀的領導者或管理者時，該BU仍然績效不彰。

2.有無配套措施：BU組織要發揮功效，需要有配套措施，才能事竟其功。

(四)BU組織單位如何劃分

實務上，因為各行各業甚多，可看到BU的劃分從下列切入：公司別BU、事業部別BU、分公司別BU、各店別BU、各地區別BU、各館別BU、各產品別BU、各品牌別BU、各廠別BU、各任務別BU、各重要客戶別BU、各分層樓別BU、各品類別BU、各海外國別BU等。

舉例來說，甲飲料事業部劃分茶飲料BU、果汁飲料BU、咖啡飲料BU，以及礦泉水飲料BU四種；乙公司劃分A事業部BU、B事業部BU，以及C事業部BU三種；丙品項劃分A品牌BU、B品牌BU、C品牌BU，以及D品牌BU四種；丁公司劃分臺北區BU、北區BU、中區BU、南區BU，以及東區BU五種。

(五)BU制度如何運作

BU制度的步驟流程，大致可歸納整理成以下幾點，茲分述如下：

1.精準區分BU單位：適切合理劃分各個BU組織，如此才能賦予一致的權力與責任。

2.挑選合適的BU長：選任合適且強而有力的「BU長」或「BU經理」，負責帶領單位。

3.研訂配套措拖：包括授權制度、預算制度、目標管理制度、賞罰制度、人事評價制度等。

4.定期考核與評估績效：定期嚴格考核各個獨立BU的經營績效成果如何。

5.訂定獎勵目標：若BU達成目標，則給予獎勵及人員晉升等。

6.設定績效不彰的補救措施：若未能達成目標，則給予一段觀察期，若仍不行，就應考慮更換BU經理。

(六)BU制度成功的要因

BU制度並不保證成功，不過歸納企業實務成功的BU制度，大致有如下要因：

1.**強而有力的BU長**：要有一個強而有力的「BU Leader」（領導人、經理人、負責人）。

2.**要有一個完整的BU「人才團隊」組織**：一個BU就好像是一個獨立運作的單位，必須要有各種優秀人才的組成。

3.**完整的配套措施**：要有一個完整的配套措施、制度及辦法，才能發揮功效。

4.**要認真檢視自身BU的競爭優勢與核心能力何在**：每個BU必須確信超越任何競爭對手的BU。

5.**最高主管要有勢在必行的決心**：最高階經營者要堅定貫徹BU組織制度。

6.**BU經理的年齡層有日益年輕化的趨勢**：因為年輕人有企圖心、上進心、對物質有追求心、有體力、活力與創新。因此，BU經理彼此會存有良性的競爭動力。

7.**幕僚單位的支援**：幕僚單位有時仍未歸屬各個BU內，故應積極支援各個BU的工作推動。

(七)BU制度與損益表之結合

BU制度最終仍要看每個BU是否為公司帶來獲利，每個BU都能賺錢，全公司累計起來就會賺錢。所以如果將BU制度與損益表的效能成功結合起來使用，即能很清楚知道每個BU的盈虧狀況，這也是BU制度被稱為「責任利潤中心制度」的原因了。

茲圖示如下：

各BU 損益表	BU1	BU2	BU3	BU4	合計
①營業收入	$ ○○○○○	$ ○○○○	$ ○○○○	$ ○○○○	①營業收入
②營業成本	$(○○○○○)	$( )	$( )	$( )	$( )
③營業毛利	$ ○○○○○	$ ○○○○	$ ○○○○	$ ○○○○	③營業毛利
④營業費用	$(○○○○○○)	$( )	$( )	$( )	$( )
⑤營業損益	$ ○○○○○	$ ○○○○	$ ○○○○	$ ○○○○	⑤營業損益
⑥總公司幕僚 費用分攤額	$(○○○○)	$( )	$( )	$( )	$( )
⑦稅前損益	$ ○○○○	$ ○○○○	$ ○○○○	$ ○○○○	$ ○○○○

圖11-7　BU制度與損益表的結合運用

四、預算管理制度分析

　　預算管理對企業界相當重要，也是經常在會議上被當作討論的議題。企業如果想要常保競爭優勢，就必須事先參考過去經驗值，擬訂未來年度的可能營收與支出，才能作為經營管理的評估依據。

(一)預算管理的意義

　　所謂「預算管理」，即指企業為各單位訂定各種預算，包括營收預算、成本預算、費用預算、損益（盈虧）預算、資本預算等，然後針對各單位每週、每月、每季、每半年、每年等定期檢討各單位是否達成當初訂定的目標數據，並且作為高階經營者對企業經營績效的控管與評估主要工具之一。

(二)預算管理的目的

　　預算管理的目的及目標，主要有下列幾項：

　　1.**營運績效的考核依據**：預算管理是作為全公司及各單位組織營運績效考核的依據指標之一，特別是在獲利或虧損的損益預算績效是否達成目標預算。

　　2.**目標管理方式之一**：預算管理亦可視為「目標管理」的方式之一，也是最普遍可見的有力工具。

　　3.**執行力的依據**：預算管理可作為各單位執行力的依據；有了預算，執行單

位才可以去做某些事情。

4.決策的參考準則：預算管理亦應視為與企業策略管理相輔相成的參考準則，公司高階訂定發展策略方針後，各單位即訂定相隨的預算數據。

(三)預算何時訂定及種類

企業實務上都在每年年底快結束時，即十二月底或十二月中時，即要提出明年度或下年度的營運預算，然後進行討論及定案。

基本上，預算可區分為以下種類：1.年度（含各月別）損益表預算（獲利或虧損預算）：此部分又可細分為營業收入預算、營業成本預算、營業費用預算、營業外收入與支出預算、營業損益預算、稅前及稅後損益預算；2.年度（含各月別）資本預算（資本支出預算），以及3.年度（含各月別）現金流量預算。

(四)要訂定預算的單位

全公司幾乎都要訂定預算，不同的是有些是事業部門的預算，有些則是幕僚單位的預算。幕僚單位的預算是純費用支出，而事業部門的預算則是收入、支出皆有。

因此，預算訂定單位應該包括：1.全公司預算；2.事業部門預算，以及3.幕僚部門預算（財會部、行政管理部、企劃部、資訊部、法務部、人資部、總經理室、董事長室、稽核室等）。

(五)預算訂定的流程

至於預算訂定的流程，大致可歸納整理成以下幾點：

1.經營者提出下年度目標：包括經營策略、經營方針、經營重點及大致損益的挑戰目標。

2.各事業部門提出初步年度預算：包括初步年度損益表預算及資金預算數據，此由財會部門主辦。

3.各幕僚單位提出費用預算：財會部門請各幕僚單位提出該單位下年度的費用支出預算數據。

4.財會部門彙整數據：由財會部門彙整各事業單位及各幕僚部門的數據，然後形成全公司的損益表預算及資金支出預算。

5.高階主管會議討論：然後由最高階經營者召集各單位主管共同討論、修正

及最後定案。

6.執行：定案後，進入新年度即正式依據新年度的預算目標，展開各單位的工作任務與營運活動。

(六)預算何時檢討及調整

在企業實務上，預算檢討會議經常可見，就營業單位而言，應檢討的內容如下：

1.密集檢討：每週要檢討上週達成業績如何，每月也要檢討上月損益如何？

2.與原訂預算目標相比：超出或不足？超出或不足的比例、金額及原因是什麼？又有何對策？

3.如果連續一、二個月下來，都無法依照預期預算目標達成：應該要進行預算數據的調整。調整預算，即表示要「修正預算」，包括「下修」或「上調」預算；下修預算，即代表預算沒達成，往下減少營收預算數據或減少獲利預算數字。

總之，預算關係公司最終損益結果，必須時刻關注預算達成狀況而做必要調整。

(七)預算制度的效果

有預算制度，是否表示公司一定會賺錢？答案當然是否定的。預算制度雖然很重要，但它也只是一項績效控管的管理工具，並不代表有了預算控管就一定會賺錢。

公司要獲利賺錢，此事牽涉到很多面向問題，包括產業結構、景氣狀況、人才團隊、老闆策略、企業文化、組織文化、核心競爭力、競爭優勢、對手競爭等許多因素。不過，優良的企業是一定會做好預算管理制度的。

茲圖示如下：

項目	1月	2月	3月	4月	5月	6月	7月	8月	9月	10月	11月	12月	合計
① 營業收入													
② 營業成本													
③＝①－② 營業毛利													
④ 營業費用													
⑤＝③－④ 營業損益													
⑥營業外收入 與支出													
⑦＝⑤－⑥ 稅前淨利													
⑧營利事業所 得稅													
⑨＝⑦－⑧ 稅後淨利													

圖11-8　各月別的損益表預算格式

第四節　目標管理

　　「目標管理」一詞最早於1954年由管理學之父彼得‧杜拉克所寫的《管理實踐》（The Practice of Management）一書中出現，目前已從當初的觀念漸漸落實到成為一種技術。

　　可見目標管理已是企業必然的管理趨勢，將目標管理有系統的應用於企業內，必可獲得很好的效果。

一、目標管理的意義

　　所謂「目標管理」（MBO），是以團隊精神為根本，以提高績效為導向。欲達成向上目標，必須全員集思廣益，貢獻力量，因此唯有主管充分授權，造就民

主參與氣氛,才能實現。

　　基本上,目標管理具有以下涵義:1.它設定要求目標,各級單位均應以此目標達成使命;2.它強調有手段、有計劃、有方法的去達成,而非漫無方式;3.在設定目標過程中,充分讓部屬參與意見溝通,以及4.它具有考核獎懲的後續作為,而非做多少算多少。

二、目標管理的優點

　　依據管理學家的研究,一個有目標的人,其成就通常比沒有目標的人為高。因此目標管理對於企業界提振工作效率,有相當重要的影響。其優點如下:1.讓部屬有目標可依循並讓部屬參與訂定目標,可幫助目標之有效執行;2.目標成為考核之依據,也是賞罰分明之判斷,有助公正、公開、公平之管理精神建立;3.有助於授權與分權之澈底落實,讓部屬自己管理自己,建立單位主管擔當責任,並賦予權力的良性組織氣候;4.有助發掘優秀人才及優秀單位。透過以上優點,可有助於高階主管與其部屬間之合作共識。

三、目標管理之推行

　　為使目標管理之有效推展,應包括以下步驟:1.清晰說明公司採行MBO之目的何在;2.明列實施MBO之部門與單位;3.釐清在MBO中各部門之權責關係;4.明列各部門及單位應完成之目標責任;5.明列實施MBO之時程進度,以及6.明列獎懲措施並定期考核。

四、預算管理是核心

　　對國內大型企業或上市上櫃公司而言,在執行目標管理的落實上,經常採用的方法就是年度預算、季預算或月預算的目標設定及追蹤考核,而這些財務預算包括了營業收入、營業成本、營業費用及營業淨利等在內。因此「預算管理」可說是目標管理的核心。

目標管理的涵義

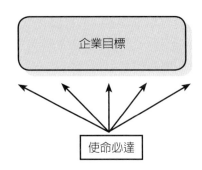

目標管理的優點

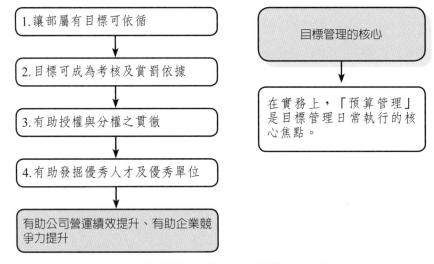

圖11-9　目標管理的涵義、優點及核心

本章習題

1. 請列出管理控制的三種類別？
2. 請問企業為何需要管理控制？
3. 請問管理控制中心的四種型態為何？
4. 請問財務會計的三大表為何？
5. 請問在做企業經營指標與比例比較分析時，應注意哪四種比例比較？
6. 請問何謂KPI指標？
7. 請列示損益表的表格項目為何？
8. 請問何謂損益平衡點？
9. 請問何謂BU制度？其優點有哪些？
10. 請問何謂預算管理制度的意義？損益預算是否應固定每個月檢討一次？
11. 何謂目標管理？

第十二章

管理與組織文化力（企業文化）

本章重點摘要

一、組織文化即指組織中所有成員具有共同的價值觀、信念、觀念、行為方式及思考模式。

二、組織文化的四大好處為：

　　(1) 做為員工一致的行為準則

　　(2) 可以凝聚對組織的認同

　　(3) 可以形成組織特色及戰鬥力

　　(4) 可以確保組織永續經營

三、組織文化的五大要素為：

　　(1) 企業環境

　　(2) 價值觀念

　　(3) 英雄人物

　　(4) 儀式典禮

　　(5) 溝通網路

四、組織文化培養三步驟為：

　　(1) 激發承諾

　　(2) 獎賞能力

　　(3) 維持一致

五、組織文化對公司的四種影響力：

　　(1) 提供全體員工現在及未來行為指引

　　(2) 建立員工對企業信念與價值觀的守護者

　　(3) 形成對員工期望與控制的手段

　　(4) 有助公司整體發展更好

第一節　組織文化的意義、要素、特性及形成背景

　　為何要談「組織文化」（Organizational Culture）？當公司從幾十人變成幾百人後，如何凝聚團隊士氣共同為目標努力時，你就會知道它的重要性了。

一、組織文化的意義及好處

　　所謂「組織文化」係指組織中共同具有的價值觀與信念。一如個人而言，有其人格特質，藉以推測其態度或行為。例如組織富積極創新、自由開放或消極僵化、保守謹慎，此即代表該組織特質，由此亦可探知組織個人行為。組織文化主宰個人的價值、活動及目標，且可告知員工事情進行之重要性及方式。換言之，組織文化是一種員工的「行為準則」，藉以潛移默化，改變員工之行為態勢。

　　而「組織文化」又可稱為「組織人格」，也許更流行的說法是「組織氣候」，但此種說法不如「組織文化」一詞之豐富性，更能說明組織中長期持續之傳統、價值、習俗、實務及社會過程，並對成員態度與行為之影響，有更清楚的了解；也有人用「企業文化」名之。具體而言，組織文化意味著組織內部及成員間具有一致性之知覺，為各組織與其他組織區別之特性，因此其涵蓋個體、群體及組織系統等構面。

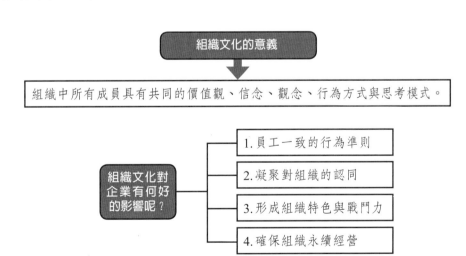

圖12-1　組織文化的四大好處

二、組織文化的構成要素

除上述組織文化考慮構面外，哈佛大學教授狄爾（T. E. Deal）及麥肯錫顧問公司甘迺迪（A. A. Kennedy）曾對18家美國傑出公司（如NCR、GE、IBM）進行研究，認為決定組織文化，可從企業環境、價值觀、英雄人物、儀式典禮、溝通網路等五種界面表現出來。

（一）**企業環境**：每個環境因產品、競爭對手、顧客、技術以及政府的影響均有差異，而面臨不同市場情況，要在市場上獲得成功，每個公司必須具有某種特長，這種特長因市場性質而異，有的是指推銷，有些則是創新發明或成本管理。簡而言之，公司營運的環境決定這個公司應選擇哪一種特長才能成功，企業環境是塑造企業文化的首要因素。例如：高科技公司因技術變化非常快速，產品力求創新，因此組織文化不可能太過官僚或制式化，而應講求創新績效、組織應變彈性、員工個人表現，以及滿足OEM代工大顧客為優先的最高政策。

（二）**價值觀念**：指組織的基本概念和信念，這是構成企業文化的核心。價值觀是以具體字眼向員工說明「成功」的定義——假使你這樣做，你也會成功——因而在公司設定成就標準。例如：法商家樂福量販店的首要價值觀念是「天天都便宜」，身為該量販店的員工應該都有此認知才是。

（三）**英雄人物**：上述價值觀念常藉英雄把企業文化的價值觀具體表現出來，為其他員工樹立具體楷模。有些人天生就是英雄人物，比如美國企業界那些獨具慧眼的公司創始人；另外，則是企業生涯過程中時勢造就的英雄。例如臺灣集團英雄人物代表則有台塑王永慶（已故），台積電張忠謀（已退休）、鴻海郭台銘、統一高清愿（已故）、王品戴勝益等。

（四）**儀式典禮**：這是公司日常生活中固定的例行活動。所謂的儀式，事實上不過是他們一般例行的活動，主管利用這個機會向員工灌輸公司的教條。在慶典的時候，將這種盛會稱為典禮，主管會用明顯有力的例子向員工昭示公司的宗旨意義。有強勁企業文化的公司更會不厭其詳地告訴員工公司要求遵循一切行為。例如，台塑、台積電每年會舉辦運動大會，亦屬之。

（五）**溝通網路**：溝通網路雖不是機構中的正式組織，但卻是機構裡主要的溝通與傳播樞紐，公司的價值觀和英雄事蹟，也都是靠這條管道來傳播。例如，公司內部網站、E-Mail系統、公司雜誌、小道消息傳播、公告公函、訓練手冊、LINE群組等均屬之。

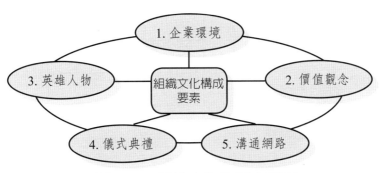

圖12-2　組織文化的五大要素

三、組織文化的特性

　　何謂「組織文化」？它係指一種由全體成員共同擁有的一種複雜、但有共識的信念與期望之行為模式。具體分開來看，組織文化應包括以下六個構面的特性：

　　(一) **可見到的行為準則**（Observed Behavioral Regularities）：包括組織內部的儀式、規劃、開會及語言。

　　(二) **組織主流價值**（Dominant Value）：組織中必擁有的一些價值觀。例如：顧客至上、低價政策、品質第一、名牌政策、追求便利等。

　　(三) **工作規範**（Norm）：指整個組織工作個人與群體必須共同遵循的工作規範。

　　(四) **規則**（Rules）：組織也有遊戲規則，新加入者應學習及遵守這些規則。

　　(五) **感覺或氣氛**（Mood）：組織成員在每天的工作歷程中、開會文化中、部門協調中等，他們所感受到的氣氛。

　　(六) **組織的政策哲學觀**：組織用以判斷情境、活動，目的及人物的評估基礎，能反映出真實目標、理想、標準、組織過失與組織成員對日常問題所偏好的解決方法。

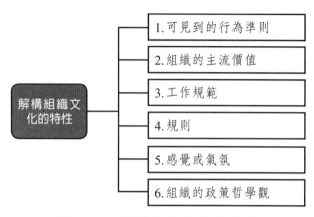

圖12-3　組織文化的六大特性

四、組織文化形成的內涵及背景因素

　　組織文化的形成，我們很難明確指出，因為它是歷經很久歲月累積、融合，而逐步形成，只能意會，難以言傳。不過，學者雪恩（Edgar Schein）則提出組織文化的形成，最主要原因是每個組織都面臨兩大問題而做出反映的過程。這兩大問題如下：

　　（一）企業（或我們的組織）究竟如何適應外部環境與生存：在諸多外部環境挑戰及變化中，我們如何過關斬將，努力克服，而仍能屹立不搖？這種外部環境的輕鬆與嚴苛，都會影響組織文化的模型。例如：一個高科技公司與傳統水泥公司在外部環境大不同之情形下，其組織文化也會有所不同。

　　（二）內部整合究竟如何有效進行、解決與改善：整合需要共識、放棄私心與建立一致信念，這些過程也會對組織文化產生影響。我們可以如此說，一個充斥本位主義與團隊合作的組織體，當然其組織文化所呈現出來的也會不同。

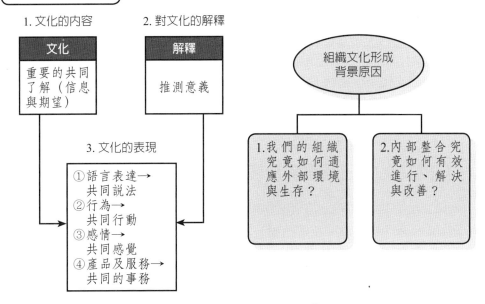

圖12-4　組織文化的內涵及背景原因

 # 第二節　如何建立及增強組織文化

一、組織文化的三種涵義詮釋

　　企業文化一如個人的特質，每個環節的決定，對其往後深具影響，其重要性可說是凌駕在看得見的實質利益上。因此，我們可從三種觀點來分析企業文化的內涵：

　　(一) 組織文化是「包裝」：企業是產品，企業文化是產品外面的包裝，詳細的「核心價值觀、基本價值觀」等是包裝上的說明文字。這樣的包裝，有利於推廣企業這個產品，樹立企業形象，增加企業在市場、政府、客戶，以及員工等層面上的競爭力。站在老闆的角度，企業文化是傳達老闆思想的好方式，也可以說，企業文化是老闆的軟性廣告。例如：統一企業所強調的「三好一公道」，即可視為統一企業文化精神的包裝代表。

　　(二) 組織文化是「規矩」：老闆要統一整個企業的思想，要求大家按照老闆的意志動作，因此企業制定了很多規章和制度，但是所有規章和制度都有一個基

礎，這個基礎是老闆的思想。但畢竟制度不能規定所有的事情。在企業中還有很多不成文的規矩，把這些規矩進行集中，然後試煉，就總結出企業文化。如此一來，企業文化和管理制度相互配合，使得企業降低管理成本，提升了企業的執行力。

（三）**組織文化是「宗教」**：有一種說法，即是掌握了人的精神，就掌握了他的一切。企業文化就是企業的宗教，老闆就相當於企業中的教皇，老闆要學習宗教的發展，掌握宗教傳播的技巧，實踐在企業中建設、提升出優秀的企業文化。

二、組織文化的三個培養步驟

組織文化深刻影響到企業的整體發展與存亡命脈。而企業文化是一種無形存在於組織的一種生命靈魂。根據狄爾及甘迺迪（Deal & Kennedy）之看法，培養企業文化包括三個步驟：

（一）**激發承諾**（Instilling Commitment）：激發員工對共同價值觀念或目標做承諾，並承諾員工對企業哲學的投入，當然必須符合個人與團體的利益。

（二）**獎賞能力**（Rewarding Competence）：培養和獎勵重要領域的技能，並切記一次只集中培養少數技能而非一網打盡，才能真正培養專精之高級技能。

（三）**維持一致**（Maintaining Consistency）：藉吸引、培植和留住適當人才，來持續維持承諾及能力。

1. 激發承諾
必須符合個人與團體的利益。

2. 獎賞能力
一次只集中培養少數技能，才能真正培養專精之高級技能。

3. 維持一致
藉適當人才，持續維持承諾及能力。

圖12-5　企業文化培養三步驟

三、增強組織文化的方法

優良的組織文化，是可以提升組織績效的，但要如何才能有效增強呢？茲將實務上比較有效的方法歸納整理成以下六要點，值得作為一個高階管理者加以參考運用：

(一) **高階管理者應注意、衡量及控制部屬改變**：例如：某個新事業部門要成立時，高階者應明確告訴執行者應如何處理事情，以及達成何種績效目標，因為公司不能容忍一個新部門長期虧損，這就是我們的組織文化。

(二) **對於一些特殊事件及組織危機的反應**：這種危機或特殊事件處理的態度，可以增強原有的組織文化，或者會產生一些新的價值觀文化，而改變原來的文化。例如：我們以坦然與誠實的態度面對企業危機事件，也是組織文化的反映。

(三) **角色塑造、教育訓練及指導推動**：組織文化也常透過組織高階人員的角色扮演、內部教育訓練的持續洗腦推動，以及一對一長官指導部屬的模式，而維繫整個組織文化。

(四) **組織的儀式**：在組織文化中有很多的信念、象徵及價值觀，是必須透過公開的盛大儀式或典禮，得到親身感受的。

(五) **激勵及地位分配**：組織也常透過賞罰分明的系統並提供更高地位的感受，以強化組織文化的貫徹。

(六) **招聘、選擇、升遷及解聘等人事權運作手段**：人事決策權，也常被用來當作維護組織文化的一種手段，也是很有效的手段。因為員工們都了解到真正符合、貫徹組織文化的人才會被晉升、被加薪、被授權，進而升至最高位置。

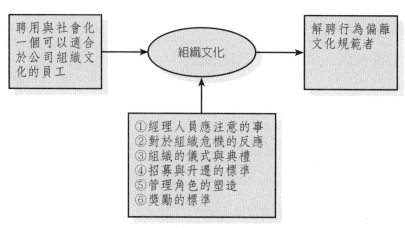

圖12-6　增強組織文化的方法

四、組織文化對公司的影響力

　　組織文化對公司當然具有深厚的影響。有不好的組織文化示範，就會有壞的組織影響；反之，則有好的影響。一般來說，組織文化對公司的影響，可以表現在以下四個觀念與方向上：

　　(一) **未來的指引**：讓成員了解組織的歷史、文化、目前作法，以提供未來行為的指引。

　　(二) **建立堅定的守護者**：有助建立成員對公司經營哲學、信念與價值觀承諾的堅定守護著。

　　(三) **控制與期望的手段**：組織文化中的規範、規則、升遷、獎酬，可以作為一種對成員的控制方法及期望手段。

　　(四) **發展更好的未來**：有助公司產生更好的績效及生產力，總體對公司發展更好。

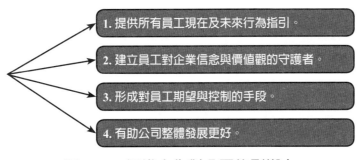

圖12-7　組織文化對公司的影響力

第三節　組織文化案例（三星企業及統一企業）

一、韓國三星電子集團的組織文化

　　韓國三星電子集團透過教育訓練以培養三星文化，建立共同語言與行為，成為「三星人」。該集團內部職員之間，有一些特定的專門用語。「複合化」、「業」等外人乍聽之下完全無法理解的用語，三星職員卻能輕易了解並意會，教育是形成共同意識的方法。三星在招募新進社員時，不分單位，一次招三百名左右，然後所有新進人員要集體生活一個月，共同接受教育課程。從清晨到晚上連續的教育課程中，透過閱讀「三星人用語」的說明手冊與問答題目的方式，讓新進社員自然地記下這些用語。

　　正式進入公司後，到可能忘記「三星用語」時，次年夏天前，公司會召集所有資歷達一年的社員，舉辦三天兩夜的集團夏季修煉營。這樣的教育目標，主要在於職員間水平關係的建立，而非強調垂直關係的建立，以加深同仁間的同質感。

　　對於行為方式有所規定，也是只有三星才有的。「合乎禮儀的行為舉止」這些話語對三星的職員都耳熟能詳。三星職員之所以不需要上司對他們個人行為多花心思，主要是因新社員就經由軍隊式文化訓練所養成的傳統。

　　嚴格的教育，是從三星前董事長李秉哲時代就開始強調的。結構調整本部出身的P協理說：「故董事長李秉哲曾經說過，要重視新進人員的教育，就得細心照顧花圃，連花的排列都要很費心的投入。教育，關係到我們集團的未來。」

就是這樣嚴格的教育，才有所謂「三星人」的誕生。三星人與其他組織截然不同而又深具三星濃厚色彩的獨特文化，對於公司內部凝聚扮演著極重要的角色，不過，也正因如此，外面不時會聽到一些諸如「冷酷無情，非人性化」等不客氣的批評。

二、統一企業優良企業文化

統一企業集團前任總裁高清愿（已故），在一篇專文曾提到該集團成立以來，一直保有一個很好的文化，就是鼓勵公司的同仁幹部在處理公務時，要有一份報憂不報喜的執著。

在我們看來，一個企業理當處處求好，把工作做好，把商品做好，這是我們分內的事，這些好事根本就不必再多加宣揚，把這些事拿來報喜，似乎是多此一舉。

企業要想永續經營，就得求新求變，求新求變的源頭，則是日新月異的改革、變革。報喜是滿足現狀，安於現實。報憂是居安思危，是一種憂患意識的表現。喜歡報喜的人，看起來像是處處傳喜事的喜鵲，實則阻礙進步、改革，對企業而言，是不吉不利的烏鴉。至於勇於報憂的人，狀似掃大家興的烏鴉，老是發出一些刺耳的聲音，其實這才是功在企業的喜鵲。

一個企業，如果多數的幹部都是愛聽喜事，厭於下屬報憂，這個企業很快就會病入膏肓，再高明的醫生，也束手無策。

三星企業文化

要重視新進人員的教育，就得細心照顧花圃，連花的排列都要很費心的投入。教育，關係到三星集團的未來。

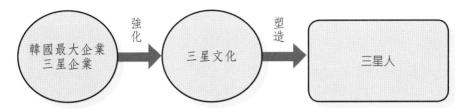

統一企業文化

一個企業如果多數的幹部都是愛聽喜事，厭於下屬報憂，這個企業很快就會病入膏肓，再高明的醫生，也束手無策。

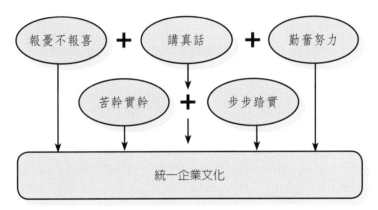

圖12-8　韓國三星及臺灣統一企業文化

本章習題

1. 請簡述組織文化的意義及好處？
2. 請列示組織文化五大要素為何？
3. 請列示組織文化培養三步驟？
4. 請列示增強組織文化的六種方法？
5. 請列示組織文化對公司的四種影響力為何？
6. 請簡述三星及統一企業的組織文化為何？

第十三章

管理與SWOT分析及產業分析力

本章重點摘要

一、SWOT分析係指：

    (1) S ：Strength，優勢／強項分析

    (2) W：Weakness，劣勢／弱項分析

    (3) O ：Opportunity，商機／機會分析

    (4) T ：Threat，威脅分析

二、根據SWOT分析，企業的因應策略可有四種：

    (1) 攻勢策略

    (2) 退守策略

    (3) 穩定策略

    (4) 防禦策略

三、產業經濟結構可區分為四種型態：

    (1) 獨占性產業

    (2) 寡占性產業

    (3) 獨占競爭產業

    (4) 完全競爭產業

四、產業獲利的五種力量，包括：

    (1) 新進入者的威脅程度

    (2) 現有廠商間的競爭程度

    (3) 替代品的壓力程度

    (4) 客戶的議價能力程度

    (5) 供應廠商的議價能力程度

第一節　SWOT分析及因應策略

一、SWOT分析

企業經營管理營運過程中，最常運用的分析工具就是SWOT分析。所謂SWOT分析，就是企業內部資源優勢（Strength）與劣勢（Weakness）分析，以及所面對環境的機會（Opportunity）與威脅（Threat）分析。

針對SWOT分析之後，企業高階決策者，即可以研訂因應的決策或是策略性決定。

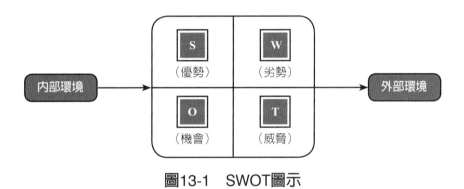

圖13-1　SWOT圖示

(一)OT分析

公司在行銷整體面向，面臨哪些外部環境帶來的商機或威脅？可從下列改變進行是否帶來有利或不利的分析：1.競爭對手面向；2.顧客群面向；3.上游供應商面向；4.下游通路商面向；5.政治與經濟面向；6.社會化、文化、潮流面向；7.經濟面向，以及8.產業結構面向。

(二)SW分析

行銷企劃人員也要定期檢視公司內部環境及內部營運數據的改變，而從此觀察到本公司過去長期以來的強項及弱項是否也有變化？強項是否更強或衰退了？弱項是否得到改善或更弱了？包括：1.公司整體市占率，個別品牌市占率的變化；2.公司營收額及獲利額的變化；3.公司研發能力的變化；4.公司業務能力的變化；5.公司產品能力的變化；6.公司行銷能力的變化；7.公司通路能力的變化；8.公司企業形象能力的變化；9.公司廣宣能力的變化；10.公司人力素質能力的變

化，以及11.公司IT資訊能力的變化。

第1種		
	S：強項（優勢）	W：弱項（劣勢）
公司內部環境	S：Strength S1：＿＿＿＿＿＿＿＿ S2：＿＿＿＿＿＿＿＿	W：Weakness W1：＿＿＿＿＿＿＿＿ W2：＿＿＿＿＿＿＿＿
	O：機會	T：威脅
公司外部環境	O：Opportunity O1：＿＿＿＿＿＿＿＿ O2：＿＿＿＿＿＿＿＿	T：Threat T1：＿＿＿＿＿＿＿＿ T2：＿＿＿＿＿＿＿＿

圖13-2　SWOT分析

二、因應策略

(一)攻勢策略

當外在機會多於威脅，以及企業內部資源條件優勢多於劣勢時，企業可以大膽的採取攻勢策略展開行動。

例如：統一超商在SWOT分析之後，認為公司連鎖經營管理經驗豐富，而咖啡連鎖商及藥妝連鎖商機愈來愈顯著，進入時機到了。因此，轉投資成立統一星巴克公司及康是美公司，目前亦已營運有成。

(二)退守策略

當外在機會少而威脅大，以及企業內部資源條件優勢漸失，而呈現劣勢時，企業就可能必須採取退守策略。例如：臺灣桌上型電腦營運條件優勢已漸失，因此必須轉向筆記型電腦的高階產品，而放棄桌上型電腦的生產。

(三)穩定策略

當外在機會少而威脅增大，但企業仍有內部資源優勢，則企業可採取穩定策略，力求守住現有成果，並等待好時機做新的發展。例如：中華電信公司面對多家民營固網公司強力競爭之威脅，但因中華電信既有內部資源優勢仍相當充裕，遠優於三大固網公司新成立的有限資源。

(四)防禦策略

當外在機會大於威脅，而公司內部資源優勢卻少於劣勢，則企業應採取防禦性策略，較為穩健。

第二節　產業環境分析要項

產業環境是任何一個企業身處該產業中，所必須有的基本認識，對於本產業的過去、現在及未來發展和演變，必須隨時掌握，然後才會有因應對策及調整策略可言。

對於任何一個產業環境分析，它所涉及的內容，大抵包含以下八要項：

一、產業規模大小分析

了解這個產業規模有多大？產值有多少？是基礎的第一步。包括：市場營收額？市場多少家競爭者？市場占有率多少？現在多少？以及未來成長多少？當產業規模愈大，代表這個產業可以發揮的空間也較大。例如：臺灣的資訊電腦產業、消費金融產業及IC半導體產業等。

二、產業價值鏈結構分析

任何一個產業都會有其上、中、下游產業結構，了解其間的關係，才能知道企業所處的位置與可以創造價值的地方，以及如何爭取優勢與成功關鍵因素，才能取得領導位置。

三、產業成本結構分析

每個產業成本結構都有差異，例如：化妝保養品的原物料成本就很低，但廣告及推廣人員費用就占較高比例。而像IC晶圓代工，其廣告宣傳費用的支出就很少。另外，像食品飲料、紙品等，其各層通路費用也占較高比例。然而像直銷產業（如安麗、如新、雙鶴等），或電視購物公司及型錄購物公司，就可省略層層通路成本。

四、產業行銷通路分析

每個內銷或外銷產業的通路結構、層次及型態，也會有所差異，包括進口商、代理商、經銷商、批發商、大型零售業者、連鎖業者、專賣店、OEM工廠等。隨著資訊材料工具普及、直營店擴張及全球化發展，產業行銷通路其實也有很大改變。

例如：美國Dell電腦以網上On Line直銷賣電腦，成效卓著。統一食品工廠自己直營統一7-11的通路體系，也有很大勢力。傳統批發商則慢慢失去存在價值，使其空間受到擠壓的主要原因是大賣場的崛起，均直接向原廠議價、大量進貨，以降低成本。

五、產業未來發展趨勢分析

例如：桌上型電腦市場已飽和，單價已下降，很難獲利。因此，必須轉向筆記型電腦市場發展。再如撥接上網已漸被寬頻上網（光纖、ADSL、Cable Modem）所取代的明顯變化。另外，像4G、5G智慧型手機、網路電視、有線電視數位化，以及隨選視訊化、AI（人工智慧）、電動汽車、機器人、AR/VR（虛擬實境）等。

六、產業生命週期分析

產業就如同人的生命一樣，會經歷導入期、成長期、成熟期到衰退期等自然變化。如何觀察及掌握這些週期變化的長度及轉折點，然後訂定公司的因應對策，是分析的重點。一般來說，大部分的產業是處在成熟期階段，因此產業競爭非常激烈。

七、產業集中度分析

產業集中度係指該產業中的產能及銷售量，是集中在哪幾家大廠身上。如果是集中在少數幾家廠商身上，那我們就稱這幾家廠商是「領導廠商」。如果此產業的規模，在前五家廠商，即占了80%的產銷占有率，則代表此產業是屬於非常集中度高的產業，此五家廠商決定了此市場的生命。

產業集中度愈高的產業，也正代表了這可能是一個典型「寡占」的產業結構。例如：國內的石油消費市場，中國石油及台塑石油公司兩家公司產銷規模，

即占臺灣95%的汽車消費市場，是高度集中的產業型態。

臺灣由於內銷市場規模太小，因此很容易出現前兩大品牌即占了市場規模的一半以上，包括下列行業均是如此：1.便利超商：統一7-11、全家；2.大賣場：家樂福、大潤發；3.汽油：中油、台塑石油；4.KTV：錢櫃及好樂迪；5.速食麵：統一、維力；6.現金卡：萬泰銀行、台新銀行；7.壽險：國泰人壽、南山人壽，以及8.國際航空：中華、長榮航空。

八、產業經濟結構分析

產業經濟結構，係指每一個產業的結構性，可以區分為四種型態：

(一) **獨占性產業**：係指一市場中僅有一位生產者，其所生產的是一種無法以其他貨品取代的貨品。在這種情況下，產業之中僅含一家廠商，廠商與產業完全一樣。

(二) **寡占性產業**：其特色在於廠商數目少，少到彼此的決策會互相影響。

(三) **獨占競爭產業**：此介於完全競爭與獨占兩種市場間，產業內的廠商數目多，但產品具差異性，因此廠商會利用非價格競爭，來影響產品的價格。

(四) **完全競爭產業**：係指廠商數很多、完全訊息、自由移動、產品同質、沒有歧視，因此個別廠商無法改變市場價格。

一般來說，獨占性及寡占性產業的獲利性會較高，因為不會面臨競爭壓力；但如果是獨占競爭或完全競爭產業，那麼在面臨價格戰之下，企業獲利就很不容易。對大部分產業結構來說，以獨占競爭結構的產業居多。亦即在此產業內，大概有5家至15家的競爭廠商角逐市場。

 ## 第三節　波特教授的產業獲利五力架構分析

哈佛大學著名的管理策略學者麥可‧波特教授曾在其名著《競爭性優勢》（*Competitive Advantage*）一書中，提出影響產業（或企業）發展與利潤之五種競爭的動力，茲特摘述如下，值得在實務上廣為參考運用。

一、產業獲利五力的形成

　　波特教授當時研究過幾個國家不同產業之後，發現為什麼有些產業可以賺錢獲利，有些產業卻不易賺錢獲利。後來，波特教授總結出五種原因，或稱為五種力量，這五種力量會影響這個產業或這個公司是否能夠獲利，以及其獲利程度的大與小。例如，如果某一個產業經過分析後發現：

　　(一) **現有競爭狀況**：現有廠商之間的競爭壓力不大，廠商也不算太多。

　　(二) **未來是否有強大競爭對手**：未來潛在進入者的競爭可能性也不大，就算有，也不是很強的競爭對手。

　　(三) **未來是否有替代品出現**：未來也不太有替代的創新產品可以取代我們。

　　(四) **與現有合作廠商關係如何**：我們跟上游零組件供應商的談判力還算不錯，上游廠商也配合得很好。

　　(五) **顧客滿意度如何**：在下游顧客方面，我們產品在各方面也會令顧客滿意，短期內彼此談判條件也不會大幅改變。

　　如果在上述五種力量狀況下，我們公司在此產業內，就較容易獲利，而此產業也算是比較可以賺錢的行業。當然，有些傳統產業雖然這五種力量不是很好，但如果他們公司的品牌或營收、市占率是屬於行業內的第一品牌或第二品牌，仍然有賺錢獲利的機會。

二、獲利五力的說明與分析

　　(一) **新進入者的威脅程度**：當產業進入障礙很小時，短期內將會有很多業者競相進入，爭食市場大餅，此將導致供過於求與價格競爭。因此，新進入者的威脅，端視其「進入障礙」程度為何而定。而廠商進入障礙可能有七種：1.規模經濟；2.產品差異化；3.資金需求；4.轉換成本；5.配銷通路；6.政府政策，以及7.其他成本不利因素。

　　(二) **現有廠商間的競爭程度**：即同業之間彼此相互爭食市場大餅，採用手段有：1.價格競爭：降價；2.非價格競爭：廣告戰、促銷戰，以及3.造謠、夾攻、中傷。

　　(三) **替代品的壓力程度**：替代品的產生，將使原有產品快速老化其市場生命。

產業的五力形成

如果某一個產業，經過分析後發現：

1.現有廠商之間的競爭壓力不大，廠商也不算太多。

2.未來潛在進入者的競爭可能性也不大，就算有，也不是很強的競爭對手。

3.未來也不太有替代的創新產品可以取代我們。

4.我們跟上游零組件供應商的談判力還算不錯，上游廠商也配合得很好。

5.在下游顧客方面，我們產品在各方面也會令顧客滿意，短期內彼此談判條件也不會大幅改變。

如果在上述五種力量狀況下，我們公司在此產業內，就較容易獲利，而此產業也算是比較可以賺錢的行業。

產業五力架構圖

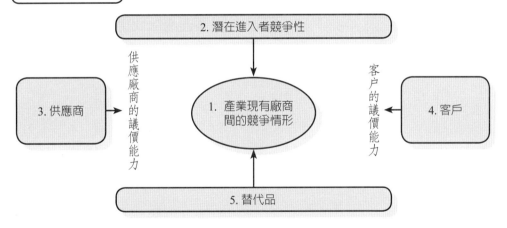

圖13-3　產業獲利五力架構分析

　　(四) **客戶的議價能力程度**：如果客戶對廠商之成本來源、價格有所了解，而且具有採購上的優勢時，則將形成對供應廠商之議價壓力，亦即要求降價。

　　(五) **供應廠商的議價能力程度**：供應廠商由於來源的多寡、替代品的競爭力、向下游整合力量等之強弱，將匯聚形成一股對某種產業廠商之議價力量。另外一個行銷學者基根（Geegan）則認為，政府與總體環境的力量也應該考慮進去。

本章習題

1. 請簡述SWOT分析為何？
2. 請列示產業環境分析的八要項為何？
3. 請列示產業經濟結構的四種型態為何？
4. 請圖示產業獲利五力分析架構圖為何？

第十四章

壓力與衝突管理

本章重點摘要

一、工作壓力的過程：

　　(1) 刺激出現了

　　(2) 感受到刺激

　　(3) 刺激威脅之認知

　　(4) 行為之反應

二、高績效、低壓力的管理六方法：

　　(1) 評估部屬，給予適當工作量

　　(2) 適時調整部屬工作

　　(3) 即時回饋、獎勵與肯定

　　(4) 明確權責與目標

　　(5) 加強雙向互動溝通

　　(6) 及時支援部屬，為其解決難題

三、組織衝突的五大原因型態：

　　(1) 利益衝突

　　(2) 批評衝突

　　(3) 目標衝突

　　(4) 認知衝突

　　(5) 情感衝突

四、組織衝突六起原因：

　　(1) 彼此溝通不良或缺乏溝通

　　(2) 權力與利益遭受瓜分

　　(3) 主管個人的差異

　　(4) 本位主義作祟

　　(5) 組織職掌權責指揮體系不當

(6) 資源分配不當

五、有效處理衝突的六方法：

(1) 避免衝突之產生

(2) 化衝突為合作

(3) 公司資源應合理配置

(4) 結合共同目標

(5) 建立制度以長治久安

(6) 個人方面的努力

 第一節　壓力管理

一、工作壓力的定義、過程及前奏曲

(一)工作壓力的定義

綜合學者Dunham、Bonoma及Ealtman等人對工作壓力（Work Stress）之詮釋，認為工作壓力之定義，係指：「員工個人面對環境改革，而形成生理及心理之調適狀態。」此種狀態，包括以下兩種層面：

1.在心理層面之狀況：包含緊張、憂慮、不安，以及焦慮等情緒。

2.在生理層面之狀況：包含新陳代謝加快、血壓升高、心跳加速，以及呼吸加快等生理狀況。

所謂「壓力」（Stress）是指一種因為行動或情況對個人的生理或心理思考與本能的要求，所產生的反應。而壓力大小受個人與其工作環境間的互動所影響。

每天在環境中，會產生壓力的因素，我們稱之為「壓力因子」（Stressors）。壓力可能來自於工作、家庭、朋友、同事等外在因子，也可能來自於個人不同的內在需求或內在知覺等。

當一個人認為上述這些因子，超過了對他個人的要求水平及能力時，就會產生個人壓力了。

(二)工作壓力的過程

工作壓力對員工個人之產生過程，可以包括四個步驟，即：1.刺激出現了；2.感受到刺激；3.刺激威脅之認知；4.行為之反應。

為讓讀者能更加明白工作壓力的產生過程，茲將整個四步驟可能會產生的狀況舉例說明如圖14-1。

(三)工作壓力的反應前奏曲

工作壓力之產生，有三種反應前奏曲，茲說明如下：

1.**觸發事件**：此係指已發生或即將發生之某件事情，例如：準備參加一項重要檢討會議，老闆特別要求準備哪些資料報告；或是老闆在幾天前，已釋放出他想異動高階人事的訊息。

2.**預期行為**：此係指個人覺得無法應對即將來臨的事件，其原因可能來自於追求完美，或是無力做到，或是胡思亂想所致。

3.**恐懼心理**：此係指由於無法妥善應對，產生了自我疑慮、挫折、沮喪、無信心、失望，而開始另有打算。

二、工作壓力來源分析

(一)角色特性

1.**由於角色負擔過重**（Role Overload）：主管如果工作超量及目標要求超量，則該主管壓力會很大。

2.**由於角色模糊**（Role Ambiguity）：此係指主管人員不完全了解自己工作範圍或職業，或是公司組織經常改變，或是老闆無法按照每個人的定位指揮做事，因此形成某些主管的角色模糊，造成他的壓力感覺。

(二)組織特性

1.**由於決策品質**（Decision Quality）**負責成敗**：決策主管如因決策失誤，造成公司損失，決策主管自然有很大壓力。

2.**由於職務不清或錯誤指派**：由於組織內部職責及工作分配不清，導致人員相互推諉或奪權。有時也因不適當的人員指派，造成當事人的工作壓力，影響士氣。

圖14-1　工作壓力的定義與內容

(三)群己特性

1.由於別人的評價（Other's Rating）所致：有些主管很在乎上級長官或別人對他的評價，如果過度重視，也會帶來相對的工作壓力。

2.由人群關係（Human Relations）所致：包括工作關係、家庭關係、社會關係及情感關係等處理不當，也會帶來個人的壓力。

(四)實體工作環境

不舒適或危險的工作環境，以及辦公室布置等條件，也會對員工造成壓力。

(五)其他因素

此外，還包括社會環境、財務處理問題、員工自尋煩惱，以及其他相關因素。

壓力因子	舉例
1.工作角色模糊	工作責任不太清楚。
2.角色改變	某人在某狀況下是上級，在某狀況下又是非上級。
3.制定困難決定	經理人員被迫做一個困難的決策（例如裁員、關廠）。
4.工作過重	同時處理好多件事情。
5.期望不實際	在各種條件資源不足下，被要求做一些不可能的任務。
6.期望不明確	沒有人知道本單位被期望成為什麼。
7.失敗	結果沒有完成、達成。

圖14-2　管理者經常面臨的工作壓力因子

三、工作壓力對組織的影響及如何管理

(一)工作壓力之管理方法

如就員工個人及組織兩方面看，對於工作壓力之管理方法，可以包括如下：

1.**個人管理方法**：包含(1)加強個人戰鬥意志，克服及突破它；(2)運用適度休閒、休息，然後再出發；(3)善用時間管理，了解輕重緩急，以及(4)定期健康檢查，了解是否仍然健康。

2.**組織管理方法**：包含(1)健全及改善組織內部水平與垂直的溝通協調管道；(2)鼓勵每個員工認識自己，放在對的工作崗位上，並協助發展員工的事業生涯規劃；(3)允許員工創新之中的錯誤，而不必太苛刻，應該鼓勵重於懲罰，以及(4)奉勸個性較急的高階主管及老闆，在正式會議上，少用責罵人的領導風格。

(二)如何管理「高績效，低壓力」

「高績效，低壓力」（High Performance and Low Stress）的管理目標，可說是管理最高境界，但要怎麼做呢？不妨考慮以下方法：1.主管應評估部屬能力、需求及個性，然後再配置適當的工作性質及工作量；2.當部屬有理由說明時，應允許部屬有說「不」的權利，並且予以適時調整工作要求；3.應對部屬的優良績效，迅速予以回饋（Reward Effective Performance）；4.主管人員應對部屬工作之職權、責任與工作期待等，加以明確化（Clear Authority, Responsibility and Expectation）；5.主管與部屬應建立雙向溝通（Two Way），主管應扮演教師角色，發展部屬能力，並與他們討論問題（Play a Coaching Role），以及6.主管應及

時支援及協助部屬處理難以做到的事或難以見到的人，亦即應有效紓解他們工作上的特殊困境。

(三)工作壓力對「組織行為」之涵義

員工工作壓力對組織行為面之涵義，可從以下兩個層面觀察分析：

1.**對員工及組織生產力的影響：**

(1)**就正面來說：**適度的工作壓力，可激發員工潛能、個人努力投入程度、解決困難的智慧等，從而提高工作效率、工作成果與組織整體績效。

(2)**就負面來說：**工作壓力太大或持續不斷存在，將使員工生理疲困、心理挫折、人事不穩定，導致員工工作滿意度下降，工作倦怠、無力感，無法達到工作效能及組織績效。

2.**對員工離職率影響：**過大、過量及太長時間工作的壓力，將會對員工的心理、生理產生不良作用，而出現不適應或反彈狀況。因此，員工缺勤率及離職率均會增加。國內外諸多實證研究也顯示，工作壓力較大之企業，其員工離職率也較大。

1.評估部屬，給予適當工作量。	2.適時調整部屬工作。	3.即時回饋、獎勵與肯定。
4.明確權責與目標。	5.加強雙向互動溝通。	6.及時支援部屬，為其解決難題。

圖14-3　高績效、低壓力的管理六方法

1. 掌握壓力源並釐清壓力的反應。

2. 評估及掌握內心需求，調整價值觀之先後次序。

3. 修正信仰窗之原則，發展改善壓力的因應策略。

4. 訂定改善或消除壓力源的規則。

5. 確實執行預防行為模式。

6. 評估壓力源改善結果。

圖14-4　壓力管理六大步驟

第二節　組織衝突

一、組織衝突的原因型態

如上所述，衝突的本質就是組織內部成員之間或單位之間，對某件人、事、物、地有不一致、矛盾或無法相容的意見與作法。因此，我們可以將衝突的定義，分為以下五種基本的衝突成因型態：

（一）**利益衝突**（Benefit Conflict）：這是一種對不同利益或利益分配不一致的情況。

（二）**批評衝突**（Criticize Conflict）：這是一種某個人或某部門對其他人或其他部門之批評，無論是正式會議上或私底下之批評，而引致對方不快之衝突。例如：公司內部經營績效分析部門或稽核部門對事業部門之批評意見。

（三）**目標衝突**（Goal Conflict）：這是一種對達成目標產生不一致的情況。例如：事業單位總是希望拓展事業版圖，但是幕僚財會單位則是希望考量公司資金狀況而審慎為之。

（四）**認知衝突**（Cognitive Conflict）：這是一種在觀念、思想、水準或教育背景上，認知不相容所產生的情況。例如：服務業背景出身的主管與製造業背景出身的主管，他們對顧客導向或售後服務的重要性認知可能就有所不同，前者會較重視，後者就較忽略。

（五）**情感衝突**（Affective Conflict）：這是一種感覺或情緒上不相容的情況，亦即是一個人對另一個人的不悅或疏遠。例如：某人或某部門經常不願支援另一個人或另一個部門。

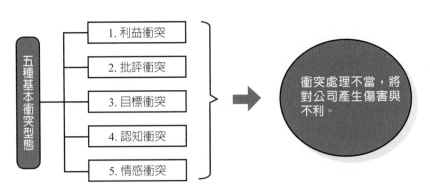

圖14-5　五種衝突成因型態

二、組織衝突之起因

(一) **溝通不良（缺乏溝通）**：缺乏主動性、明確性、先前性及尊重性之溝通，導致雙方共識與認知的無法建立。

(二) **權力與利益遭受瓜分**：當企業某人或某部門之原有權力與利益，遭到其他部門或人員瓜分時，勢必引起原部門極力抗拒。

(三) **主管個人的差異**：各部門主管的教育背景、價值觀、經驗、個性與認知均有所差異，這些在組織溝通過程中，必然會反映出不同的見解與立場。例如：技術出身的，或財會出身的，或銷售出身的高級主管，自有其不同的思路。

(四) **本位主義**：各部門常依著本位主義，認為只要做好自己單位事情，不管其他部門的死活，缺乏協助之精神，也是導致衝突之原因。

(五) **組織之職掌、權責、指揮等制度系統未明確**：一個缺乏標準化、制度化與資訊化的公司，或是老闆一人集權的公司，比較容易引起組織內部的權力爭奪與衝突。

(六) **資源分配不當**：當財務、人力、物力及技術等資源分配不公平時，就易引起部門之間的衝突。

圖14-6　組織衝突六起因

三、組織衝突表現方式

組織內部的衝突經常可見，彼此間最常見的表現方式，包括有以下幾種：

(一) **口頭或書面表示反對或不同意見**：以口頭表示不同意之看法，有時也會在書面報告或簽呈上表示不同意的意見。

(二) **行動抗拒**：此行動包括工作上給予接續作業上的扯後腿或不配合、不支援，讓對方遇到阻礙。

(三) **惡意攻擊**：在面臨自身與部門之利益受損時，最激烈的衝突，就是先發制人，讓對方措手不及。

(四) **表面接受，暗地反對**：所謂陽奉陰違即是此意。此種衝突只是在檯面下較勁，尚未在檯面上公開化；或是在背後散播不利於對方的小道消息。

(五) **向老闆咬耳朵或下毒**：以信函或口頭方式，向老闆傳達不利於對方的訊息，即先下手為強。

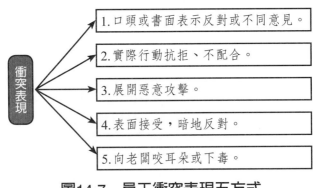

圖14-7　員工衝突表現五方式

四、適度衝突的正面影響

組織內部若有一些良性衝突，不完全是壞事，有時還存在一些好處如下：

(一) **提早暴露問題**：適度衝突可使組織潛藏問題提早曝光，並謀求有效解決方法。

(二) **良性競爭氣氛**：適度衝突產生，可使組織各部門產生互動、競爭的氣氛，進而加速組織變革及組織成長。例如：企業在組織設計實務上，經常採用各

事業總部的制度，也是在促進各事業總部為了自己的業績目標，彼此較勁競爭，輸人不輸陣的過程中，也經常出現一些爭取公司資源的良性衝突。

（三）**妥善安排資源分配**：衝突之產生，可使企業了解組織溝通、協調及資源分配之重要性，從而建立一套制度系統加以運作，產生長治久安之效果。

（四）**激發創造能力**：創造力的產生條件，常常需要在自由開放、熱烈討論之氣氛，吸收不同意見，方能引發新奇構想。其過程允許某種程度之非理性，因此爭論在所難免，適當衝突反而能引發創新構想。

（五）**改善決策品質**：在決策過程中，除理性分析、客觀標準外，在尋找可行方案時，經常需要創造能力，因此如上所述，允許適度爭論，可以蒐集不同觀點的分析與更多解決方案，以改善決策之品質。

（六）**增加組織向心力**：假設衝突能獲得適當解決，雙方可重新合作，由於取得共識，更能了解對方立場，這是衝突讓「問題」出現而解決之，而非掩蓋拖延。因此，雙方更能產生更強之向心力，促進工作完成。在衝突發生前，每個人對自己能力會產生錯誤之估計，但在衝突後，可以平心靜氣，對自己重作評估檢討，以免重蹈覆轍。

五、衝突的負面影響

組織內部如存有不利的衝突，應協調及解決，否則對組織將產生負面效應如下：

（一）**組織整體生產力下降**：衝突的內耗，消耗公司很多資源，包括時間與金錢。

（二）**溝通愈來愈難**：衝突將導致溝通愈來愈難，歧見難消。

（三）**信任瓦解**：敵對的心態更加濃厚，員工之間或部門之間的互信關係被破壞。

（四）**人才流失**：人員開始不滿意、不合作及優秀人才流失。

（五）**降低競爭力**：組織目標會難以達成，漸漸影響其生存競爭力。

（六）**削弱對目標之努力**：此常由於衝突雙方對目標認定歧異，無法採取一致行動投契於既定目標，故難發揮績效。

（七）**影響員工正常心理**：由於衝突產生易造成員工緊張、焦慮與不安，導致

無法在正常心理狀態下工作，效率易受影響。

(八) **降低產品品質**：由於組織對長期發展及短期目標欠缺協調，引發部門間對目標之衝突，結果為短期可衡量之利益目標，引發「重量不重質」之現象，產品品質受損。

六、有效處理衝突的方法

有效處理組織、部門或是人員之間的衝突，大致有六種方法可以參考：

(一) **避免衝突之產生**：組織內應尋求背景、教育、個性較一致之成員，以降低衝突之發生。例如：在一個保守、傳統的公司或單位，就不太能引進思想與行為前衛的員工。

(二) **化衝突為合作**：透過某種組織或成員，將雙方或三方之衝突化解並建立合作模式與互利方案。

(三) **公司資源應合理配置**：公司有關之財務預算、資金紅利、人力配置、職位晉升、機器設備、權力下授等，均應做合理及公平之分配（Allocation），讓各部門沒有抗拒或衝突之理由或藉口。

(四) **結合共同目標**：將衝突之雙方部門，運用各種方式、制度及方案，而讓其目標一致，如此就必須加強雙方合作關係，才能達成目標，並且獲致均分利益。

(五) **建立制度以長治久安**：在人治化的組織中，問題終將層出不窮，唯有透過制度化、法治化的程序，才能將衝突消弭於無形。

(六) **個人方面的努力**：包含1.不必過於堅持己見，應有妥協的藝術，退一步海闊天空；2.要秉持問題解決的導向心態，不要刻意反對，以及3.最好平時避免衝突的產生。

1.避免衝突之產生	2.化衝突為合作	3.公司資源應合理配置

4.結合共同目標	5.建立制度以長治久安

6.個人方面的努力

①不必過於堅持己見，應有妥協的藝術。
②秉持問題解決的心態，不要刻意反對。
③最好平時避免衝突的產生。

圖14-8　有效處理組織衝突的方法

本章習題

1. 工作壓力的定義為何？壓力之過程又為何？
2. 請列示工作壓力來源有哪些？
3. 工作壓力對組織行為的正負面影響為何？
4. 請列示高績效／低壓力的管理六種方法為何？
5. 組織衝突的五種型態成因為何？
6. 組織衝突的六種起因為何？
7. 適當衝突對組織的正面影響為何？
8. 請列示有效處理組織衝突的六種方法為何？

第十五章

管理與經營策略力

本章重點摘要

一、公司的三種策略層級，包括：

(1) 總公司事業版圖策略

(2) 事業總部營運策略

(3) 執行部門功能策略

二、策略形成的五種過程：

(1) 對環境偵察、分析、評估、討論

(2) 策略形成

(3) 策略執行

(4) 評估、控制、檢討

(5) 回饋與調整

三、波特教授的三種基本競爭策略為：

(1) 低成本競爭策略

(2) 差異化競爭策略

(3) 集中專注利基競爭策略

四、企業的三大類型成長策略，包括：

(1) 密集成長策略

(2) 整合成長策略

(3) 多角化成長策略

五、企業的整合成長型態有三種：

(1) 向後（向上游）整合成長

(2) 向前（向下游）整合成長

(3) 水平整合成長

六、企業的退縮策略型態有：

(1) 削減規模策略（縮小、削減）

(2) 出售策略（賣掉）

(3) 整併策略

第一節　企業三種層級策略與形成

若從公司（集團）的組織架構推演來看策略的研訂，以及從策略層級角度來看，策略可區分為三種類型；而形成策略管理的過程，則可區分為五個過程，以下說明之。

一、策略的三種層級

從公司組織架構我們可以發展出以下三種策略層級：

(一) 總公司或集團事業版圖策略：例如富邦金控集團策略、遠東集團、統一超商流通次集團策略、宏碁資訊集團策略、鴻海電子集團策略、台塑石化集團策略、廣達電腦集團策略、金仁寶集團策略等。

(二) 事業總部營運策略：例如筆記型電腦事業部、伺服器事業部、列表機事業部、桌上型電腦事業部，以及顯示器事業部之營運管理，包括成本優勢、產品差異化、利基優勢的策略，以及策略聯盟合資與異業合作者。

所稱事業總部，乃國內一般說法，又稱事業群，更專業的說法乃是「戰略事業單位」（SBU），此係指將某產品群的研發、採購、生產以及行銷等，均交由事業總部最高主管負責。

(三) 執行部門功能策略：從各部門實際執行面來看，大致有業務行銷、財務、製造生產、研發、人力資源、法務、採購、工程、品管、全球運籌等功能策略。

如以單一事業體（SBU）的角度看各部門運作的策略方式，屬企業的策略布局下，高階主管將針對企業利益擬訂策略，強化企業市場地位，獲取該企業的競手優勢。

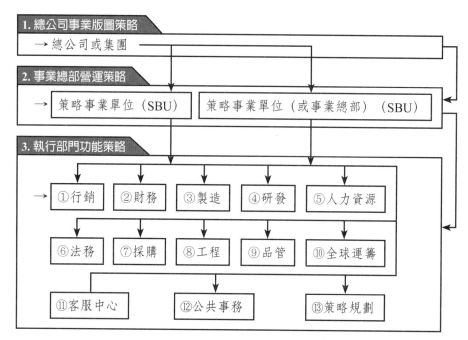

圖15-1　策略層級的三種分類

二、策略的形成與管理

有了上述公司組織層面的三種策略層級為基礎，再來就是策略的形成與管理，可以區分為五個過程，包括：

(一) **對企業外部環境展開偵察、調查、分析、評估、推演與最後判斷**：這個階段非常重要，一旦無法掌握環境快速變化的本質、方向，以及對我們的影響力道，而做出錯誤判斷或太晚下決定，則企業就會面臨困境，而使績效倒退。

(二) **策略形成**：策略不是一朝一夕就形成，它是不斷發展、討論、分析及判斷形成的，甚至還要做一些測試或嘗試，然後再正式形成。當然策略一旦形成，也不是說不可改變。事實上，策略也經常在改變，因為原先的策略如果效果不顯著或不太對，馬上就要調整策略了。

(三) **策略執行**：執行力是重要的，一個好的策略，執行不力、不貫徹或執行偏差，都會使策略大打折扣。

(四) **評估、控制與檢討**：執行之後，必須觀察策略的效益如何，而且要及時調整改善，做好控制。

(五) 回饋與調整：如果原先策略無法達成目標，表示策略有問題，必須調整及改變，以新的策略及方案執行，一直要到有好的效果出現才行。

1. 環境偵察、分析、評估、討論
①這個階段非常重要。
②一旦無法掌握環境快速變化，而做出錯誤判斷或太晚下決定，則企業就會面臨困境，而使績效倒退。

2. 策略形成
①策略是不斷的發展、討論、分析及判斷，甚至還要做一些測試，再正式形成。
②策略一旦形成，不是說不可改變，也要隨著事實調整。

3. 策略執行
好的策略，執行不力、不貫徹或執行偏差，都會使策略大打折扣。

4. 評估、控制、檢討
執行之後，必須觀察策略的效益如何，而且要及時調整改善，做好控制。

5. 回饋與調整
如果策略無法達成目標，表示有問題，必須調整，以新的策略執行，直到有好效果出現。

圖15-2　策略形成五過程步驟

第二節　波特教授的三種基本競爭策略

一、全面低成本優勢策略

　　全面成本優勢策略（Overall Cost Leadership Strategy）是指根據業界累積的最大經驗值，控制成本低於對手的策略。要獲致成本優勢，具體作法通常是靠規模化經營實現。至於規模化的表現形式，則是「人有我強」。在此所指的「強」，首要追求的不是品質高，而是價格低。所以，在市場競爭激烈中，處於低成本地位的企業，將可獲得高於所處產業平均水準的收益。換句話說，企業實施成本優

勢策略時，不是要開發性能領先的高端產品，而是要開發簡易廉價的大眾產品。

不過，波特教授也提醒企業，成本優勢策略不能僅著重於擴大規模，必須連同降低單位產品的成本，才具備經濟學上分析的意義。

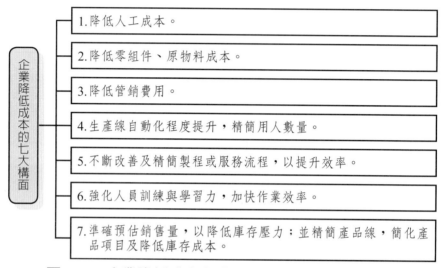

圖15-3　企業降低成本與成本優勢領先的七大構面

二、差異化策略

差異化策略（Differentiation Strategy）是指利用價格以外的因素，讓顧客感覺有所不同。走差異化路線的企業將做出差異所需的成本（改變設計、追加功能所需費用）轉嫁到定價上，所以售價變貴，但多數顧客都願意為該項「差異」支付比對手企業高的代價。

差異化的表現形式是「人無我有」；簡單說就是與眾不同。凡是走差異化策略的企業，都是把成本和價格放在第二位考慮，首要考量則是能否設法做到標新立異。這種「標新立異」可能是獨特的設計和品牌形象，也可能是技術上的獨家創新，或是客戶高度依賴的售後服務，甚至包括別具一格的產品外觀。

以產品特色獲得超強收益，實現消費者滿意的最大化，將可形塑消費者對於企業品牌產生忠誠度。而這種忠誠一旦形成，消費者對於價格的敏感度就會下降，因為人們都有便宜沒好貨的刻板印象，同時也會對競爭對手造成排他性，擡高進入的壁壘。

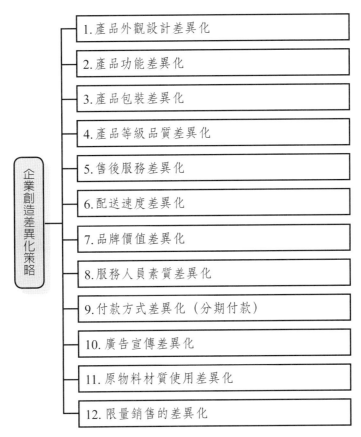

圖15-4　企業創造差異化策略的十二種方向

1. 產品外觀設計差異化
2. 產品功能差異化
3. 產品包裝差異化
4. 產品等級品質差異化
5. 售後服務差異化
6. 配送速度差異化
7. 品牌價值差異化
8. 服務人員素質差異化
9. 付款方式差異化（分期付款）
10. 廣告宣傳差異化
11. 原物料材質使用差異化
12. 限量銷售的差異化

企業創造差異化策略

三、集中專注利基經營策略

　　集中專注利基經營（Focus Strategy）是指將資源集中在特定買家、市場或產品種類；一般說法，就是「市場定位」。如果把競爭策略放在特定顧客群、某個產品鏈的一個特定區段或某個地區市場上，專門滿足特定對象或細分市場的需要，即屬之。

　　集中專注利基經營與上述兩種基本策略不同，它的表現形式是顧客導向，為特定客戶提供更有效和更滿意的服務。所以，實施集中專注利基經營的企業，或許在整個市場上並不占優勢，但卻能在某一較為狹窄的範圍內獨占鰲頭。這類型公司所採取的作法，可能是在為特定客戶服務時，實現低成本的成效或滿足顧客差異化的需求；也有可能是在此一特定客戶範圍內，同時做到低成本和差異化。

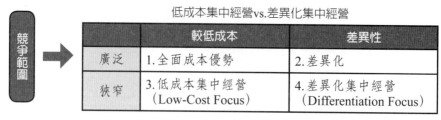

低成本集中經營vs.差異化集中經營

競爭範圍		較低成本	差異性
	廣泛	1.全面成本優勢	2.差異化
	狹窄	3.低成本集中經營 （Low-Cost Focus）	4.差異化集中經營 （Differentiation Focus）

註：競爭範圍狹窄係指針對「區隔市場」來經營。

圖15-5　集中專注利基經營策略

第三節　企業的三種成長策略

企業的成長策略可區分為以下類型，請不妨先留意自家企業現在身處哪個類型？

（一）**密集成長策略**：指在目前事業體尋求機會以期進一步成長，也可算是在核心事業裡尋求擴張成長。

（二）**整合成長策略**：指在目前事業體內外，尋求與水平或垂直事業相關行業，以求得更進一步擴張。

（三）**多角化成長策略**：指在目前事業體外，發展無關之事業，以求得業務擴張。

以下針對這三種企業成長策略說明後，你即能檢視自家身處類型並予以改善。

一、密集成長

廠商應該對目前的事業體加以檢視，以了解是否還有機會擴張市場。學者安家夫（Ansoff）曾提出用以檢視密集成長機會的架構，稱之為「產品／市場擴展矩陣」（Product/Market Expansion Grid），茲說明如下：

（一）**市場滲透策略**：1.說明現有市場未使用此產品的消費者購買；2.運用行銷策略，吸引競爭者的客戶轉到本公司購買，以及3.使消費者增加使用量。

（二）**市場開發策略**：將現有產品推展到新區隔或地區。例如：現金卡市場開發。

(三) **產品開發策略**：公司開發新的產品，賣給現有的客戶。例如：統一超商新國民便當、5G智慧型手機、光世代寬頻上網、液晶電視、平板電腦、電動汽車等。

二、整合成長

整合成長之型態有三種，茲說明如下：

(一) **向後整合成長**：或稱向上游整合成長。

(二) **向前整合成長**：也稱向下游整合成長。例如：統一企業投資統一超商下游通路。

(三) **水平整合成長**：國內金控集團，包括銀行、壽險、證券、投顧等。

三、多角化成長

企業多角化成長的策略，通常採取以下三種方式進行：

(一) **垂直整合**：此即一個公司自行生產其投入或自行處理其產出。除向前、向後整合之外，亦可以視需要做完全整合或錐形整合。

(二) **相關多角化**：係指多角化所進入的新事業活動和現存的事業活動之間可以連結在一起，或者視活動之間有數個共通的活動價值鏈要素，而通常這些連結乃基於製造、行銷或技術的共通性。

(三) **不相關多角化**：此即公司進入一個新的事業領域，但此事業領域與公司現存的經營領域沒有明顯的關聯。

企業三種成長策略類型

1. 密集成長	2. 整合成長	3. 多角化成長
①市場滲透	①向後整合	①集中多角化（垂直整合）
②市場開發	②向前整合	②相關多角化
③產品開發	③水平整合	③不相關多角化

從產品／市場成長策略

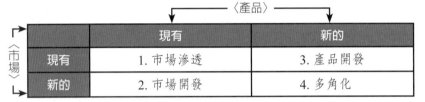

穩定／成長／退縮策略作法

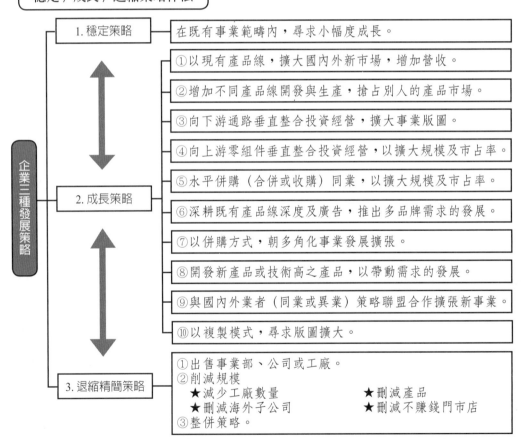

圖15-6　企業追求成長、穩定及退縮精簡的三種不同發展策略

本章習題

1. 請列示策略層級的三種分類為何？
2. 請列示策略形成五個過程為何？
3. 請列出波特教授的三種基本競爭策略為何？
4. 請列出企業三種成長策略為何？
5. 請列出企業整合成長的三種策略為何？
6. 請簡述何謂多角化成長策略？
7. 請簡述何謂退縮精簡策略？

第十六章

團隊管理

本章重點摘要

一、「團隊」的定義爲：

> 一群具有不同技能的人，相互依存在一起工作，並貢獻自己的能力，扮演好自己角色，然後爲達成團隊的目標而努力向前進！

二、團隊的目的爲：

(1) 加速解決組織所面臨特定問題

(2) 達成組織特定新目標、新任務

(3) 扮演組織的特攻小組

三、團隊的四大特質爲：

(1) 團隊隊員具相互依存性

(2) 協調是團隊運作過程中不可缺少的活動

(3) 了解到這個團隊爲何存在

(4) 團隊隊員共同擔負團隊的成敗責任

四、組織走向「團隊化」是最新的趨勢。

五、影響團隊績效的九大因素爲：

(1) 工作團隊成員人數的多寡

(2) 成員的能力好壞

(3) 成員互補性

(4) 對共同目標的承諾深度

(5) 建立特定目標的明確化程度

(6) 領導人與結構適當與否

(7) 社會賦閒及責任

(8) 績效評估及報酬制度

(9) 成員彼此互信程度

第一節　團隊的定義目的及特質

一、團隊的定義

　　團隊在組織中的功能性上優於個人，因為團隊集結了不少各種不同技能、專業知識和經驗的人員一起為組織解決問題，他們更相信「三個臭皮匠，勝過一個諸葛亮」的基本哲學。因此，我們可以將團隊定義為：「一群具有不同技能的人，相互依存的在一起工作；這群人認同於一共同目標，而為了達成此一目標，他們貢獻自己的能力，扮演好自己的角色，彼此分工合作，溝通協調，為達成此一目標而齊心努力，並為此一目標的達成與否共同承擔成敗責任。」

二、團隊讓一加一大於二

　　工作團隊之所以如此風行的原因，在於愈來愈多的任務需要用到集體的技術、判斷及經驗，而且團隊的績效會勝過個人績效。當組織為了增加經營效率及效能而進行重組時，通常會以團隊為組織設計的基礎。管理者也發現，相較於傳統的部門式組織，以及其他長久性的團體型式，工作團隊比較有彈性，而且也比較能適應環境的變化，可以很快的加以集結、部署、重新界定及遣散。工作團隊也可以產生激勵作用，因為員工的參與本身就會有激勵作用。

三、團隊的目的

　　團隊的主要目的是透過組織和管理一群人，讓他們在團隊所投入的心力能有效凝聚、發揮；同時也透過團隊的運作過程能夠學習到更多工作上的知識、技巧與經驗。

　　簡單來說，團隊即是指將幾個人集結在一起，去完成一特定的工作或任務。進一步而言，團隊是一群人共同為一特定目標，一起分擔工作，並為他們努力的成果共同擔負成敗責任。例如：可能是一個研發團隊、西進中國大陸設廠團隊、新事業籌備小組團隊、降低成本工作團隊、海外融資財務工作團隊或教育訓練講師團隊等均屬之。

圖16-1　團隊的目的

四、團隊的特質

（一）**團隊隊員具「相互依存性」**：團隊中每個隊員均具有不同技能、知識或經驗。每個隊員都能對這個團隊有著不同貢獻，團隊隊員能了解彼此特長及團隊中的角色與重要性。團隊隊員在團隊中分工合作、分享資訊、交換資訊，並相互接納。團隊隊員體認到每個隊員的重要性，少了任何一個隊員，團隊目標將無法達成。

（二）**「協調」是在團隊運作過程中不可缺少的活動**：團隊隊員通常具有不同的背景，或來自不同的單位。為凝聚共識，致力於達成團隊的共同目標，團隊隊員應摒棄本位主義，敞開心胸，加強溝通協調；針對問題，解決問題，因此，身為團隊隊員應體認，唯有透過協調及充分溝通，才能完成團隊的共同目標。

（三）**了解到這個團隊「為何存在」**：團隊界限（Boundaries）何在及團隊在組織中所扮演的角色地位和功能性為何。

（四）**團隊隊員「共同擔負」團隊的「成敗責任」**：團隊隊員的責任分享可分為兩個層面加以分析。

第一個層面是團隊隊員在平常的團隊運作過程中或團隊會議中，共同分攤團隊的工作。例如：團隊的領導角色（Team Leadership）或團隊的各項任務指派。

第二個層面是針對團隊的最後成果而言，團隊的存在都有其特定任務，能否達成此一任務便有成敗責任歸屬問題。團隊的特色之一，即在於順利完成團隊目標時，全體隊員將分享此一成果，共同接受組織的激勵與獎勵。相同的，當團隊無法順利完成特定任務時，則全體隊員將共同承擔此一失敗的責任，而非單獨團隊的領導者（Team Leader）或管理者（Manager）承擔失敗的責任。

1. 團隊隊員具相互依存性

→①團隊中每個隊員均具有不同技能、知識或經驗。
　②每個隊員都能對這個團隊有著不同貢獻，團隊隊員能了解彼此特長及團隊中的角色與重要性。
　③團隊隊員在團隊中分工合作、分享資訊、交換資訊，並相互接納。
　④團隊隊員體認到每個隊員的重要性，少了任何一個隊員，團隊目標將無法達成。

2. 協調是在團隊運作過程中不可缺少的活動

→①團隊隊員通常具有不同的背景，或來自不同的單位。
　②為達成共同目標，團隊隊員應摒棄本位主義，敞開心胸，加強溝通協調，解決問題。
　③身為團隊隊員應體認，唯有透過協調及充分溝通，才能完成團隊的共同目標。

3. 了解到這個團隊為何存在

→團隊界限何在及團隊在組織中所扮演的角色地位和功能性為何。

4. 團隊隊員共同擔負團隊的成敗責任

→①團隊隊員在平常的團隊運作過程中或團隊會議中，共同分攤團隊的工作。例如：團隊的領導角色、團隊的各項任務指派。
　②針對團隊的最後成果而言，團隊的存在都有其特定任務，能否達成此一任務便有成敗責任歸屬問題。

↓

○順利完成團隊目標時→團隊隊員分享成果，共同接受組織激勵與獎勵。
╳無法完成特定任務時→團隊隊員共同承擔失敗責任。

圖16-2　團隊的四特質

五、組織走向「團隊化」的最新趨勢

由於這種團隊具有完整自主和自我負責的特性，使得往昔那些用以監督、協調和指揮作用的層層上級單位也都變得不必要了，所謂「組織扁平化」也就成為自然而然的結果。

今天的企業已不能完全依靠傳統金字塔組織，也可能須借助外部專家，結合內部各個部門的專業人士，在一起針對一個目標去推動，達到某個績效。

團隊的種類非常多，國家有國家團隊，內閣有內閣團隊，公司也一樣，有經營團隊、董事會團隊、管理團隊、部門的矩陣組織，以及任務團隊。

在發展團隊組織的過程中，和一般傳統的組織概念不一樣。例如：一個在國內發展的企業，有一天要到中國大陸或東南亞投資，就要發展出一個投資團隊或先遣部隊，這個先遣部隊派駐在上海、廣州或北京，他們有一個明確的目標要達成，將原來分散在各地的專業人才，例如財務、管銷或工程人員整合起來，成爲一個有特殊目的團體。

團隊型組織的產生，代表人類進入所謂「知識社會」。這種組織具備靈活和彈性的優點，適合知識社會所帶來的創新和多元的需要。

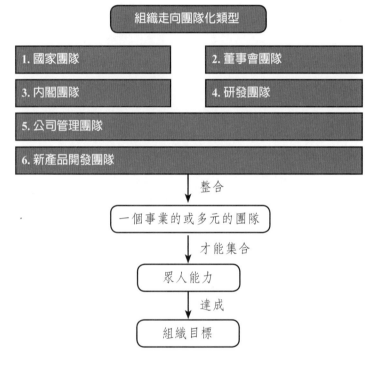

圖16-3　任務團隊的趨勢與階段

第二節　影響團隊績效的九大因素

一、工作團隊成員人數的多寡

一般而言，好的工作團隊，其成員人數通常不多，如果人數過多，不僅會造成溝通上的困難，而且也容易造成權責不分、無凝聚力及無承諾的現象，專案

組織是工作團隊的一個特定型式，當群體變得愈來愈大時，成員的工作滿足感會降低，而缺勤率及離職率會增加。但是有些專案非常複雜，區區人數很難應付自如，還是必須考慮完成專案的時間，來決定專案人員的數目。團隊成員小則有5至7人，中則10至20人，大則20至50人均有可能存在。

二、成員的能力好壞

團隊成員要能發揮效能，必須要具備四種技能，即技術的、人際的、觀念化的，以及溝通的技能。

三、成員互補性

每個團隊都有特定目標及需求，因此在遴選團隊成員時必須考慮到成員的人格特質及偏好。績效高的團隊必然會使其成員「適才適所」，讓每位成員都能夠發揮所長、扮演適當的角色。團隊成員亦不適宜全部是同質性的，存在異質化，也是必須的。

四、對共同目標的承諾深度

團隊是否有成員願意施展其抱負的目標？這個目標必須比特定標的具有更寬廣的視野。有效團隊必有一個共同的、有意義的目標，而此目標是指導行動、激發成員承諾的動力。

五、建立特定目標的明確化程度

成功的團隊會將其共同目標轉換成特定的、可衡量的、實際的績效標的。標的可以提供成員無窮的動力，促進成員間的有效溝通，使成員專注於目標的達成。

六、領導人與結構適當與否

目標界定了成員的最終理想，但是，高績效的團隊還需要有效的領導及結構來提供焦點及方向。

團隊成員必須共同決定：誰該做什麼事情？每個成員工作負荷量如何均衡？如何做好工作排程？需要培養什麼技術？如何解決可能衝突？如何做決策、調整

決策？要解決這些問題並達成共識，以整合成員的技術，就需要領導及結構。

由企業高層指派或由成員推舉。被推舉者必須要能夠扮演促進者、組織者、生產者、維持者以及連結者的角色。

七、社會賦閒及責任

成員可能「混」在團隊內不做任何貢獻，但卻搭別人的便車，這種現象稱為社會賦閒。成功的團隊不允許成員發生這種混水摸魚的現象，它會要求每位成員肩負起應該扛的責任。

八、績效評估及報酬制度

如何讓每位成員都能肩負起責任？傳統個人導向的績效評估及報酬制度必須加以調整，才能夠反映出團隊績效。

個人的績效評估、固定時段的報酬、個人的誘因等，並不能完全適用於高績效的團隊，所以除了以個人為基礎的評估及報酬制度外，還要重視以整個群體為基礎的評價、利潤分享、小團隊誘因，以及其他能增強團隊努力與承諾的誘因。

九、成員彼此互信程度

高績效團隊成員都是互信的，成員之間都會相信對方的廉潔、品格及能力。但是就人際關係而言，互信其實是相當脆弱的——因為需要長時間的培養，但卻容易毀於一旦，一旦破壞要再恢復更是難上加難。由於互信有相乘效果，互不信任也是一樣，所以領導者必須在組織團隊成員方面投入更多的關注。

本章習題

1. 請簡述成立團隊的目的為何？
2. 請列示團隊的四大特質為何？
3. 請列示影響團隊績效的九大因素為何？

第十七章
管理與專案小組的運作力

本章重點摘要

一、公司為何要成立跨部門專案小組之原因為：

(1) 需要跨部門通力合作

(2) 現有人力無法勝任新業務發展

(3) 公司內部資源有賴整合以發揮綜效

(4) 公司追求成長所產生專案工作之需求

(5) 既有部門做不好，但尚無更理想人選可接任時

二、專案小組的組織成員有：

(1) 召集人

(2) 副召集人（或執行長）

(3) 執行祕書

(4) 各功能小組組長及組員

(5) 公司內外諮詢委員、顧問或決策委員

三、專案小組運作步驟為：

(1) 先建立組成專案小組組織表及成員確定

(2) 定期（每週或每月）召開專案小組會議

(3) 一邊開會、一邊指示、一邊推動進度

第一節　專案小組的成立原因及類型

在大公司或企業集團中，經常可以看到成立各種「專案小組」（Project Team）或「專案委員會」（Project Committee），運用這種組織模式，以達成重要與特定任務。這種打破既有組織架構的功能，很可能在完成任務後即予以解散，也可能存留在組織架構內，成為常態編制。但究竟有哪些專案小組或專案委員會？本文將進一步說明。

一、專案小組或專案委員會的範圍

對大型企劃案而言，公司必然成立各種專案小組或專案委員會，來推動這些大型計劃案。實務上，這些專案小組，通常包括以下範圍：1.新事業部門成立之專案小組；2.新公司成立之專案小組；3.西進中國大陸投資成立之專案小組；4.新產品上市之專案小組；5.大型銀行聯貸案小組；6.上市上櫃之專案小組；7.搶攻市場占有率專案小組；8.組織再造專案小組；9.新資訊專案小組；10.投資決策專案小組；11.研發精進專案小組；12.海外建廠專案小組，以及13.其他各種重要任務導向之專案小組。

二、為何要有專案小組或專案委員會

很多人會問，既然公司有正式組織體系，為何還要組成專案小組？主要原因如下：

(一) **需要跨部門通力合作**：公司有些事情涉及跨部門、跨功能，甚至跨公司，不是既有常態性固定式與分工性的組織所能夠做的。因此，必須把相關部門的各種專業人才調出來，才可以共同完成某一件重大事情。此時就有必要成立專案小組或專案委員會來運作，才可以打破部門本位主義，並集結各部門的專業人才在一起工作。

(二) **現有人力無法勝任新業務發展**：公司有一些新的業務或新的事業發展，這些功能與發展，是既有組織架構與人力所無法兼顧的，或者並非他們所專長的，因此，公司也會成立專案小組，邀聘外部專業人才來負責。

(三) **公司內部資源有賴整合以發揮綜效**：現有集團企業經常強調集團內各公司資源應有效加以利用、整合及發揮，以母雞帶小雞的原則，讓小雞未來也都能發展得很好，這需要企業內部的各項資源整合，那就有必要成立專案小組來負責。

(四) **公司追求成長所產生專案工作之需求**：公司追求不斷成長的過程，必然會有很多專案工作，必須有專責的人負責到底，因此，也有成立專案小組的必要。

(五) **既有部門做不好但尚無更理想人選可接任時**：公司也經常發現某一項任務，在既有部門做不好，老闆不滿意其表現，也不想馬上換掉主管，或是沒有更好的人選可接任。此時，老闆也會成立某種專案小組，擴大成員共同參與，把某部門做不好的事，由大家共同支援做好。

三、專案小組的成立模式

實務上，專案小組有三種成立模式，即：1.籌備小組模式；2.以任務為導向的模式；以及3.由各部門暫時支援某個專案小組等。

專案小組成立原因

為何要有專案小組？

1. 有些事情，必須涉及跨部門、跨功能、跨公司，故要組成專案小組。

2. 面對新業務或新事業發展，須有專案小組負責。

3. 公司內部資源有賴整合，才能發揮綜效。

4. 公司不斷追求成長，必有不少專案小組需求。

5. 公司既有部門做不好，但尚無更理想人選可接任時，也會成立專案小組，由大家共同支援做好。

有哪些專案小組？

1.新事業研發小組	2.新產品開發小組	3.組織再造小組
4.成本降低小組	5.中國大陸事業小組	6.銀行大型聯貸小組
7.上市櫃專案小組	8.打造品牌行銷小組	9.接班人團隊培訓小組
10.轉投資小組	11.併購專案小組	12.海外建廠專案小組

13.其他重要任務導向之專案小組

圖17-1　專案小組成立的原因及類型

 第二節　專案小組的運作及成功要點

一、專案小組的運作步驟

專案小組的運作步驟，其實很簡單，大概只有三個過程，茲分述如下：

(一) **建立專案小組**：首先是編製專案小組的組織架構、人力配置、分工主管，以及各組的功能職掌等。其中包括以下幾點：

1.召集人是誰？副召集人是誰？執行祕書是誰？各功能組組長是誰？底下有哪些組員？公司內部及外部的諮詢委員或顧問是誰？

2.各組的功能職掌應予以明確審定。

3.執行祕書是未來此專案小組的統籌負責人。

4.一般來說，專案小組或專案委員會，大概均依員工的專長功能而區分為各種組別，包括行銷組（業務組）、企劃組、財務組、管理組、研發組、工程組、採購組、物流組、生產（製造）組、法務組、國外組等。

上述專案小組各組名稱並沒有一定標準，基本上要視不同行業別、不同任務別，以及不同大小規模的企業而有不同的小組組別名稱。

(二) 定期召開專案小組會議：由專案小組召集人「定期開會」，以追蹤各工作組之工作執行進度，並由老闆及時做決策指示，這種定期開會，包括每週一次、每二週一次或每月一次等狀況。定期開會是老闆對專案的重視與對員工的適度壓力，以使專案推動能有成果展現。

(三) 一邊開會、一邊指示、一邊推動進度：依此而繼續下去，一邊開會、一邊下指示、一邊再推動專案進度，直到此專案任務最終完成為止。任務結束，此專案小組就會解散，或者也有可能改為常設組織，一直存在著。

Step 1

建立專案小組或專案委員會

①組織架構表
★召集人是誰？　　★副召集人是誰？　★執行祕書是誰？
★各功能組組長是誰？　★有哪些組員？　★公司內外部諮詢委員或顧問是誰？
②各組的功能職掌
依員工專長功能而區分為行銷組（業務組）、企劃組、財務組、管理組、研發組、工程組、採購組、物流組、生產（製造）組、法務組、國外組等組別。
③各組人員的配置

Step 2

定期召開專案小組會議

每週一次、每二週一次或每月一次追蹤各小組工作進度，以使專案推動能有成果展現。

Step 3

一邊開會、一邊指示、一邊推動進度

依此繼續下去，直到專案任務最終完成為止。

圖17-2　專案小組設立內容及執行步驟

二、專案小組成功運作要點

專案小組或專案委員會是大型公司在正式組織架構外，經常被運用的組織制度，也可以說是一種任務導向（Task-Oriented）組織；事實上，也是非常必要。

但是專案小組要能順利達成任務或發揮功能，而不是成為疊床架屋的組織，則必須注意到下列十一個要點：

(一) 公司老闆必須親自參與投入，甚至主導領軍：在國內企業的習性上，員工仍然視老闆一人為最後與最大的決策者，大家做的、聽的，也惟老闆馬首是瞻，其他主管未必能叫得動全部門的主管，讓他們能真正投入此專案小組。

(二) 必須確立專案小組要達成的明確目的與目標：公司老闆要確立此專案小組擬達成哪些目的或目標。此種目的與目標雖具挑戰性，但仍可達成，而不是打高空。

(三) 必須採專責專人的負責制，不可兼任：專案小組必須是專責專人的負責制，不應由既有公司組織的人，用兼差、兼任方式為之。要負責，就必須專任、專心做此唯一的事與唯一的負責，不要分心及掛名，要的是實質，要的是權責合一的制度。

(四) 專案小組成員必須是強將強兵：專案小組的專任成員，包括執行祕書及各小組組長，都必須是適才適所，而且都是高手、強將強兵，能獨當一面的好手。成員中不能用經驗不足、能力不足，以及企圖心不足的人。

(五) 必須邀聘外部專家協助：當公司內部既有人才不足時，必須趕快招聘新人或用挖角方式也可以。此外，也應適度聘用外界的學者專家、顧問、研究機構等外部力量的協助，以補自己力量的不足。

(六) 老闆應定期開會，有效推動進度：老闆必須定期開會，要求各工作小組提出工作進度報告，有效率與有效能的推動專案的進度，並做適時的決策指示。

(七) 必須訂定完成時程表：應該訂下各種主要工作項目的時程表，以時間點作為管控的重點指標。

(八) 事前、事中及事後應提出獎賞措施：專案小組也應訂定激勵獎賞制度與辦法。用獎金誘因，促使專案同仁努力朝此專案達成目標。以筆者過去在業界服務的經驗，老闆經常針對銀行聯貸案、信用評等案、上市櫃案、E化推動案、年度業績預算目標達成案等，在順利完成後，均會發放一筆不算小的獎金，讓參與這

些專案的人，都能得到獎金以資鼓勵。此外，在專案小組一成立的時候，也會出現為這些成員的薪水加50%的立即鼓勵效果，換言之，在專案進行的6個月內，每個月薪水都多出50%，直到專案結束後才停止。

(九) **專案小組成員必須有至高的權力**：老闆應賦予此專案小組的副召集人（可能是副董事長、總經理或執行副總等）以及執行祕書，這兩個重要人員的實質權力，以至高的權力賦予，讓此專案小組能夠順利推動事情，而不會受到原有組織的限制或不配合。

(十) **必須多利用集團內部資源整合**：多利用及發揮集團內跨公司資源整合，將其運用到專案小組上，以得到集團各關係企業的真心與有力支援；專案小組的推動，才會事半而功倍。

(十一)**專案小組也是人才培養與人才拔擢的好地方**：很多年輕的基層幹部或中層幹部，透過專案小組的歷練，常會得到晉升的機會。例如：國內統一7-11公司內部經常透過「一人，一專案」（One Person, One Project）的模式，培養有潛力的年輕幹部，磨練他們獨當一面的能力。

專案小組要如何成功運作？	1.公司老闆必須親自參與投入並主導領軍。
	2.必須確立此專案小組要達成哪些明確的目的與目標。
	3.必須採專責專人的負責制，不可兼任。
	4.專案小組成員必須是強將強兵。
	5.必須邀聘外部顧問、業者、專家、機構之協助。
	6.老闆應定期開會，有效推動進度。
	7.必須訂定完成時程表。
	8.事前、事中及事後應提出獎賞措施。
	9.專案小組成員必須有至高的權力。
	10.必須多利用集團內部各公司的資源整合。
	11.人力培育、養成及拔擢年輕人才的最好來源模式。

圖17-3　專案小組運作成功十一要點

本章習題

1. 公司成立專案小組的五大原因為何？
2. 專案小組運作過程及步驟為何？
3. 請列出專案小組成功運作要點為何？
4. 請列出專案小組的組織架構有哪些成員？

第十八章

管理與企業營運流程力

本章重點摘要

一、製造業贏的五大關鍵要素為：

    (1) 大規模經濟效應

    (2) 研發力強

    (3) 穩定的高品質

    (4) 企業形象與品牌知名度

    (5) 不斷改善，追求合理化經營

二、服務業贏的七大關鍵要素為：

    (1) 打造連鎖化、規模化經營

    (2) 提升人的高品質經營

    (3) 不斷創新與改進

    (4) 強化品牌形象的行銷操作

    (5) 形塑差異化與特色化經營

    (6) 提高現場環境設計氛圍

    (7) 擴大便利化的營業據點

三、企業成功勝出的三大關鍵點為：

    (1) 強大的核心競爭力

    (2) 精準的策略綜效

    (3) 完善的經營團隊

四、所謂「綜效」（Synergy），即指某項資源與另項資源結合時，所創造出來1 + 1 > 2的綜合性效益。

五、「經營團隊」的英文為「Management Team」。

六、「核心競爭力」的英文為「Core Competence」。

第一節　製造業及服務業的企業營運流程

　　企業經營管理要做得好，首先要對企業整體營運的循環內容有所了解，同時因為行業別的差異，我們也必須從製造業及服務業兩大業別來區別因應。

一、製造業的涵蓋面

　　製造業，顧名思義即是必須製造出產品的公司或工廠。它幾乎占了一個國家或一個社會系統的一半經濟功能，可區分為傳統產業及高科技產業兩種：1.傳統產業，即指統一、臺灣寶僑家用品、聯合利華、金車、味全、味丹、可口可樂、黑松、東元、大同和裕隆汽車等，及2.高科技產業，即指台積電、聯電、宏達電、鴻海、華碩等。

二、製造業的營運管理循環

　　(一) **研發及生產管理**：1.研發管理是產品力的根基；2.低成本原物料、半成品的採購並追求其品質與供貨的穩定，以及3.追求產品準時出貨及降低成本的生產管理。

　　(二) **品質管理**：指對零組件、原物料及完成品的品質水準控管並要求穩定。

　　(三) **倉儲物流管理**：指產品配送到國外客戶或國內客戶指定地點的倉儲中心或零售據點，並追求最快速度配送效率與最安全的物流管理。

　　(四) **行銷管理**：1.行銷管理：指為使產品在零售市場或企業型客戶上，能順利進行所有行銷過程，包括B2B及B2C兩種型態；2.售後服務管理：指產品在銷售後的詢問、客訴、回應、安裝、維修等管理，包括客服中心、維修中心、會員中心等。

　　(五) **財會管理**：指對客戶的應收帳款及應付帳款管理；另外資金供需管理、投資管理，皆屬會員經營管理。

　　(六) **稽核管理**：隨時針對企業行政資源、管理系統、生產品質、工廠環境、機械設備等進行內部控制與稽核管理。

　　(七) **客戶管理**：例如會員經營管理，即指對重要客戶的會員分級對待或客製化對待，以及會員卡促銷優惠等。

(八) **經營分析管理**：本質上是經營分析管理，即指對各項經營數據結果，進行分析、評估，以及提出對策方案等，並將之導入目標管理及預算管理。

三、製造業贏的關鍵要素

(一) **大規模經濟效應**：採購及生產量大，成本才會低，產品價格也會有競爭力。

(二) **研發力強**：研發代表新產品力，研發強才能不斷開發新產品，滿足市場需求。

(三) **穩定的高品質**：有良好品質的產品，才會有好口碑，客戶才會不斷下訂單。

(四) **企業形象與品牌知名度**：例如Apple、Amazon、Panasonic、SONY、三星、HP、LG、TOYOTA和P&G等，均具高度正面的企業形象與品牌知名度，故能長期經營。

(五) **不斷改善，追求合理化經營**：成功企業都注重消除浪費、控制成本、合理化經營及改革，因此能降低成本，提升效率及鞏固高品質水準。這是競爭力的根源。

四、服務業的涵蓋面

服務業是指利用設備、工具、場所、信息或技能等為社會提供勞務、服務的行業。例如：統一超商、麥當勞、新光三越百貨、家樂福、全聯、佐丹奴服飾、統一星巴克、誠品書店、中國信託銀行、國泰人壽、長榮航空、屈臣氏、君悅大飯店、摩斯漢堡、小林眼鏡，TVBS電視臺、燦坤3C、全國電子、85度C咖啡和王品餐飲等，都是目前消費市場最被人熟知的服務業。

五、服務業的營運管理循環

服務業營運管理循環架構如下：1.人資管理；2.行政總務管理；3.法務管理；4.資訊管理；5.稽核管理，以及6.公關管理等支援體系，在於從事九項主要活動：商品開發、採購、品質、行銷企劃、現場銷售、售後服務、財會、會員經營及經營分析。

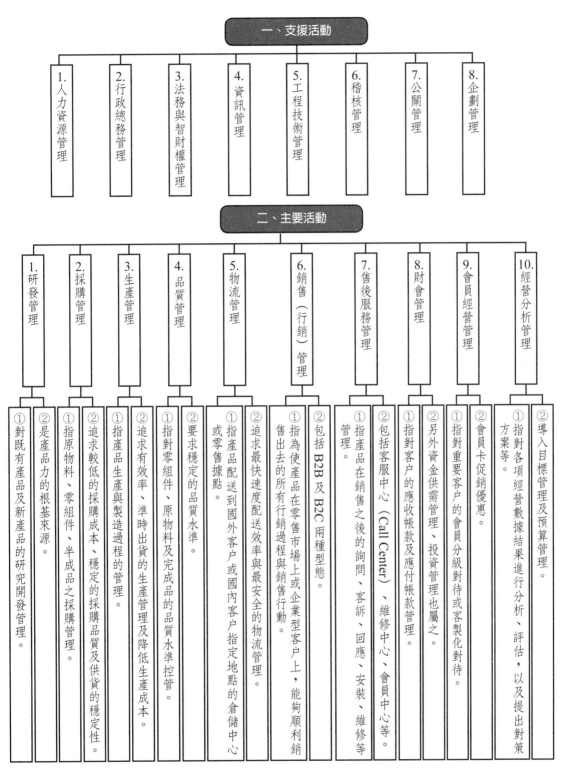

圖18-1 製造業營運管理循環架構

1	要有規模經濟效應化	・大規模的採購量及生產量，成本才會下降，產品價格也才有競爭力。
2	研發力強	・研發力代表著產品力，研發力強，才能不斷滿足客戶需求及市場需求。
3	穩定的品質	・品質穩定能使客戶信任，訂單才會不斷。
4	企業形象與品牌知名度	・高度正面的企業形象與品牌知名度，才能長期永續經營。
5	不斷改善，追求合理化經營	・唯有追根究柢、消除浪費、控制成本、合理化經營及改革經營的理念，才是製造業競爭力的根源。

圖18-2　製造業贏的五大關鍵因素

六、服務業與製造業的管理差異

　　相較於製造業，服務業提供的是以服務性產品居多，而且也是以現場服務人員為主軸，這與工廠作業員及研發工程師居多的製造業顯著不同。兩者差異點如下：1.製造業以製造與生產產品為主軸，服務業則以「販售」及「行銷」這些產品為主軸；2.服務業重視「現場服務人員」的工作品質與工作態度；3.服務業比較重視對外公關形象的建立與宣傳；4.服務業比較重視「行銷企劃」活動的規劃與執行，以及5.服務業的客戶是一般消費大眾，經常有數十萬到數百萬人，與製造業少數幾個OEM大客戶有很大不同。因此，在顧客資訊系統的建置與顧客會員分級對待經營上比較重視。

七、服務業贏的關鍵要素

　　(一) 打造連鎖化、規模化經營：不管直營店或加盟店的連鎖化、規模化經營，將是首要競爭優勢的關鍵，例如統一超商7-11的6,300多家店、全聯福利中心的1,100多家店。

　　(二) 提升人的高品質經營：才能使顧客受到應有的滿意及忠誠度。

　　(三) 不斷創新與改進：服務業的進入門檻很低，因此，唯有創新才能領先。

　　(四) 強化品牌形象的行銷操作：服務業會投入較多的廣告宣傳與媒體公關活

動的操作，以不斷提升及鞏固服務業品牌形象的排名。

(五) **形塑差異化與特色化經營**：服務業如果沒有「差異化」與「特色化」經營，就找不到顧客層，還會陷入價格競爭。

(六) **提高現場環境設計氛圍**：服務業也很重視「現場環境」的布置、燈光、色系、動線、裝潢、視覺等，因此有日趨高級化、高格化的現場環境投資趨勢。

(七) **擴大便利化的營業據點**：服務業也必須提供「便利化」，據點愈多愈好。

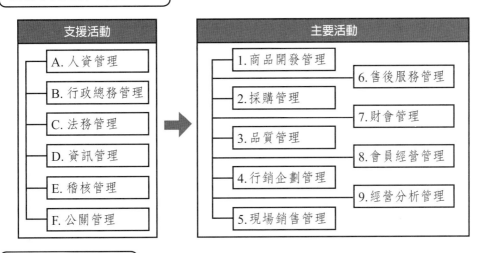

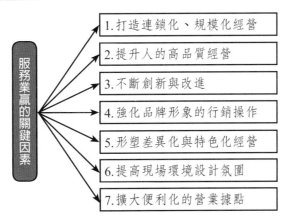

圖18-3　服務業營運管理循環架構與贏的七大關鍵

第二節　企業成功的關鍵要素

任何一種產業均有其必然的「關鍵成功因素」（Key Success Factors, KSF），成功因素很多，面向也很多，但是其中必然有最重要與最關鍵的。

好像電視主播可區分為超級主播及一般主播，超級主播對收視率成功提升是一個關鍵因素。

值得注意的是，在不同的行業及不同的市場，可能會有不同的關鍵成功因素。例如：生產筆記型電腦大廠跟經營一家大型百貨公司的成功因素，可能是不完全一樣，甚至完全不一樣。

最重要的是，企業必須探索為什麼在這些關鍵因素上沒做好而落後競爭對手呢？如果超越對手，就必須在這些KSF上面尋求突破、革新及取得優勢。

要強過競爭對手，當然非得具有強大的核心競爭力與策略「綜效」能力不可，然後再由一個堅強的經營團隊全心全意的貫徹執行，所謂的成功便近在眼前了。

一、強大的核心競爭力

核心競爭力（Core Competence）是企業競爭力理論的重要內涵，又可稱為「核心專長」或「核心能力」。

如果公司具有自身的核心專長，將可創造出公司的核心產品，並以此核心產品與競爭者相較勁，而因此取得較高的市占率及獲利績效。

二、精準的策略「綜效」

所謂「綜效」（Synergy），即指某項資源與另項資源結合時，所創造出來的綜合性效益。

例如：金控集團是結合銀行、證券、保險等多元化資源而成立的，而且其彼此間的交叉銷售，也可產生整體銷售成長的效益。

再如某公司與他公司合併後，亦可產生人力成本下降及相關資源利用結合之綜合性改善。

再如統一7-11將其零售流通多年經營技術的Know-How，移植到統一康是美及星巴克公司，加快其經營績效，此亦屬一種綜效成果。

三、完善的經營團隊

經營團隊（Management Team）是企業經營成功的最本質核心。企業是靠人及組織營運展開的。

因此，公司如擁有專業的、團結的、用心的、有經驗的經營團隊，必可為公司打下一片江山。但是所謂團隊，不是僅指董事長或總經理，而是指公司中堅幹部（經理、協理）及高階幹部（副總及總經理級）等更廣泛的各層級主管所形成之組合體。而在部門別方面，則是跨部門所組合而成的。

企業要如何才會成功？

關鍵成功因素
①不同行業及不同市場，可能會有不同的關鍵成功因素。 ②企業必須探索為什麼在這些關鍵因素沒做好而落後競爭對手？ ③如果超越對手，就必須在這些關鍵成功因素上尋求突破、革新及取得優勢。

1. 核心競爭力		2. 綜效		3. 經營團隊
①企業的核心專長，將可創造出核心產品。 ②企業以核心產品與競爭者相較勁，而取得較高的市占率及獲利績效。	＋	①指某項資源與另項資源結合時，所創造出來的綜合性效益。 ②例如：金控集團是結合銀行、證券、保險等多元化資源成立，而其彼此間的交叉銷售，也可產生整體銷售成長的效益。	＋	①這是企業經營成功的最本質核心。 ②企業中堅幹部（經理、協理）及高階幹部（副總及總經理級）等各層級主管所形成的組合體。 ③部門別方面，則是跨部門所組合而成的。

圖18-4　企業成功的三大關鍵要素

本章習題

1. 請列示製造業要贏的五大關鍵要素為何？
2. 請列示服務業要贏的七大關鍵要素為何？
3. 請列示企業要勝出成功的三大關鍵因素為何？
4. 何謂「經營團隊」？
5. 何謂「核心競爭力」？
6. 何謂「綜效」？

第十九章

管理與組織學習力

本章重點摘要

一、彼得・杜拉克的學習名言是：「學習不間斷，才能和契機賽跑」，故要終身學習，持續學習不間斷！

二、台積電董事長張忠謀（已退休）說：「學校學到的知識，只占20%，踏出校門才開始學習的知識，卻占80%；因此，社會歷練與努力遠比學校知識更為重要！」

三、團隊學習成功四要件是：

(1) 建立團隊學習的標準

(2) 建構有利團隊學習的氛圍

(3) 有創造力的交談技巧

(4) 反覆練習與精進

四、學習型組織的五大要件為：

(1) 建立共同願景

(2) 團隊學習

(3) 改善心智模式

(4) 自我超越

(5) 系統思考

五、豐田汽車的名言：「企業盛衰，決定於人才！」

 第一節　這是一個不斷學習的年代

一、比爾・蓋茲與彼得・杜拉克的學習名言

比爾・蓋茲說：「如果離開學校後不再持續學習，這個人一定會被淘汰！因為未來的新東西他全都不會。」

管理學大師彼得・杜拉克也說：「下一個社會與上一個社會最大的不同是，

以前工作的開始是學習的結束，下一個社會則是工作開始就是學習的開始。」

　　比爾‧蓋茲與彼得‧杜拉克的說法都指向一個重點，也就是我們在學校所學到的知識只占20%，其餘80%的知識是在我們踏出校門之後才開始學習的。

　　一旦離開學校，就不再學習，那麼你只擁有20%的知識，在職場競爭叢林中注定要被淘汰。翻遍所有成功人物的攀升軌跡，其中最重要的就是他們不斷充電學習，為自己加值，白領階級想要坐穩位子並升遷，不斷充電就是邁向成功的不二法門。

二、台積電公司董事長張忠謀（已退休）的名言

　　台積電公司董事長張忠謀（已退休）在接受《商業周刊》專訪時，明白指出他對學習的深入看法。

　　半導體教父張忠謀說：「我發現只有在工作前5年用得到大學與研究所學到的20%到30%，之後的工作生涯，直接用到的幾乎等於零。」因此張忠謀強調，在職場的任何工作者，都必須養成學習的習慣。

　　張忠謀坦承，在踏出校園時根本不認識「Transistor」（電晶體）這個字，這並非他無知，而是當時很少人了解電晶體；可是不出幾年，很多人都知道電晶體的存在，「可見知識是以很快速度前進，如果無法與時俱進，只有等著失業的分！」「無論身處何種行業，都要跟得上潮流。」

三、學習不間斷，才能和契機賽跑

　　國內知名的《商業周刊》在2003年8月11日的封面專題中，專訪世界級管理大師彼得‧杜拉克。在專訪中，彼得‧杜拉克提出「學習」的重要性。茲將該文頗為精彩的問答，摘述如下，以供參考。

　　記者問彼得‧杜拉克在書中提到現今在新組織中的舊經理人是面臨挑戰最大的一群。如果今天一名40歲的經理人員來到他面前，讓他對這位40歲的經理人員下個階段的生涯發展提出一些建議，他會怎麼說？

　　彼得‧杜拉克表示，他只有一句話，那就是「繼續學習！」

　　學習還必須持之以恆。離開學校5年的人的知識，就定義而言已經過時了。

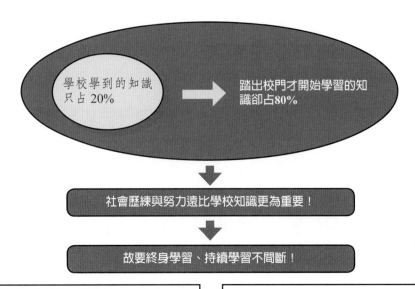

圖19-1　不斷學習年代的學習觀

四、員工知能水準決定企業競爭力

政大企管所教授司徒達賢認為企業的競爭力，即是由組織與員工的素質水準好壞而定。他又提出六項影響員工知能成長的條件及原則，茲摘述如下，以供參考。

(一)企業的高階領導人必須以身作則

重視新知的追求與知能的成長，並深信知能水準是企業長期競爭力的來源。如果領導人認為企業競爭力主要是靠公關，甚至政商關係，則員工難免也只在酒量或應酬技巧下工夫，以努力迎合高階的策略想法。

(二)升遷時應著重員工能力與貢獻

升遷時應著重員工能力與對公司的貢獻，而非僅重視其對老闆個人的忠誠或組織內外網路關係，甚至派系間的權力平衡，如果公司在升遷方面過分重視關係或背景，員工自然會投入較多時間經營關係、參與派系，沒有餘力吸收新知及追求自我成長。

(三)員工強化知能應配合企業發展方向

各級員工究竟應在哪些方面強化知能，必須考量及配合企業未來策略發展方向；換言之，應分析將來策略發展需要哪些知能？現有員工或各級管理人員的知能，與未來組織的發展需要之間，尚有哪些差距？經此分析後，才能掌握大家知能應該成長的方向。如果只是由人力資源單位便宜行事，請學者專家來舉辦一場演講，或由同仁任意選擇書籍進行讀書會，則由於學習內容與未來工作未必相關，久而久之，可能使員工心中產生「知識學習不切實際」的印象。

(四)組織建立知識分享機制

員工被派到外界進修，應有系統地與其他相關同仁分享其學習成果，此舉不僅可確保員工所學知能至少有一部分能轉化為組織所擁有的知能，同時可藉此機制要求員工用心學習，並嘗試將所學與組織現狀相連結。

(五)員工學習過程與成效應加強評估

知能成長效果未必能在短期工作表現中發揮作用，因此平日的評估與肯定，對員工進修士氣絕對必要。所謂評估與肯定，不需要太複雜的制度，只要高階主管經常出席員工知識分享活動或讀書會，對同仁表現表示重視、提出回覆意見並肯定即可。

(六)各級主管要有知識分享的能力與意願

各級主管如果在工作過程中能不斷吸收新知、研究發展、自我成長，又有分享熱忱與意願，加上一定水準以上的溝通與教學技巧，必然可以帶動組織的學習風氣，提升教與學的效果。

圖19-2　員工知能水準決定企業競爭力

第二節　團隊學習的意義及成功要件

一、團隊學習理論的意義

團隊能學習，意味著他們必須能「改變」原有的運作方式，成為理想的狀態，進而能達到團隊的目標。

團隊學習（Learning Organization, LO）是指團隊成員針對任務或團隊運作方式進行調整、改進或變革，以回應任務要求的一種動態過程。透過成員行動與反思的互動過程產生知識創新，並且提升團隊的知識與能力。反思代表團隊成員彼此分享資訊、共同討論問題或錯誤，以及尋求新的洞察；行動則代表團隊進行變革活動，包括決策制定、團隊績效改進、執行實驗，以及傳遞知識給他人等活動。

團隊如果無法進行反思與行動，則無法創造新的知識或工作方法，使得組織無法進行適當調整與修正。

二、團隊學習成功的要件配合

綜上所述，我們得到一個結論，即一個團隊學習成功與否，要有下列要件配合：

(一) **建立團隊學習的標準**：團隊成員須能相互調整對於工作任務之認知，以建立共同學習方向與一致性的願景。

(二) **建構有利團隊學習的氛圍**：若團隊心理安全，團隊成員間相互尊重與信任，擁有共同信念，明白在團隊學習過程不會有難堪、被拒絕或被處罰，將會產生開放、確實傾聽、彼此信任、相互支持的環境，可降低團隊成員對學習抗拒與習慣性防衛。

(三) **有創造力的交談技巧**：包括能聽清楚、問清楚、說清楚的能力。

(四) **反覆練習與精進**：團隊學習需要反覆練習並持續進行，方能提升學習能力與績效改進。

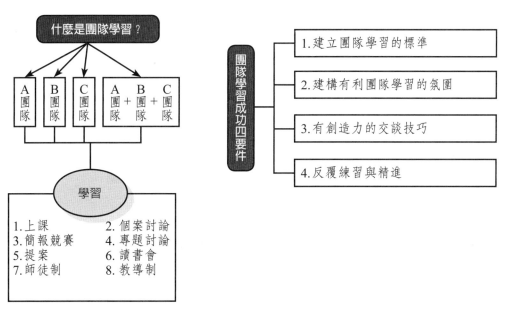

圖19-3　團隊學習的意義及成功要件

第三節　學習型組織的要件及特徵

一、學習型組織的五大要件

彼得‧聖吉（Peter Senge）提倡的學習型組織所必備的五大要件，茲分述如下：

(一) **建立共同願景**：公司內部若無一共同願景，各部門及個人職務安排將變得模糊不清，且和顧客的互動模式也無法統一，會議討論也會變得散漫，無法達成共識。

(二) **團隊學習**：集思才能廣益，集體思考的行為是塑造共同願景的步驟之一，並為下一次的共同行動做好準備。

(三) **改善心智模式**：陷入偏執，新創意便難以萌芽，新知識更將難以活用。「改善心智模式」有時也是一種不可或缺的重要觀念。

(四) **自我超越**：這是提升團隊學習效果之基礎。譬如，「喜愛將歡樂帶給別人」的人，必定能夠不厭其煩地摸索、學習，以提高顧客的滿意度。

(五) **系統思考**：所謂系統思考，是指能夠充分掌握事件的來龍去脈。不是所有產品銷售額均提升時，不管優點或缺點都應做詳盡調查，並作圖分析幫助釐清原因。

要讓一切從頭開始學習的企業同時實踐這些要件，無非是強人所難。但是有一點很重要，就是應先從基層單位切身事務開始著手，真正體驗實際效果。

二、學習型組織的特徵

學習型組織具有五個基本特徵：1.組織內每位成員都願意實現組織遠景；2.在解決問題方面，組織成員會揚棄舊的思考方式，以及其所使用的標準作業程序（SOP）；3.組織成員將環境因素視為一個與組織程序、活動、功能等息息相關的變數；4.組織成員會打破垂直、水平的疆界，以開放的胸襟與其他成員溝通，以及5.組織成員會揚棄一己之私與本位主義，共同為達成組織遠景而努力。

三、成為學習型組織三步驟

（一）**擬訂策略（組織變革策略）**：管理當局必須對變革、創新及持續的進步，做公開而明確的承諾。

（二）**重新設計組織結構**：正式的組織結構可能是學習的一大障礙，透過部門的剔除或合併，並增加跨功能團隊，使得組織結構扁平化，如此才能增加人與人之間的互賴性，打破人與人之間的隔閡。

（三）**重新塑造組織文化**：學習型組織具有冒險、開放及成長的組織文化特色，企業高層可透過所言（策略）及所行（行為）來塑造組織文化的風格，管理者本身應勇於冒險，並允許部屬的錯誤或失敗（以免造成「多做多錯，少做少錯」的心理），鼓勵功能性的衝突，不要培養出一群唯唯諾諾、不敢提出異議或新觀點的應聲蟲。

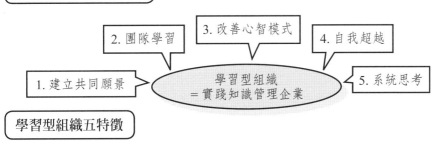

學習型組織五特徵
1. 組織成員都願意實現組織遠景。
2. 在解決問題方面，組織成員會揚棄舊思維與標準作業程序。
3. 組織成員將環境因素視為一個與組織各層面相關的變數。
4. 組織成員會以開放的胸襟與其他成員溝通。
5. 組織成員會揚棄本位主義，共同為達成組織遠景而努力。

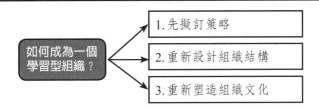

圖19-4　學習型組織五大要件、特徵及三步驟

第四節　人才資本培養之道──豐田汽車

一、企業盛衰，決定於人才

　　日本豐田汽車以極度注重品質與生產效率的豐田之道（TOYOTA Way），征服全球市場，但為避免這種企業價值在快速擴張之際淪喪，日本豐田汽車現任最高顧問指出：「企業盛衰，決定於人才。」因此，豐田特別成立專責單位傳授給各國新生代幹部，以確保豐田的全球霸業。

二、豐田學院傳承豐田之道

　　豐田汽車（TOYOTA）公司是世界第一大汽車廠，在全球各地僱用員工人數已超過25萬人，全球海外子公司也超過100家公司，該公司設立一個非常有名的幹部育成中心，稱為「豐田學院」，由該公司全球人事部人才開發處負責規劃與執行。

　　豐田學院針對TOYOTA公司內部各種不同等級幹部，推出一系列EDP（Executive Development Program）計劃，係針對未來晉升為各部門領導者的育成研修課程。

　　豐田學院的經營具有兩項特色：一是該培訓課程內容均必須與公司實際業務具有相關性，是一種實踐性課程；二是該公司幾位最高層級經營主管，均會深度參與，親自授課。

三、最近一期的培訓過程

　　以最近一期為例，儲備為副社長級的事業本部部長幹部培訓計劃課程中，即安排張富士夫社長及六名副社長、常務董事，以及外國子公司社長等親自授課。

　　該授課內容包括TOYOTA的全球化、經營策略、生產方式、技術研發、國內行銷、北美銷售、經營績效分析、公司治理等。此外，也聘請大學教授及大商社幹部前來授課。

　　最近一期TOYOTA高階主管研習班，計有20位成員，區分每5人一組，每一組除了上課之外，還必須針對TOYOTA公司的經營問題及解決對策，提出詳細的報告撰寫。最後一天的課程，還安排每一小組向張富士夫社長及經營決策委員會副

社長級以上最高主管簡報，並接受詢問及回答。

　　每一組安排兩小時時間，這是一場最重要的簡報，若通過了，才可以結束研修課程，每一小組的成員，包括來自日本國內及國外子公司的幹部，並依其功能別加以分組。例如：行銷業務組、生產組、海外市場組、技術開發組等。

　　張富士夫社長表示，人才育成是100年的計劃，每年都要持續做下去，而現有公司副社長以上的最高經營團隊，亦必須負起培育下世代幹部的重責大任。

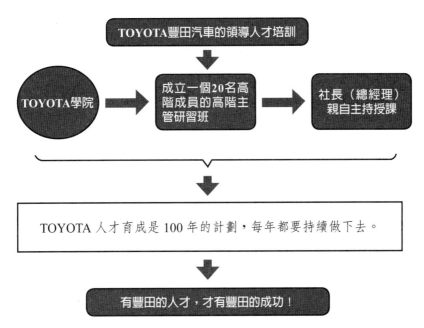

圖19-5　豐田汽車的人才資本與人才培訓

本章習題

1. 請簡述彼得‧杜拉克的學習觀點爲何？
2. 請簡述台積電張忠謀董事長的學習觀點爲何？
3. 請列示六項影響員工知能成長的條件及原則爲何？
4. 請簡述團隊學習爲何？
5. 請列示團隊學習成功四要件爲何？
6. 請列示彼得‧聖吉提倡學習型組織所必備五大要件爲何？
7. 請列示學習型組織三步驟爲何？
8. 請簡述豐田汽車所謂的「企業盛衰，決定於人才」之意涵爲何？

第二十章

彼得‧杜拉克談管理

本章重點摘要

一、彼得‧杜拉克說：管理是一項專業，也是一種實務，不是理論。

二、彼得‧杜拉克說：

(1) 管理是關乎人的

(2) 管理是一種實務

(3) 管理是一種方法

(4) 管理是一種文化與價值系統

(5) 最後發展組織生產力價值，對社會做出貢獻

三、彼得‧杜拉克說：人，才是管理的重點！

四、彼得‧杜拉克的六大核心管理觀點為：

(1) 企業唯一的目的，在於創造顧客

(2) 員工是資源，而非成本

(3) 目標管理與自我控制

(4) 知識工作者

(5) 創新與創業精神

(6) 效率與效用（效能）

五、彼得‧杜拉克說：

(1) 不創新，就死亡

(2) 創新，是持續成長的不二法門

六、彼得‧杜拉克認為行銷的二大任務是：

(1) 符合顧客價值觀

(2) 滿足顧客需求

第一節　「管理」是一項專業與實務

彼得‧杜拉克說：「管理是一種實務，而不只是一門科學或一種專業。」管理者若學習專業的管理理論，卻無法活用在所負責的管理事務上，拿不出漂亮的經濟績效，學再多也是枉然。

一、「管理」的意涵與重要性

彼得‧杜拉克在他的專著中，特別強調管理的重要性：他說：「在人類社會演進的過程中，管理的出現，無疑是一個重大的轉捩點。未來西方文明將延續多久，管理就有可能持續扮演主導這個社會制度的角色，管理傳達了現代西方社會的基本信仰。」杜拉克又十分用心的找一些醫學專業用語，來詮釋這個新領域，例如他說：「什麼是管理呢？管理定義要做些什麼事呢？其實，管理就像是人體的一個器官，我們必須從它的功能來界定這個器官。」杜拉克又強調說：「管理是關乎人的；因此管理的任務，就是要讓組織中的一群人有效的發揮其長才，盡量避開其短處，從而讓他們共同做出績效來。」

杜拉克的管理，是一種文化與價值系統；因為管理也是一種方法，透過這個方法，使社會本身的價值及信念具有高度生產力；其實管理已經變成一個真正的世界經濟制度了。總之，管理就是一項世界共同的根本信仰，凡是有管理的地方，就是有文明的地方。

二、管理的對象功能與任務

彼得‧杜拉克認為，從一個具體的組織來看，管理基本上具備有下列三項功能：一要管理該組織所從事的事業；二要管理經理人；三要管理員工與工作。

杜拉克進一步指出，管理有三項重要但本質不同的任務；管理階層們必須執行這些任務，才能使組織順暢運作：一是要執行組織的特定目的與使命；二是使工作具有生產力價值並讓員工有成就感；三是經營社會影響力與善盡社會責任。

三、管理是一種效率與效能的綜合

杜拉克強調「管理」其實不是控制或控管，而是一種效率與效能的大綜合。大到世界，小到個人，其實處處都需要管理。唯有透過有效與積極的管理，才能

將資源轉換爲生產力價值，才能將產品與服務轉換爲顧客購買力；最後，將顧客
購買力轉換成企業營收額及獲利額。

杜拉克希望更多人們學到如何管理，因此，寫出了知名的《彼得‧杜拉克的
管理聖經》一書，並希望讓管理成爲一門學科。杜拉克確實是第一位發明了「管
理學」，並展開了其人生的管理探索之旅。

「管理」的定義與意涵

```
管理？          1.管理是關乎人的。        →    管理的任務就是要讓組織中的
(Management)                                  一群人有效的發揮其長才，從
               2.管理是一種實務。              而讓他們共同做出績效來！

               3.管理是一種文化與價值系統。

               4.管理是一種方法。

               5.最後發展組織生產力價值，對社會做出貢獻。
```

「管理」的三種對象功能

```
              →  管理該組織所從事的事業。

管理          →  管理就是管理好組織一群經理人。

              →  最後，才是管理員工與工作。
```

「管理」的三項任務

```
1.要執行組織的特定目的與使命。

2.要使工作具有生產力價值，並讓員工有成就感。

3.要經營社會影響力，並善盡應有的社會責任。
```

圖20-1　管理的定義、意涵及任務

第二節　彼得‧杜拉克管理哲學思想的形成

　　管理學大師中的大師彼得‧杜拉克已於2005年11月去世，享年95歲高齡，對於這位影響全球產、官、學界的管理大師，他的辭世，大家同感惋惜。他曾於生前提到成為世界上最有錢的人，對他毫無意義，因為他很早就了悟資產管理工作對社會不是一種貢獻，而是人的行為，才是值得重視及探討的關鍵。

一、人，才是管理的重點

　　1930年代初期，他在倫敦的投資銀行工作，有一陣子每天到劍橋大學旁聽凱因斯的課，這令他恍然大悟。他對於賺錢、商品並不感興趣，不認為資產管理工作是一種貢獻，因為他真正好奇的，是人的行為，「成為世界上最有錢的人，對我毫無意義。」所以，他在看企業、社會管理時，也都以人的角度出發，《華爾街日報》曾經如此分析他對管理的看法。例如：員工是最重要的資產，組織必須提供知識工作者發展的空間，因為薪水買不到忠誠；顧客買的不是產品，而是滿足；資質平庸無所謂，人要把自己放在最有貢獻的地方。談到任何問題時，他總是不忘提到：「人，才是重點。」

　　《彼得‧杜拉克的世界》作者貝堤就提到，他最常談的是價值、品格、知識、願景……，「唯有金錢，他很少提及。」

二、大師中的大師

　　他的工作方式也是成功的要因，他強調要專注，把個人的優勢投注在最關鍵的事情，因為他認為「很少人能同時做好三件事情。」所以他總能問出核心的問題，而且幫助許多人解決困惑及疑難。

　　華爾街帝傑（Donaldson Lufkin & Jenrette）投資銀行的創辦人洛夫金就對此印象深刻。1960年代，公司剛成立不久時，他曾就教於彼得‧杜拉克。當他問彼得‧杜拉克是否該發展哪些商品、該採取什麼策略時，彼得‧杜拉克總是答：「不知道。」

　　「那儂你做什麼？」洛夫金問。

　　「我不會給你任何答案，因為世上有許多種不同的方法能解決問題，不過我

會給你該問的問題。」彼得‧杜拉克回答。

　　於是他們開始一問一答的交談，彼得‧杜拉克之後也不斷重複、提醒世人；洛夫金之後也不斷自我探詢「我們是誰」、「我們想做什麼」、「有什麼優勢」、「該怎麼做」。「每年都有幾百本管理書問世，但只要讀彼得‧杜拉克就好了。」《華爾街日報》說，因為他就像是文藝界的莎士比亞，因為他是《經濟學人》讚頌的「大師中的大師」。

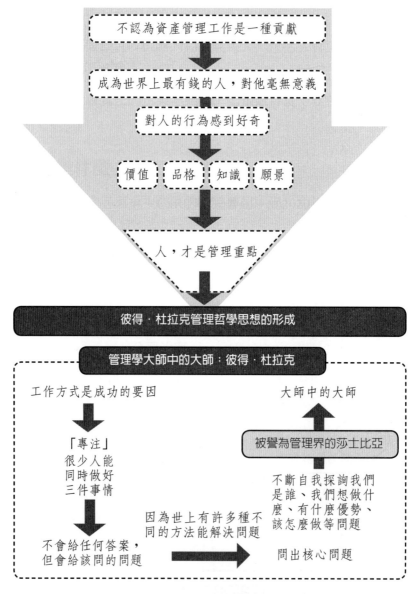

圖20-2　彼得‧杜拉克管理哲學思想的形成

第三節 彼得・杜拉克的六大核心管理觀點

一、企業唯一的目的，在於創造顧客

「顧客第一」這四個字，如今已是眾所周知的企業經營法則，然而，杜拉克卻在1954年出版《彼得・杜拉克的管理聖經》時便指出，企業的目的只有一個正確而有效的定義，即創造顧客。換句話說，企業究竟是什麼，由顧客決定。因為唯有當顧客願意購買商品或服務時，才能將經濟資源轉變為商品與財富。

既然顧客是企業唯一目的，也攸關事業本質究竟是什麼，因此杜拉克又提出幾個關鍵問題，以深入了解顧客：1.釐清真正的顧客是誰？潛在顧客在哪裡？他們如何購買商品及服務？最重要的是，如何才能接觸到這群顧客？這些問題不但會決定市場定位，也會影響配銷方式；2.在了解顧客輪廓、接觸顧客之後，杜拉克接著又問顧客買的是什麼？他舉例說明，花大錢購買凱迪拉克（Cadillac）的顧客，買的是代步工具或汽車象徵價值？他舉出一個極端例子，指出凱迪拉克的競爭對手說不定是鑽石或貂皮大衣，以及3.在顧客心中，價值是什麼？杜拉克指出，價格並非價值唯一衡量標準，顧客還會將其他因素納入考量，包括產品是否堅固耐用或售後服務品質等。

藉由提出「沒有顧客就沒有企業」這樣一個簡單概念，杜拉克扭轉傳統視「生產」為企業主要功能的偏差，引領行銷與創新的新思維。

二、員工是資源，而非成本

《企業的概念》一書，除了造成聯邦分權制度風行外，也引發另一個有趣的管理議題，亦即呼籲通用汽車應將工人視為資源而非成本。回溯1950年代左右，絕大部分人都認為，現代工業生產的基本要素是原料和工具，而不是人；也因此很多人誤以為現代生產制度是由原料或物質支配，遺忘人的組織才是創始生產奇蹟的關鍵。畢竟，只要是人的組織，就能隨時發展新的原料、設計新機器、建造新廠房。

傳統勞資關係普遍認為，員工只要能領到高薪就很開心，根本不關心工作和產品，杜拉克則率先指出這樣的觀念是錯誤的，主張員工應該被視為資源或資產，而非企業極力想要抹除的負債。因為員工並不甘於只被當成一個小螺絲釘，

在生產線上做著機械化的動作，他們會渴求有機會了解工作、產品、工廠和職務；更重要的是，他們不但願意學習，而且還渴望扮演更積極的角色——透過工作累積經驗，發揮他們的發明力和想像力，從而提出種種建議，以提升效率。

三、目標管理與自我控制

在杜拉克的「發明清單」中，最常被提及、也可說是最重要及影響最深遠的一個概念，就是目標管理；而透過目標管理，經理人便能做到自我控制，訂定更有效率的績效目標和更宏觀的願景。不過，杜拉克也認為，由於企業績效要求的是，每一項工作都必須以達到企業整體目標為目標，因此經理人在訂定目標時，還必須反映企業需要達到的目標，而不只是反映個別主管的需求。

目標管理之所以能促使經理人達到自我控制，是因為這個方式改變了管理高層監督經理人工作的常規，改由上司與部屬共同協商出一個彼此均同意的績效標準，進而設立工作目標，並且放手讓實際負責日常運作的經理人達成既定目標。乍看之下，目標管理和自我控制均假設人都想要負責、有貢獻和獲得成就，而非僅是聽命行事的被動者。然而，雖然經理人有權、也有義務發展出達成組織績效的諸多目標，但是杜拉克也認為高階主管仍須保留對於目標的同意權。

四、知識工作者

杜拉克是第一個提出「知識工作者」這個「新名詞」（今天看來，當然一點也不新）的人，也率先為我們描繪出未來「知識型社會」的情景。對於永遠走在別人前面的杜拉克而言，首先提出這個已成為勞動人口主力的名詞，當然不足為奇，但到底有多早？答案在他1959年出版的《明日的里程碑》一書。《企業巫醫》一書的作者則是指出，杜拉克自大學畢業後，先拒絕了成為銀行家的機會，接著又與學術界保持一個似近又遠的關係，他或許就可稱為最早、最典型的知識工作者。

早在1950年代，杜拉克便看出美國勞動人口結構正朝向知識工作者演變。在他看來，教育的普及使得真正必須動手做的工作逐漸消失。不過，這並不表示今天所有的工作，必定都需要接受更多的教育才能進行；相反地，知識工作和知識工作者的興起，有相當程度其實是因為供給量變多，而非全然是需求增加所致。

到了《杜拉克談未來企業》一書，杜拉克更進一步確立知識型社會。在資本主義制度下，資本是生產的重要資源，資本與勞力完全分離；但是到了後資本主

義社會，知識才是最重要的資源，而且是附著在知識工作者身上。換言之，藉由學會了如何學習，並且終其一生不斷地學習，知識工作者掌握了生產工具，對於自己的產出享有所有權，他們除了需要經濟誘因之外，更需要機會、成就感、滿足感和價值。

五、創新與創業精神

　　早在《彼得·杜拉克的管理聖經》裡，杜拉克便曾提出行銷與創新是企業的兩大功能。簡而言之，創新就是提供更好、更多的商品和服務。不斷地進步、變得更好。但是，真正奠定杜拉克在創新和創業精神這個領域地位的，則是他在1985年出版的《創新與創業精神》這本書。

　　杜拉克在該書的〈序言〉說道：「本書將創新與創業精神當作一種實務與訓練，不談創業家的心理和人格特質，只談他們的行動和行為。」換言之，杜拉克談的是「創新的紀律」（The Discipline of Innovation；這同時也是他在1998年刊登於《哈佛商業評論》的文章篇名），他認為成功的創業家不會等待「繆斯女神的親吻」，賜予他們靈光一閃的創見；相反地，他們必須刻意地、有目的地去找尋只存在於少數狀況中的創新機會，然後動手去做，努力工作。他接著談論創業精神在組織裡如何落實，希望了解究竟哪些措施與政策能成功孕育出創業家；同時為提倡創業精神，組織和人事制度應如何配合、調整；另外也談及實踐創業精神時常見的錯誤、陷阱和阻礙。最重要的是，如何成功地將創新導入市場；畢竟未能通過市場檢驗的創新，只不過是走不出實驗室裡的絕妙點子而已。

六、效率與效用（效能）

　　1966年，杜拉克出版了《有效的經營者》一書，如今人人耳熟能詳到以為是古老俗諺的「效率是把事情做對；效用是做對的事情」這句名言，便是出自該書的一開始；而從這句話所引出來的概念也同樣精彩，包括：「管理是把事情做對；領導則是做對的事情」、「做對的事情，比把事情做對更為重要」等等。

　　在杜拉克看來，隨著組織結構從過去仰賴體力勞動者的肌肉和手工藝，轉型到仰賴受過教育者「兩耳之間的腦力」，組織不能繼續停留在追求效率這件事，而是要進而要求和提升知識工作者的效能。相較於效能，效率是一個簡單的概念，就好像是評估一個工人一天生產了幾雙鞋，而每雙鞋的品質如何。但是效能就涉及比較複雜的概念了，因為一個人的智力、想像力和知識，都和效能關係不

大，唯有付諸實際行動，辛苦地工作，才能將這些珍貴資源化為實際的成效與具體的成果。

　　杜拉克指出，聰明人做起事來，通常效能超差，主要是他們從來不知道，精闢的見解唯有經過有嚴謹、有系統地辛勤工作，才會發揮效能。

第四節　彼得・杜拉克的管理哲學思想

　　筆者整理出杜拉克累積六十多年偉大的管理哲學思想，可說環繞著以下重點。

一、企業經營最終目標是顧客滿意

　　在1954年彼得・杜拉克的《管理聖經》提出「顧客滿意」第一時，很多人不了解，因為當時大家認為顧客是「雞蛋」，工廠老闆是「石頭」，雞蛋碰石頭，當然雞蛋破，何必把顧客抬得這樣高呢？可是今日，有誰能否定「顧客主權」的至高地位？先有了「顧客滿意」，「合理利潤」就容易得到，水到自然渠成。

二、目標管理才能達成顧客滿意及合理利潤

　　從最高主管到作業員為止，都要先把各階層、各部門、各人的長短期目標及標準訂定清楚，讓大家都明白訂這些目標、標準背後更高層的理由，並且上下目標體系要環環相扣，亦即公司「目標網」要完整，不可有破網。用「目標管理」的目標及成果來要求部屬，比只用冷酷的手續及法規來管理部屬更具激勵及彈性。

三、管理是責任履行，不是權力動用

　　管理者是支持者，不是暴君。所以當上級主管的人，應以謙沖支持者的立場，全心全力協助部屬完成責任目標，而不是以驕傲的立場，動用懲罰性、恐嚇性的用人及用錢權力，來虐待壓制部屬。

四、企業經營要靠專業管理

公司從班長、課長、經理、協理、副總經理，到總經理等職位，要用受過專業訓練的專業經理人，連公司董監事會的成員及董事長也要有專業經理人的背景訓練，才不會把公司帶入過度冒險及敗德違法風暴，「公司治理」自然做得好。

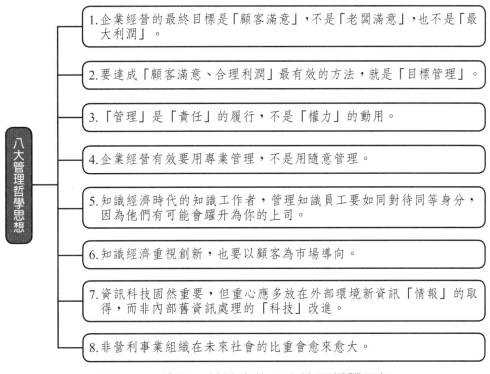

圖20-3　彼得‧杜拉克的八大管理哲學思想

五、知識經濟時代的知識工作者

21世紀是知識經濟時代，公司絕大多數員工都是高等教育的知識工作者。發揮知識員工的生產力，是未來企業成功的基石。管理知識員工如同對待同等身分的夥伴及合作者，因為他們可能有朝一日，躍升成為你的上司。

六、知識經濟特別重視創新

知識經濟特別重視創新，但是創新也要以顧客為市場導向，也需要組織及管

理，才不會使創新變成浪費。

七、資訊科技很重要

資訊科技固然重要，但重心應多放在外部環境新資訊「情報」的取得，而非內部舊資訊處理的「科技」改進；否則會變成為科技而科技、為機器而機器的現象。

八、非營利事業組織愈來愈多

彼得‧杜拉克也認為非營利事業組織在未來社會的比重會愈來愈大，如政府、醫療、教育、慈善基金、宗教、退休金、文化、藝術、健康等等，所以不僅營利事業需要有效管理，連非營利事業也更需要有效管理，這樣國家生產力才會充分發揮，真正提高人民的福祉。

第五節　創新，是持續成長的不二法門

彼得‧杜拉克是一位非常重視「創新」的世界級管理大師。他認為不創新就會走向死亡之路。

一、唯有「創新」，才能「成長」

彼得‧杜拉克曾在其著作中寫著「創新，是持續成長的不二法門」，以及「不創新，就死亡」的兩句歷史名言。

杜拉克堅持相信，透過不斷的創新，就能夠產生創造出新的價值及新的產品出來；而這些新產品與新價值，都會帶給消費者新的期待、新的驚喜、新的感動與新的購買與使用。而這些就能為企業帶來新的業績、新的獲利與新的成長。這是毋庸置疑的。

例如：近十年來，Apple蘋果公司由於創新研發出iPod→iPhone→iPad等三項創新的新產品，終使Apple公司的股價、總市值及總獲利水準都曾達到該公司史上最高峰水準。這就是持續創新帶來的最大效益了。

唯有創新，才能成長

創新！　　　創新！　　　創新！

創新，是持續成長的不二法門！
不創新，就死亡！

創新十大類方向

1. 新事業模式創新（New Business Model）

2. 新技術創新（New Technology）

3. 新產品創新（New Product）

4. 新 IT 資訊創新（New IT）

5. 新作業流程創新（New Process）

6. 新行銷方式創新（New Marketing）

7. 新管理模式創新（New Management）

8. 新市場創新（New Market）

9. 新人才創新（New Manpower）

10. 新服務創新（New Service）

創新三大類型

3. 全新產品創新

2. 既有產品，自行研
　發改善創新

1. 模仿創新

創新十大效益

①保持營收及獲利成長
②有效降低成本
③提升企業總體競爭力
④形塑創新組織文化
⑤豐富產品線完整性
⑥保持市場領先地位
⑦累積品牌資產
⑧提升企業總市值
⑨留住並吸引更多優良人才
⑩形成良性循環，百年不墜

圖20-4　創新，是持續成長的不二法門

317

二、著手創新的十大類方向

但是，企業創新有哪些類別與方向呢？彼得‧杜拉克提出下列十大方向，即
1.新事業模式創新；2.新技術創新；3.新產品創新；4.新IT資訊創新；5.新作業流
程創新；6.新行銷方式創新；7.新管理模式創新；8.新市場創新；9.新人才創新，
以及10.新服務創新。

杜拉克認為透過這十大創新，可為公司帶來下列十項顯著的效益，即1.降低
成本（控制成本）；2.保持營收及獲利成長；3.豐富且完整產品線；4.形塑創新的
組織文化氛圍；5.提升企業總體競爭力與活力；6.保持市場領先地位；7.累積可觀
的品牌資產；8.開創不斷攀升的企業總市值；9.留住並吸引更多優秀人才，以及
10.形成公司長期不墜的良性循環圈，可謂基業長青，百年不墜。

三、創新的三大類型

彼得‧杜拉克又進一步分析指出，其實創新的內涵又可從淺到深分類如下：

（一）第一種稱為「模仿創新」：亦即參考第一個首創者的產品，將其功能、
外觀、設計、材質等加以模仿中做適度創新。這是很常見的。

（二）第二種稱為「自行改善創新」：很多產品都是出來半年、一年後，再逐
步修正、調整、強化某些地方，然後再改變推出上市。

（三）第三種稱為「完全新產品創新」：例如智慧型手機、平板電腦、手機
APP、臉書等就是。

第六節　「行銷」的真正意涵與最高任務

一、行銷的最高任務

依照彼得‧杜拉克的觀點，他認為所謂的「行銷」，就是要探索及洞察顧客
要買的價值（Value）究竟是什麼？以及公司要想辦法讓產品與服務自然而然的就
能夠賣出去，而不是靠推銷而已。

彼得‧杜拉克曾與行銷教父菲利普‧科特勒（Philip Kotler）兩人有對談過，
兩位世界級大師對所謂的行銷最高任務，有一致性的看法，亦即要做到兩點：一

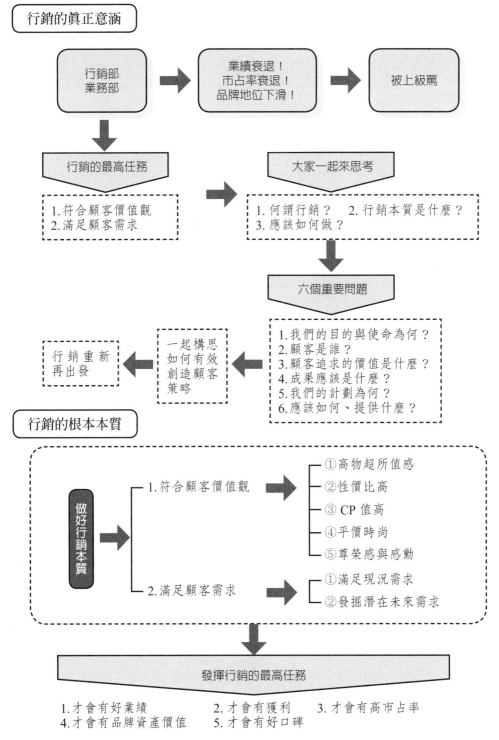

圖20-5 「行銷」的真正意涵及本質

是符合顧客價值觀，二是滿足顧客需求。再進一步說明如下：

(一) 符合顧客價值觀：係指製造廠商或服務業廠商，應該掌握所推出產品及服務，必須達到或超越顧客對此產品及服務的價值認定；簡言之，就是廠商所提供的商品或服務，必須讓消費者感到：1.高的物超所值感；2.高的性價比；3.高的CP值；4.平價時尚感，以及5.尊榮感與感動。

(二) 滿足顧客需求：係指廠商的產品及服務，一定要能做到讓消費者感到滿意、滿足、能解決其需求問題。甚至於發掘消費者未來潛在性的需求。

二、行銷就是「創造顧客的策略」

彼得‧杜拉克更進一步認為，行銷簡言之，就是如何能夠「創造顧客的策略」。他說行銷最高的極致點，就是能夠不斷的創造出新顧客。

舉現代的例子來看，手機廠商所創新出來的智慧型手機（Smartphone）及平板電腦；乃至於現在所流行的免費即時通訊軟體LINE、WeChat或是APP等，都是近幾年來，不斷創造出新顧客使用群。

再如7-11 24小時隨煮隨帶走的平價咖啡City Cafe，亦是創造了很多以前不喝咖啡的新顧客群。

三、做行銷要問的六個重要問題

彼得‧杜拉克表示，公司要做好行銷，應該要先思考好下列六大問題點，即1.我們的顧客是誰？2.我們的目的及使命為何？3.顧客追求的價值是什麼？4.成果應該是什麼？5.我們的計劃為何？6.我們應該如何、提供什麼？

第七節　打造「創新」的組織體

彼得‧杜拉克曾說過一句名言，即：「Innovation, or die」（不創新，就死亡）。此話之涵義，即指任何企業如果不能夠持續創新領先，或至少創新跟上，則長期下來，一定會逐步甚至快速邁向死亡之路，若不死亡，至少先衰敗。例如：幾年前，手機最大廠商是北歐芬蘭的Nokia，當時，不論市占率、總營收額或總獲利，都曾風光一時；但自從競爭對手Apple公司率先推出第一支創時代的智慧

型手機之後，接著韓國三星，日本SONY也跟上，Nokia反而沒及時快速跟上，使其全球市占率從第一跌落到第四名之後，慘痛教訓令人印象深刻。

相反的，像Apple、三星電子、LINE、Google、Facebook、台積電、統一超商、王品餐飲……等不斷創新，始終能保持業界的領航地位。

一、隨處都可創新

彼得‧杜拉克認為所謂的「創新」，就是「利用公司既有資源創造財富」，而且他還提出任何日常工作也都需要創新，也都可以創新。例如：產品改良、業務流程再造改善、降低成本、行銷操作方式、製程改善、原物料與零組件改革、技術的突破性思考、服務改革、營運模式（Business-Model）、組織設計、領導與決策模式，乃至於組織文化等隨處都可以創新。杜拉克還表示：「創新可為人類生活帶來新價值與新富足，然後成為經濟發展的最佳動力。」

二、擅長創新的組織條件

杜拉克還從許多案例中，發現並歸納出創新組織的幾點共通處，即：1.把創新的焦點，放在消費者的根本需求，包括可看見及未來不可看見的需求上，但這需要相當有遠見的洞察力；2.組成多個2~5人的小團隊，分工平行的同時進行推動，最終會在好幾個創新小組的工作中，出現成功創新的某一小組，這是透過內部良性競爭與相互PK的有效能之結果；3.組織高階管理者要塑造出創新的企業文化、組織文化的氛圍；4.組織經營者還要大方、慷慨的拿出優厚的紅蘿蔔創新獎金，來獎勵創新成功的團隊與個人；5.創新工作與組織的推動，必須由公司最高經營者（例如董事長、執行董事、總經理、執行長）等，親自抓取這項重大關鍵工作，絕對不能放任給中低階層的主管負責；6.公司應規定，任何部門必須將每月工作，80%用在當下工作上，而另外20%，一定要用在創新事務上，並且訂出可以考核的KPI工作績效指標；7.公司應適度允許及容忍在創新過程中的偶爾失敗，不要對創新失敗給予太大的責難或處罰；8.公司必須鼓勵全員勇於創新，最終成為一個全員都有創新能力的最強組織體系，以及9.公司應認清，單靠內部創新可能不夠力，必須結合外部創新人才及創新單位，借力使力，擴大結盟，創新才會加快！

不創新，就死亡

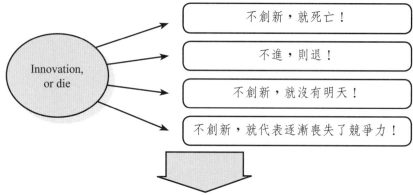

例如：美國柯達底片、日本 SAKURA 底片，
也已走入歷史的灰燼！

隨處，都可創新

1.產品改良	4.技術突破	7.組織設計
2.業務流程再造改善	5.服務品質改革	8.領導與決策模式
3.降低成本	6.營運模式創新	9.行銷操作方式

擅長創新的組織條件

成功創新的組織九條件

①把創新焦點放在消費者的根本需求上。
②同時組成多個創新小團隊，彼此良性競爭及 PK。
③塑造出創新的企業文化與組織文化。
④發放高額誘人的創新獎金，以激勵全員士氣與動力。
⑤最高階經營者必須親自抓取此項重大任務。
⑥公司應規定，每個部門應至少花費 20% 時間在創新工作上，並列入考核事項。
⑦公司應允許容忍偶爾幾次的創新失敗。
⑧鼓勵全員勇於創新。
⑨公司應結合外部資源，使內外結合，加速創新成功。

圖20-6　打造「創新」的組織體

本章習題

1. 請簡述彼得‧杜拉克認爲管理就是效率與效能的結合？

2. 請簡述彼得‧杜拉克認爲管理的三項任務爲何？

3. 請列示彼得‧杜拉克的六大核心管理觀點？

4. 請簡述彼得‧杜拉克對創新的看法爲何？

5. 請列示彼得‧杜拉克對行銷的二大任務爲何？

第二十一章

最新管理趨勢

第一節　CSR與ESG永續經營管理趨勢

一、什麼是CSR？

CSR就是Corporate Social Responsibility企業社會責任的簡稱。就是指企業應該本著「取之於社會、用之於社會」，不光只是替大股東、大老闆賺錢而已，還更要對社會、對環保、對弱勢贊助有所貢獻。

由於資本主義過度發展，使企業規模日益擴大，企業不能只是一味尋求賺更多錢而已，而是必須兼顧更多相關的利害關係人，包括：員工、客戶、供應商、消費者、國家、自然環境等。

沒有落實企業社會責任的企業，如今，已很難再獲得社會大眾及廣大消費者的認同。

二、ESG又是什麼？

自2015年起，企業必須重視CSR的呼聲響起，到2020年之後，全球又更進一步擴展到企業必須重視ESG了。

所謂ESG，即是企業必須用心、努力做好。

(一) E：指Environment，環境保護。

(二) S：指Social，社會關懷與社會贊助。

(三) G：指Governance，公司治理。

如下圖示：

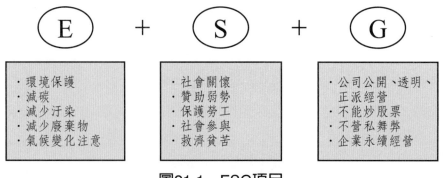

圖21-1　ESG項目

做好ESG的企業，才會被認為是能夠永續經營的優良好企業。

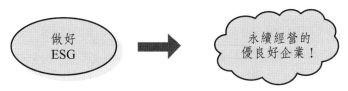

圖21-2　企業必須重視ESG

三、EPS＋ESG二者並重

過去，長久以來，衡量一家好企業，總是以能創造多少營收額、多少獲利及多少EPS（每股盈餘）為最重要指標。

但到了2020年之後，社會大眾及投資機構衡量一家好企業，是否能夠永續經營，則以ESG為衡量。

因此，今後的優質好企業必須同時做好二者。

圖21-3　EPS和ESG二者並重

四、做好ESG對企業的好處

綜合各界的觀點，大型上市櫃公司做好ESG之後，可產生下列幾點好處及優點：

(一)強化投資人對企業的信任

上市櫃大公司最重要的是，必須獲得社會廣大小股東及投資機構的信任，才能把生意長期的做好、做大、做久，信任是很關鍵的經營核心。

(二)提高股價

CSR及ESG執行良好的企業，會在資本市場（上市櫃市場）受到國內外投資機構的認同及購買，因此，股票價格及市值都可以獲得上升，這也是企業的一種重大收穫。

(三)永續經營

重視並實踐CSR＋ESG的企業，比較受到社會大眾及投資大眾的支持，可以朝向永續經營。

(四)塑造企業良好形象

企業若能得到廣大股東及消費大眾的信任、信賴，自然就能塑造出良好的企業形象，這對企業的永續經營也會帶來正面助益。

(五)提升競爭力

做好ESG，等同就會為企業帶來它在市場上的競爭力，這又進一步強化企業的長期成長性及長期獲利性的保證。

(六)增加員工向心力

最後，重視ESG的企業，也必然會重視它對員工的工作環境改善及薪資福利的加強提升，這都有助於增加員工向心力，降低員工離職率，使工作效率又進一步提高。

圖21-4　做好ESG對企業的好處

五、CSR及ESG報告書

全球各先進國家，包括臺灣，都會要求主要的上市公司，每年都要推出撰寫：「CSR報告書」（企業社會責任報告書）；臺灣目前已在落實執行中。

但，未來趨勢是要求自2023年開始，大型上市公司，每年都要推出撰寫更進一步的「永續發展報告書」（ESG報告書；Sustainability Report）。

第二節　敏捷型組織與管理

一、企業面對巨變的環境

現在全球企業都面對了一個VUCA的環境，即：

(一) **波動**（Volatile）：變化速度加快。

(二) **不確定**（Uncertain）：缺乏可預測性。

(三) **複雜**（Complex）：因果關係相互關連性複雜。

(四) **模糊**（Ambiguous）：事件本身模糊不清。

企業面對VUCA巨變環境，使得企業經營的風險升高，企業不再一帆風順，企業面對更多的挑戰及更多的困境。

二、組織敏捷性（Organizational Agility）

敏捷性是什麼？最簡單的定義就是：企業針對環境變化，必須進行快速偵測及快速回應，才能維持其市場地位的一種組織能力。

圖21-5　敏捷性的定義

企業組織面對快速變化的外部環境，迫使企業必須快速回應及快速應變，因此，愈來愈多企業開始重視它們內部組織體的「組織敏捷性」及「敏捷能力」。

三、企業面對哪些環境的變化？

到底，現今企業面對全球及國內哪些環境的快速變化呢？如下：

(一) 疫情變化。

(二) 科技／技術突破變化。

(三) 少子化變化。

(四) 老年化變化。

（五）全球局部戰爭變化（俄烏戰爭）。

（六）中美兩大強國政治、軍事、經濟變化。

（七）跨界競爭變化。

（八）政府政策／法令變化。

（九）全球供應鏈變化。

（十）貧窮人口愈多變化、社會對立變化。

（十一）全球通貨膨脹變化。

（十二）升息變化。

（十三）全球經濟景氣變化。

（十四）全球減碳環境變化。

（十五）臺海問題已成為全球焦點的變化。

四、從七大面向實踐敏捷性管理

企業面對多變、巨變的環境，應儘速打造出敏捷性的組織及建立敏捷性的經營管理文化出來。

因此，企業可以從七大面向，加速實踐敏捷性管理：

(一)組織結構（Organization Structure）

如何使組織結構更加扁平化、短小化、分散化、分權化、快速化、層級減少化、官僚批示減少化。

(二)人員（Employee）

如何使全體員工建立起敏捷管理及敏捷經營的思維、理念、信念、指針，從思想到行動，都要切實落實貫徹；人員能改變了，企業自然就會改變了。

(三)制度（System）

如何在企業營運的各種制度、規章、辦法都能加以敏捷化。要儘力掃除太複雜、太干擾、太不當的、過時的各種制度，不要被制度綁住了。因此，制度必須改變、改良。

(四)作業流程（Operation Process）

舉凡採購、生產／製造、品管、物流、新產品開發、技術研發、售後服務、門市銷售、鋪貨上架等內部作業流程，都必須加以敏捷化、精簡化、效率提升化、自動化、用人減少化等。

(五)策略（Strategy）

在制定策略方向、方式、分析等選擇時，也必須加快敏捷化，不必討論及思考太久；策略萬一有錯，也可以快速修正過來，但不能拖太久，不訂下未來應走的策略。

(六)決策（Decision-Making）

舉凡研發決策、新產品決策、製造決策、業務決策、行銷決策、服務決策、財務決策、人資決策、競爭決策等，都必須加快速度，不能延滯不決，也不能議而不決，決策趕快訂下，可以邊做、邊修、邊改，直到決策正確、精準、有效果為止。

(七)科技應用（Technology Application）

要達成敏捷經營，必要的資訊IT、人工智慧AI、自動化科技、大數據……等科技工具、方法、系統都必須有效的導入，才可以加速達成敏捷化經營與管理的目標。

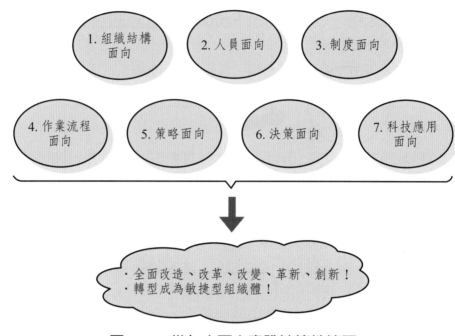

圖21-6 從七大面向實踐敏捷性管理

本章習題

1. 何謂CSR？何謂ESG？
2. 何謂EPS＋ESG？
3. 請列出做好ESG，對企業有哪些好處？
4. 請問自2023年起，上市大公司每年必須編列什麼報告書？
5. 何謂敏捷性組織？
6. 請問可從哪七大面向實踐敏捷性管理？
7. 請問企業面臨哪些環境的變化？

第二十二章

企業打造高績效組織與
如何提高經營績效

第一節　打造高績效組織的十五大要素

任何企業要打造出一個高績效組織，必須具備下列圖示的十五大要素：

---

1. 高薪獎

①唯有高薪獎才能吸引好人才，才能留住好人才。
②高月薪、高獎金、高紅利、股票。例如台積電、鴻海高科技公司。

---

2. 有未來成長性

公司要不斷追求成長性、未來性、規模性、集團化企業，員工才有可以晉升及發展的空間及未來。

---

3. 重視執行力

①郭台銘及其鴻海集團是最有快速執行力的代表。
②有快速執行力，才能快速有好的績效出來。

---

4. 貫徹考績管理

①有考績制度，才會對員工形成工作壓力，員工也才會更認真、更努力做好事情，以求得好考績。
②考績必須與年終獎金及績效獎金相互連結，才會有效果。

---

5. 訂定正確策略

①唯有訂定正確的公司發展策略及發展方向，公司才會有好的績效產生。
②策略及方向錯誤，那就帶領公司往錯的方向走去，公司就會發生危險。
③例如，全聯超市近 20 年的快速展店策略；郭台銘鴻海的併購策略，及台積電技術領先策略都很成功。

---

6. 力行目標管理與預算管理

①每個月，各部門都要訂定他們應該完成的各種目標，以及達成每月的損益預算。
②員工有目標、有預算，才知道為何而戰，以及戰鬥的完成目標數字在哪裡。員工有目標，才會不斷進步、突破。
③沒有目標，人就會鬆懈了。

---

7. 設定遠程發展願景

①有公司願景，全員才會積極、努力邁向遠程願景。
②例如，台積電 30 年時間，即達成全球最大晶片半導體製造廠，成為全球第一名願景；鴻海集團則成為全臺營收額第一名的製造公司。

---

8. 快速因應變化

①天下武功，唯快不破。
②唯有快速，才能領先競爭對手，才能爭取到新商機，也才能有效因應外界環境變化。
③速度慢了，就會落後，就會退步。

9. 組織要彈性化、敏捷化、機動化／不僵化

面對劇烈環境，期間內部組織的架構、編組、人力配置、指揮系統，就要更彈性化、敏捷化、機動化，千萬不能僵化、不能本位主義、不能相互爭權鬥爭。

10. 貫徹歷任中心BU制度

① BU（Business Unit）就是成立多個事業或產品別利潤中心制度，可激發員工潛力，BU賺錢，自己也可分獎金。
②好的BU制度可以有效拉高營收及獲利。

11. 提升各級主管領導力

①強而有力的領導力，是企業創造好績效的必要條件。
②一個公司從高階的董事長、總經理、副總經理領導，到中階的經理／協理領導，到基層的組長、課長領導，都要層層做好領導力。

12. 制定中長期專業發展藍圖與計劃

①中長期是指公司或集團三至五年的事業發展藍圖、布局與計劃。
②人無遠慮，必有近憂，企業高階領導者一定要想著未來三至五年的成長路徑在哪裡。

13. 建立各部門主管接班人制度

①讓各部門有潛力的人才都能獲得職務晉升，以及經營優秀人才。
②培養出一個未來最佳的接班人才團隊，企業才會有更好的未來。

14. 提升全員市場競爭力

①企業要不斷鞏固、精實、提升全體員工的市場競爭力與核心能力。
②企業不只是要高階幹部強大，更是要每一個部門的每一位員工都很強大，這才是永遠好績效的根基。

15. 公司要有制度

①有高績效的好公司，也必是一個在各方面都很有制度化的公司。每一個員工都能依照制度與流程去運作。
②企業要靠制度化去運作，而不是靠人治，人治會變化不定，好制度化才會永久、才會穩健、才會順暢、才會有好績效。

第二節　從人出發：培養優秀人才，創造好績效的六招

1. 招聘人才

- 要挑選、招聘到一流的好人才。
- 好人才，不一定要高學歷，要看行業別，科技業就要臺大、清大、交大、成大的高學歷碩博士理工人才；但服務業、零售業、消費品業，就不一定要高學歷。
- 只要能幹、肯努力、肯進步、願與人合作，就是好人才。

2. 培訓人才

- 針對有潛力的好人才，要給予特別訓練。
- 一般性員工，也要在各自專業領域上，培訓精進。
- 有潛力、想晉升成為中階幹部的，要成立幹部領導培訓班。
- 不斷培訓，就能養出好人才。

3. 用人才

- 要大膽用人。
- 把對的人放在對的位置上。
- 用人用其優點，不要看他的缺點。
- 人才，是要不斷去磨練他們、歷練他們的，這樣他們就會在工作中成長、進步。

4. 考核及晉升人才

- 大部分的人才都會想要晉升的；有些是晉升為領導幹部的，有些則是職級晉升的。
- 人才不斷透過穩定且持續性的晉升，就會產生出他們的責任感及成就感。

5. 激勵人才

- 激勵人才主要有三種：一是物質金錢上的激勵，例如調薪、給獎金、給紅利、分股票；二是心理上的激勵，例如表揚大會、口頭讚美；三是拔擢晉升。
- 有效地激勵人才，會讓員工長期留在公司打拼及貢獻。

6. 留住人才

- 好人才、好幹部，就要用各種方法，留住他們，勿使其離職去到競爭對手公司。
- 培養一個好人才、好幹部，是不容易，他們走了也算是公司的損失。
- 不斷留住好人才，長久下來就可以成為鞏固的優秀人才團隊。

第三節　如何做好管理及提高經營績效的管理十五化

公司經營必須做好管理十五化：

1.制度化：需建立各種人事、生產、採購、品管、物流、門市銷售、售後服務的規章、制度。

2.SOP化（標準化）：以維持各種作業品質一致性，特別在服務業及生產製造的SOP化。

3.資訊化：運用IT資訊系統加快營運作業，包括POS系統、公司ERP系統之建立與運作。

4.目標化：任何工作及專案都必須訂定想要達成的營運目標，此也稱目標管理。有目標，員工才會全力以赴，知道為何而戰。

5.效益化：公司營運必須對各部門更專業、更加重視效益評估及檢討改進，以追求更高效率發生。

6.數據化：企業必須重視數據管理，切記，沒有數據就沒有管理。必須從數據中，看出經營與管理問題，並提出快速應對措施作為。

7.可視化：企業任何事情都應該盡可能不要被掩蓋著，必須讓大家看得到、資訊公開化、可視化、被檢討化、被改善化。

8.定期查核化：對任何事、任何人都要建立定期考核追蹤，建立定期查核點（Check Point），不可以放任從頭到尾都沒有查核點，才能即時發現企業問題點所在，做好即時、迅速改善。

9.人性激勵化：人性都是需要被激勵、被肯定、被鼓舞的，包括：物質金錢的激勵或是心理面的讚美鼓勵。有激勵，全員潛能才會被完全激發出來。

10.規模化：規模化是企業競爭優勢反應的主要一種；在生產規模、採購規模、門市店數規模、加盟店數規模等，都要達成規模經濟化，如此成本才會下降、營收才會提高，市場競爭力才會增強。

11.敏捷化：企業在任何部門、任何營運問題上，都必須用靈敏快捷的速度去應對、去執行、去領先，而不是拖拖拉拉、不知應變。

12. 自動化：在工廠製造設備及物流中心設備，都必須力求盡可能提高自動化比率。唯有自動化才能提高製造效率，降低人工成本。

13. 超前部署化：在面臨市場環境多變與競爭更激烈時代，企業在技術研發、在產品開發、在全球化、在供應鏈、在銷售第一線等，都必須提前做好準備，不要來不及反應；要有超前部署的思維、計劃及行動，企業才會贏在未來。

14. 數位化：在疫情期間大部分企業都朝向數位化轉型，才能應對市場環境的巨變。

15. APP化：由於智慧型手機的普及，現在APP都被廣泛應用在搜尋、下單、結帳、累積點數、查詢及其他管理與行銷用途上，幫助很大。

本章習題

1. 請列示打造高績效組織的十五大要素為何？
2. 請列示如何培養優秀人才，創造好績效的人資六招？
3. 請列示提高績效的管理十五化有哪些？

第二十三章

「企業經營與管理」的124個
重要知識和觀念

一、SWOT分析

S	Strength：優勢
W	Weakness：劣勢
O	Opportunity：機會
T	Threat：威脅

S/W：分析了解公司自身的優／劣勢
O/T：分析了解外部的機會與威脅

為什麼要做SWOT分析

1.才能知己／知彼，百戰不殆。

2.隨時檢視自己、檢討改進、革新進步。

3.隨時掌握外部新商機，避掉外部新威脅。

二、競品分析（競爭對手分析）

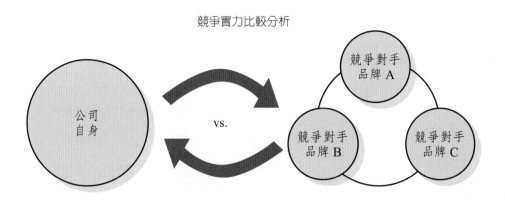

競爭實力比較分析

公司自身 vs. 競爭對手品牌A 競爭對手品牌B 競爭對手品牌C

1.競爭實力比較的層級種類：(1)集團對集團；(2)品牌對品牌；(3)公司對公司；(4)產品組合對產品組合。

2.**競爭對手實力比較的六大項目**：(1)研發與技術競爭力；(2)生產競爭力；(3)財務競爭力；(4)行銷競爭力；(5)業務競爭力；(6)人才競爭力。

3.**為什麼要做競爭對手分析**：(1)了解、洞悉、掌握競爭對手的一切動態；(2)知道如何因應對策，隨時保持領先；(3)有利制定對的戰略及戰術。

三、外部經營環境的分析及洞察（國內／國外）

1.政治；2.經濟景氣；3.國民所得與消費力；4.媒體趨勢；5.競爭者（同業／異業）；6.人口結構；7.社會文化；8.科技與技術；9.上游供應商；10.下游通路商；11.政策與法令；12.人口結構。

例如：

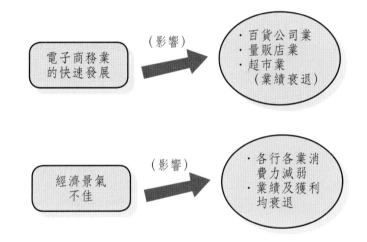

四、堅持顧客導向、市場導向

1.顧客在哪裡、市場在哪裡，我們就在哪裡。顧客至上、市場至上。

2.離開了顧客，公司就一無所有。有顧客，才有公司。

3.日本7-11的經營總訓示：顧客！顧客！顧客！

五、因應變化的能力

1. 日本7-11近年的經營總訓示：因應變化！

2.日本7-11因應變化三部曲：(1)關心變化；(2)看到變化；(3)因應變化。

六、KPI指標管理（關鍵績效指標）

KPI指標的四種層次

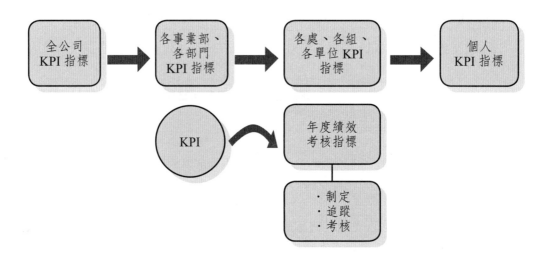

七、績效管理

績效管理（Performance Management）：每日、每週、每月、每季、每半年、每年檢核，視不同單位而定。

績效管理三大工具

1.年度預算目標（月目標）管理。

2.各單位KPI指標管理。

3.各部門銷售量、生產量、出貨量等數據目標管理。

八、分析每個月賺不賺錢的一張會計報表：損益表（格式）

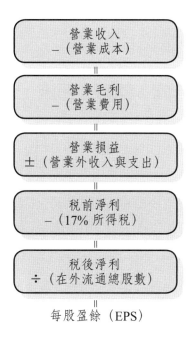

營業收入
－（營業成本）
＝
營業毛利
－（營業費用）
＝
營業損益
±（營業外收入與支出）
稅前淨利
－（17% 所得稅）
＝
稅後淨利
÷（在外流通總股數）
＝
每股盈餘（EPS）

(一)損益表：每月關注幾個比例

1.營收額：成長或衰退。

2.營業成本：成本率上升或下降。

3.營業毛利：毛利率上升或下降，毛利額增加或減少。

4.營業費用：費用率上升或下降。

5.營業損益：本業淨利或虧損。

6.稅前損益：稅前獲利或虧損，獲利率上升或下降。

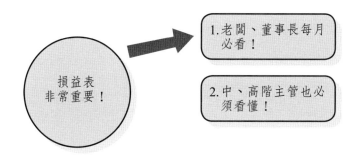

損益表
非常重要！

1.老闆、董事長每月
必看！

2.中、高階主管也必
須看懂！

(二)一般的、合理的毛利率及獲利率是多少

1. 毛利率在30%～40%之間。

2. 獲利率在5%～10%之間。

九、企業獲利二大方向：開源／節流

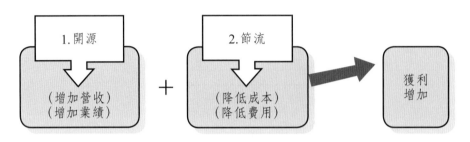

(一)六大開源方法

　1.成功開發新產品、新品牌；2.成功拓展新事業；3.深耕既有市場；4成功改革既有產品；5.成功加強行銷4P組合戰略與戰術；6.成功開發新市場。

(二)二大節流

　1.成本降低：製造成本降低（工廠成本、原物料成本、零組件成本）。

　2.費用降低：臺北總公司費用降低（員工人數精簡、辦公室租金、水電費、廣告費、交際費、業績資金等）。

十、行銷4P／1S組合戰略、戰術

(一)行銷4P／1S

1.產品力（Product）。

2.定價力（Price）。

3.通路力（Place）。

4.推廣力（Promotion）：廣告、公關、業務、行銷活動。

5.服務力（Service）。

組合意義：同時、同步做好這五件工作！

(二)行銷五大競爭策略

1.產品策略；2.定價策略；3.通路策略；4.推廣策略；5.服務策略。

十一、外界評價一家企業優良與否的六大財務指標（必懂）

1.企業總市值（股價×在外流通總股數）。

2.營收額及其成長率。

3.獲利額及其成長率。

4.EPS（每股盈餘）（盈餘÷在外流通總股數）。

5.股價（股票流通價格）。

6.ROE（股東權益報酬率）。

獲利額增大、獲利率成長，EPS就會升高、股價升高、企業總市值升高、ROE升高。

獲利成長是第一王道，營收成長是第二王道。

十二、市占率與心占率

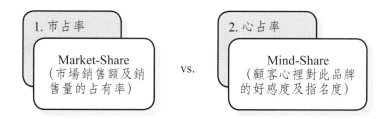

十三、品牌力（品牌資產）

品牌資產（Brand Asset）六大內涵：品牌知名度、品牌喜愛度、品牌指名度、品牌信賴度、品牌忠誠度、品牌回購率。

十四、顧客回購率爭奪戰

1.現代行銷最重要的指標：顧客回購率、回店率、再購率。

2.提高回購率，就可以提升業績。

十五、行銷發展十二大趨勢

1.會員卡行銷（會員卡、貴賓卡、紅利點數卡）。

2.體驗行銷。

3.社群行銷（臉書、Instagram、LINE粉絲經營、YouTube、網紅KOL）。

4.代言人行銷。

5.公益行銷。

6.公仔行銷。

7.直效行銷。

8.店頭行銷（通路行銷）。

9.公關報導行銷。

10.異業合作行銷（聯名行銷）。

11.促銷行銷。

12.電視廣告及冠名贊助行銷。

十六、會員卡（貴賓卡、紅利點數卡）可提高回購率

1.全聯福利中心：福利卡（1,000萬卡）。

2.家樂福：好康卡（700萬卡）。

3.7-11：icash卡（1,500萬卡）。

4.新光三越：貴賓卡（200萬卡）。

5.誠品書店：誠品卡（250萬卡）。

6.屈臣氏：寵i卡（500萬卡）。

7.SOGO百貨：HAPPY GO卡（1,000萬卡）。

十七、促銷的十種主要方式

1	買一送一，買二送一	6	大抽獎
2	全面八折、五折、折價券	7	集點贈
3	滿千送百，滿萬送千	8	第二杯（件）五折
4	滿額贈	9	免息分期付款
5	刷卡禮	10	買二件，八折

十八、影響業績二大力量：行銷力＋產品力

1. 短期：靠「行銷力」（促銷活動）。

2. 長期：靠「產品力」。

十九、粉絲經營術：深化、鞏固業績

1. 臉書及IG：粉絲專頁、粉絲團經營。

2. LINE：LINE貼圖、官方帳號、LINE@粉絲經營。

二十、所有行銷活動的最終二大目的

1. 達成業績、提振業績。

2. 打造品牌力、維繫品牌力。

二十一、行銷的S-T-P架構

1. S（**Segmentation**）：區隔市場／市場區隔。

2. T〔**Target Market/Target Audience (TA)**〕：鎖定目標客層、消費族群。

3. P（**Positioning**）：品牌定位／產品定位。

二十二、BU管理制度

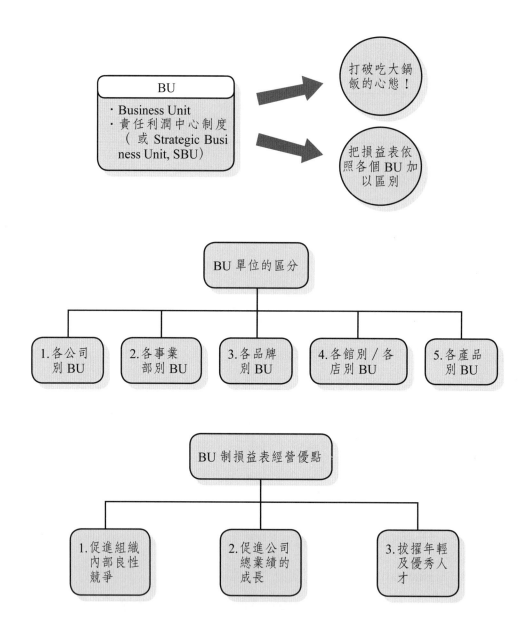

BU
・Business Unit
・責任利潤中心制度（或 Strategic Business Unit, SBU）

打破吃大鍋飯的心態！

把損益表依照各個 BU 加以區別

BU 單位的區分

1.各公司別 BU

2.各事業部別 BU

3.各品牌別 BU

4.各館別 / 各店別 BU

5.各產品別 BU

BU 制損益表經營優點

1.促進組織內部良性競爭

2.促進公司總業績的成長

3.拔擢年輕及優秀人才

二十三、波特教授：產業五力架構分析

(一)影響公司或產業獲利的五大因素

1.既有競爭者狀況。

2.潛在新加入者動態。

3.未來替代品的威脅狀況。

4.與下游客戶端關係的好壞。

5.與上游供應商關係的好壞。

(二)公司或產業獲利愈來愈下滑及衰退時，代表

1.競爭壓力愈大。

2.未來被替代的機率愈高。

3.與下游客戶關係不夠鞏固。

4.與上游供應商關係不夠好。

二十四、波特教授：公司會勝出的三種基本競爭戰略分析

(一)公司要勝出的三種基本競爭策略

1.低成本競爭策略（Low-Cost Strategy）。

2.差異化競爭策略（Differentiation Strategy）。

3.專注化競爭策略（Focus Strategy）。

(二)公司要勝出三大戰略方向

1.低成本。

2.差異化（特色化、獨家化）。

3.專注。

二十五、管理四大循環：P-D-C-A

1.P（Plan）：計劃力。

2.D（Do）：執行力。

3.C（Check）：考核、追蹤力、督導力。

4.A（Action）：再行動、再調整。

二十六、管理六大循環：O-S-P-D-C-A

1. **O**（**Objective**）：目標。

2. **S**（**Strategy**）：戰略。

3. **P**（**Plan**）：計劃。

4. **D**（**Do**）：執行。

5. **C**（**Check**）：考核。

6. **A**（**Action**）：再行動。

二十七、問題解決四步驟：Q-W-A-R

1. **Q**（**Question What**）：問題是什麼。

2. **W**（**Reason Why**）：造成問題原因是什麼。

3. **A**（**Answer How to Do**）：解決的對策及方案。

4. **R**（**Result**）：查看問題是否已解決。

二十八、波特教授；企業價值鏈

1. 主要能力	2. 次要能力
(1) 製造能力 (2) 研發／技術能力 (3) 業務／行銷能力 (4) 售後服務能力	(1) 基礎建設 　（IT、制度、流程、規章） (2) 採購能力 (3) 人力資源能力 (4) 財會能力

+

創造利潤（Make Profit）

企業價值鏈的五大力量

1. 研發力（技術力、商品開發力）。

2.業務力（含行銷力）。

3.製造力（含品質力）。

4.服務力。

5.人才力。

二十九、P-D-F致勝三原則

1.**P**（**Positioning**）：定位成功。

2.**D**（**Differential**）：差異化特色。

3.**F**（**Focus**）：專注經營，不跨行。

三十、競爭優勢與核心競爭力

打造：1.競爭優勢（Competitive Advantage）；2.核心競爭力（Core Competence）。

三十一、標竿學習

1.向國內／國外第一名公司借鏡學習，取經學習。

2.刺激自身公司加速進步。

學習什麼？

學習各種能力與突破，包括技術、製造、設計、採購、物流、品質、業務、組織、行銷、服務、策略等各種經營Know-How。

三十二、成本／效益分析

成本／效益分析的目的，讓每一筆重大支出都能花在刀口上，提醒員工重視效益的必要概念。

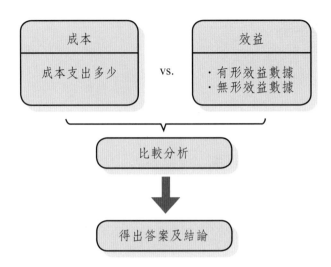

三十三、有形效益vs.無形效益

1. 有形效益：有確切數據及百分比可加以分析。

2. 無形效益：無法有明確數據及百分比可得。

三十四、目標管理（MBO）

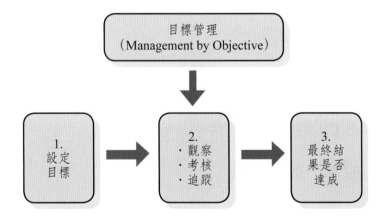

三十五、企業經營二大目標

1. 獲利。

2. 善盡企業社會責任（Corporate Social Responsibility, CSR）。

三十六、企業投入與產出

1.投入（Input）：人力、物力、財力、資訊。

2.過程（Process）：製作過程、服務過程。

3.產出（Output）：產品、服務。

三十七、企業二大有形資源與無形資源

(一)有形資源

1.人力、人才資源。

2.資金資源。

3.機械設備、廠房資源。

4.物力資源。

5.資訊資源。

(二)無形資源

1.品牌資源。

2.組織文化資源。

3.信譽口碑資源。

4.經營歷史資源。

三十八、效率與效能

1.效率（Efficiency）：動作快、執行力強、效率快、把事趕快做好。

2.效能（Effectiveness）：效果好、成效好、結果佳、做對事。

三十九、IPO的意義與目的

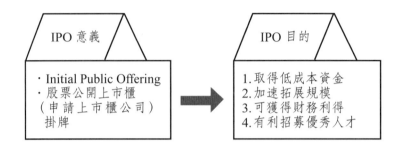

四十、公司進階的三種

四十一、企業功能與管理功能之矩陣表

管理功能 企業功能	1. 規劃	2. 組織	3. 領導與激勵	4. 控制與考核	5. 溝通與協調
1. 研發、商品開發					
2. 採購					
3. 生產、品管					
4. 行銷／業務					
5. 人力資源					
6. 財務會計					
7. 企劃（策略規劃）					
8. 法務					
9. 資訊					
10. 全球運籌（物流）					
11. 工業／商業設計					
12. 稽核					
13. 行政總務					
14. 公關					

四十二、管理五機能與管理四聯制

1.管理五機能：(1)計劃；(2)組織；(3)用人；(4)領導；(5)控制。

2.管理四聯制（P-D-C-A）：(1)計劃；(2)執行；(3)考核；(4)再行動。

四十三、企業願景

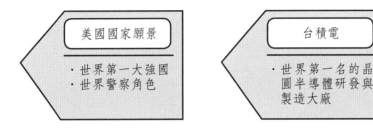

四十四、企業的主要組織功能部門名稱（十七個）

1.研發部（商品開發部）；2.設計部；3.製造部；4.品管部；5.採購部；6.倉儲物流部；7.業務部；8.行銷部；9.客服中心；10.財會部；11.資訊部；12.法務部；13.人資部；14.行政總務部；15.公共事務部；16.會員經營部；17.企劃部。

四十五、正確的與可行的營運模式／商業模式／收入模式

所謂商業模式，即是指這個新事業可以帶來明確的收入（營收）是哪些？這些收入來源可靠嗎？可行嗎？穩定嗎？若是，這就是有明確可行的商業模式了，公司必可投入經營了。

四十六、企業成長六大策略

1.既有市場深耕策略；2.新市場開拓策略；3.新產品開發策略；4.併購策略；5.海外投資策略；6.多角化策略。

四十七、企業必要的使命

1.企業成長；2.業績成長；3.獲利成長；4. EPS成長；5.總市值成長。

四十八、企業成長的基柱

1.研發創新；2.技術創新；3.產品創新，4.業務創新；5.行銷創新；6.設計創新；7.組織創新。

四十九、現代企業重視公司治理

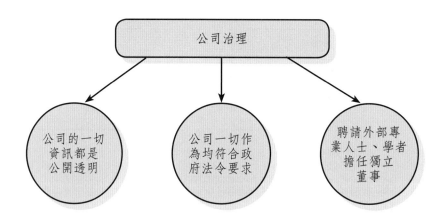

五十、有效提升自己決策能力的作為

1.多看書、多吸取新知與資訊。

2.多掌握公司內部各種會議的學習機會。

3.多向世界級卓越公司學習。

4.多累積豐厚的人脈關係。

5.多善用資訊工具及數據資料。

6.多親臨第一現場，腳到、眼到、手到及心到。

7.思維要站在戰略高點及前瞻視野。

8.多掌握競爭對手情報。

9.培養直觀、直覺判斷的能力。

五十一、優秀人力團隊／經營團隊

企業經營成功與勝利的最根本核心，在於「要有優秀的人才團隊」，包括優秀的研發、設計、採購、製造、質量、倉儲、物流、銷售業務、營銷企劃、財務會計、人力資源、總務、法務、客服中心、售後服務、稽核、訊息、商品、經營分析、經營企劃等團隊。所以，公司經營不善、虧損或成不了大公司的原因可能是，除了老闆因素外，就是缺乏優秀的人才團隊。

五十二、團隊決策討論會

團隊決策討論（Group Decision Making）意即現在的任何決策，大部分已是團隊討論所做的決策。團隊成員有不同經歷、專長、觀點與立場，因此整合團隊成員的討論、意見與智慧，將得到比較妥善、正確的決策。

五十三、關鍵成功因素分析（KSF）

關鍵成功因素分析（Key Success Factors, KSF）是指經營任何企業，一定會有其關鍵成功因素。若能從KSF下手分析，就可以知道公司應該如何做才會成功。公司要勝出，就一定要努力打造及強化這些KSF。

五十四、3C分析法

1. **Consumer**：消費者分析、顧客分析（了解顧客需求）。

2. **Competitor**：競爭者分析（了解競爭對手狀況）。

3. **Company**：公司自我條件分析（了解自己狀況）。

五十五、管理 = 科學 + 藝術

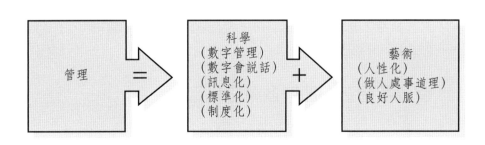

五十六、高度、深度、寬度分析法

各層主管發現問題時，立即分析問題、解決問題，必須站得高、看得遠、看得深，才能領導企業走得長遠。

五十七、多重方案比較、分析及選擇

遇到重大決策問題時，應該以不同的角度、不同的觀點、不同的條件，提出多重方案（甲案、乙案、丙案），提供比較分析及最後抉擇。

五十八、Trade-Off（選擇、抉擇、取捨）

公司資源是有限的，公司面對的環境是多變的，公司的對策可以是多種的。但最終只能選定一種，就必須做Trade-Off（抉擇、選擇、取捨），然後堅持下去。

五十九、知識→常識→見識→膽識

(一)知識

課本、書上的學問與知識必須足夠。

(二)常識

除了自己的專業知識與技術外，還必須掌握其他多方面的常識，要多觀察、多與別人交談、多看電視、多看書報雜誌、上網查詢瀏覽。

(三)見識

多歷練、多做事，經一事長一智，真正做過一遍後，才會有真正的體會，並成為自己的能力。

(四)膽識

前三者都具備之後，就會有膽識，能當機立斷，做出正確決策，並且會有直覺觀，有勇氣面對一切變化。

六十、會議召開法，加速各單位執行力

1.全公司每週一次，召開一級主管彙報會議。

2.業務部（營業部）每天傍晚召開內部會議。

3.跨公司每月一次關係企業資源支持會議。

4.海外子公司（公司、工廠）每週一次主管彙報（視訊電話會議）。

5.其他各部門內部定期或不定期機動會議。

6.會議召開目的：主管及老闆追蹤工作執行狀況及檢查營運績效，並研討對策。

六十一、鎖定強項，做有勝算的事

找出自身強項，專注最有勝算的事。企業經營如此，個人職業生涯亦是如此。

六十二、獨立思考能力的培養

身為領導者與管理者要多思考，要有自己的獨立思考能力，不要人云亦云，毫無自己的見解、分析與判斷力。獨立思考能力包括：要周全、完整，不要缺漏；要全方位，考慮各方面；要有自己的想法，看問題要有深度。

六十三、成功人生方程式

六十四、市場法則與邏輯分析

1.**市場法則**：就是一般市場同業或其他行業的習慣作法是什麼？為何要如此做？他們的成功，一定有其合理性與共識性，不能違背這種市場法則。

2.**邏輯分析**：就是看待事情、詢問事情、思考與分析問題必須合乎邏輯，若不合乎邏輯，可能就不是正確的解決之道。

六十五、任何報告，要能賺錢至上

任何一位老闆所重視的各種分析報告、企劃報告、檢查報告及創新報告，其背後一定要「能賺錢」，才是一份好的報告。

六十六、圖示法、表格法

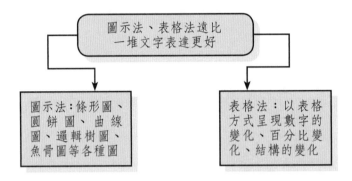

六十七、管理的意涵

管理是關乎人的，管理的任務，就是要讓組織中的一群人有效發揮其長才，從而讓他們共同做出績效來。

六十八、現在管理的定義

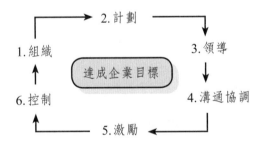

六十九、彼得‧杜拉克的人生學習觀

1.學習不間斷，才能和契機賽跑。

2.我只有一句話：繼續學習。

3.終身學習（每隔3～4年學習一個新的主題）。

七十、學歷只是敲門磚，不是唯一重要

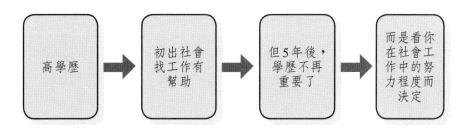

七十一、終身學習五大要點

1.要有目標性；2.要有計劃性；3.要有紀律性；4.要有堅持性；5.要有檢討性。

七十二、經理人五大工作

1.設定目標；2.組織與人員安排；3.激勵與溝通；4.評量與考核；5.發展各級人才。

七十三、唯有創新，才能成長

七十四、創新十大類方向

1.新事業模式創新；2.新技術創新；3.新產品創新；4.新IT資訊創新；5.新作業流程創新；6.新行銷方式創新；7.新管理模式創新；8.新市場創新；9.新人才創新；10.新服務創新。

七十五、行銷的根本本質

七十六、顧客滿意，才能獲利

七十七、人力資源的四對主義

1. 找對的人。

2. 放在對的位置上。

3. 教他做對的事。

4. 然後，才會有對的成果出來。

七十八、高階領導人才應做的三件大事

1. 找人才、求人才、邀人才、發掘人才、培育人才、重用人才及留住人才。

2. 做好整個公司短、中、長期的戰略布局。

3. 制定出好的、對的、正確的策略及方向。

七十九、經理人自信心與能力的培養

1.努力做中學，學中做

2.向比你強的長官多學習

3.利用各種會議學習

4.多向外界學者、專家、先進學習

5.多出國參訪、參展、拜會、取經

6.嘗試自己負責一個專案

7.多培養自己系統化、結構化、組織化、邏輯化與思考性的能力

8.提高自己決策判斷能力

八十、如何打造高效能組織

1.要有一個卓越的最高領導人。

2.要有一個很堅強的合作人才團隊。

3.要設定大家努力的願景目標。

4.要賞罰分明、激勵人心。

5.全員要永存危機感。

6.要不斷創新、再創新。

7.要洞燭機先。

8.要做出正確的經營策略及方向。

八十一、效率與效能的區別

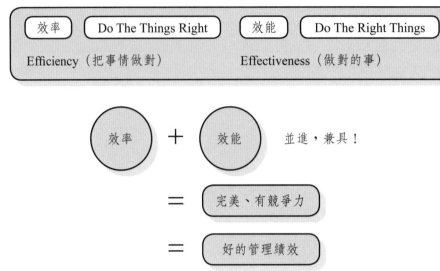

| 效率 | Do The Things Right | 效能 | Do The Right Things |

Efficiency（把事情做對）　　　Effectiveness（做對的事）

效率 ＋ 效能　並進，兼具！

＝　完美、有競爭力

＝　好的管理績效

八十二、如何做正確的事

1. 重大決策要集體討論。

2. 堅守專注策略，勿碰外行之事。

3. 資訊情報要完整、對稱。

4. 下決策前，要多問幾次Why？

5. 坦誠做SWOT分析及檢視自己能力與機會。

八十三、如何有效率的做事

1. 要派出行動力強大的專責組織人才。

2. 要訂出完成日期表，以做考核。

3. 完成日期表，要具挑戰性，要比競爭對手更快。

4. 要用具有效率的方法及工具去執行。

5. 要每天或每週檢討每人的工作進度。

八十四、提升判斷力的要點

1. 個人經驗要加速累積。

2. 具有經驗長官要好好指導。

3. 個人要更加勤奮，勤能補拙。

4. 個人要累積更多專長及非專長知識。

5. 個人要有更多廣泛性的常識。

6. 個人要養成大格局／全局的觀念。

7. 個人要具有高瞻遠矚的眼光。

8. 個人要參考以前成功或失敗的經驗。

9. 要加強各種方式的訓練。

10. 要加強各種語言（英、日語）的充實。

11. 不懂的要多問。

12. 要多思考、深度思考、再思考。

13. 要了解、體會及記住老闆的訓示。

14. 要接觸更多外部的人。

15. 要堅持科學化、系統化的數據分析。

16. 靠直覺也很重要。

八十五、企劃主管人員應常到第一線現場去

企劃人員要腳到、眼到、手到、心到

1. 去門市店。

2. 去零售賣場。

3. 去工廠。

4. 去物流中心。

5. 去活動舉辦現場。

6. 去記者會現場。

7. 去競爭對手現場。

八十六、累積足夠經驗，直觀能力就出來了

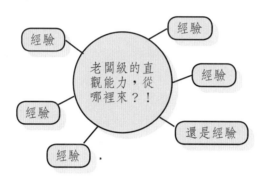

八十七、部屬對主管，不應做的八件事

1. 不可批評主管。

2. 不可看不起自己主管。

3. 不可拒絕主管交辦之事。

4. 不能拖延完成時間。

5. 不能對主管隱瞞事情。

6. 不能對主管太隨便。

7. 不能失去主管對你的信任。

8. 不能讓主管為你收拾爛攤子。

八十八、部屬對主管，應做的八件事

1. 適度讚美肯定自己的主管。

2. 完全服從自己的主管。

3. 應該取得主管的信任。

4. 應該完全接受主管交辦之事。

5.應該在期限內完成交辦之事。

6.應該對主管適度尊重及禮貌。

7.應該對主管完全坦白及透明。

8.應該為主管扛起責任。

八十九、對員工、部屬激勵的方式、工具

(一)物質面激勵

1.加薪、調薪。

2.晉升職稱、晉升主管級。

3.加發年終獎金、各節獎金。

4.發給業務單位業績獎金。

5.加發紅利獎金。

6.發給股票選擇權。

7.可以認購公司股票。

8.高階主管給予配車／配司機／配祕書。

9.給予獨立辦公室。

10.出國旅遊招待。

11.給予更大授權。

(二)心理面激勵

1.長官給部屬適時口頭公開讚美或鼓掌。

2.舉行表揚、表彰大會。

3.發出E-Mail鼓勵。

4.單位、個人聚餐或聯誼。

九十、對員工、部屬激勵六原則

1.及時激勵。

2.公平、公正、公開式激勵。

3.訂定合理激勵辦法及制度。

4.各階層、各階級激勵均要顧到。

5.激勵大小程度視其對公司貢獻而定。

6.兼具物質性與心理性兩項激勵工具。

九十一、成功上班族應有的十二項工作態度

1.負責任。

2.強大執行力。

3.主動積極。

4.注重細節。

5.為公司創造價值。

6.重視貢獻與成果。

7.承擔重大任務。

8.善於團隊合作。

9.善於溝通協調。

10.善於激勵部屬。

11.身先士卒、以身作則。

12.善於領導與被領導。

九十二、能力的三種組成內涵

1.專業知識能力 ＋ 2.執行能力 ＋ 3.學習能力

九十三、能力養成的五個等級

九十四、獨立思考與融會貫通

(一)精

1.能夠獨立思考。

2.系統性思考。

3.結構性思考。

(二)通

1.能夠融會貫通。

2.能夠舉一反三。

九十五、大將之才的三項基本條件

1.**客觀無私**：唯有客觀看待所有事物，才能做到無私。

2.**思考、判斷的平衡感**：在做重要決策時，必須能夠綜觀全局，而非單一考量。

3.**要看得廣、看得遠**：如此一來，決策品質才能提升。

九十六、格局要放大

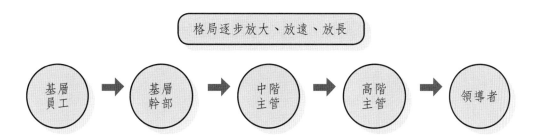

九十七、了解人的溝通

1.多了解對方。

2.站在對方角度與立場思考。

3.多了解人的習慣。

4.多謙虛與尊敬。

九十八、把握時機，大膽進攻，做就對了

1.猶豫不定：必會失敗。

2.凡事先行動再說：做就對了。

3.成功法則：決斷力＋行動力。

決斷力及行動力在這個瞬息萬變的21世紀，是身為領導者須具備的能力。

九十九、不只有管理能力，更要有創造力

1.缺乏創造力，就等於這個組織沒有未來。

2.更高層次的領導人，必定是一個想法與眾不同又有創造力的人。

一○○、重要的是人、人，還是人

1.成功的領導者：必是一個求才若渴的領導者。

2.根本經營理念：人才第一。（花70%工作時間）

一○一、人要居安思危，保持危機意識

事業成功之時，勿驕傲、勿自大、勿自滿、勿怠惰，隨時保持危機意識。

一○二、21世紀的事業，是與時間的競爭

一○三、人要站在高處，要看得最遠

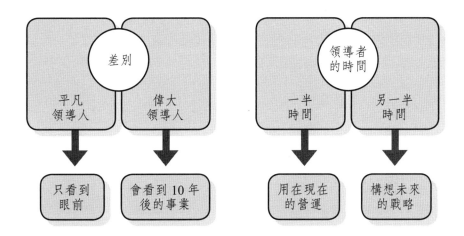

一○四、領導，是成敗的決定性關鍵

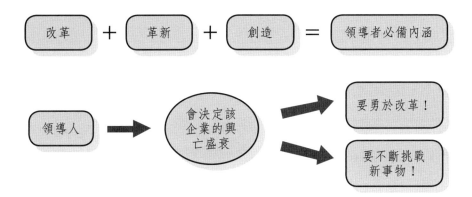

一○五、只有不斷改變，才能生存

1.領導人先從改變自己開始，底下人就會跟著改變。

2.最後能生存下來的人，面對環境變化，能善於應變。

一○六、統一超商如何做到轉虧為盈

有七大關鍵要素

1.必須多看、多學，也就是終身學習。

2.要思考怎麼做。

3.要給一個清楚成長目標。

4.一定要選對人、用對人：不行，就要下決心換人。

5.對各種的人才特色，要很敏銳。

6.選對人之後，要授權。

7.塑造一個可以讓他們很安心的企業文化。

一○七、成功領導者五大要件

1.領航者要知道將船開往哪個目標與方向。

2.要有一個擔負責任的決心。

3.自己一定要有遠見，要有自己的思維。

4.要正派、透明的經營。

5.經營事業不進則退。

一○八、策略方向最重要

1.沒有站在高度且無法定調時，行動會徒勞無功。

2.沒有正確的策略方向時，企業很難有長期性成功。

3.策略清楚與方向對之外，還要靠認真執行策略的人馬。

一○九、領導者，要做好領航角色

領導者 → 率領大家

1.目標在哪裡？
2.方向在哪裡？
3.策略在哪裡？
4.重要作法在哪裡？

一一〇、安逸於現狀，潛伏於未來的衰退風險

安逸於現狀、不能再創新突破，最後，會有衰退與失敗風險。

一一一、看到未來商機

1. 成功勿滿足：處於成功階段時。

2. 發現新商機：要再花更多心思去偵察、洞察未來潛在新商機。

3. 知道趨勢是什麼：堅持必須改變，一定要知道未來的改變與趨勢。

一一二、每個人要努力吸收學習

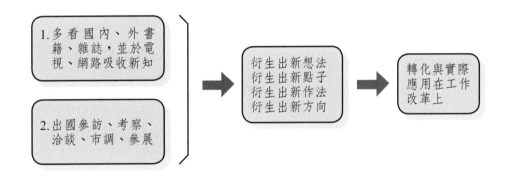

一一三、7-11超商集團——從國外引進臺灣

7-11、無印良品、黑貓宅急便、統一阪急百貨；多拿滋甜甜圈、星巴克和COLD STONE冰淇淋。

一一四、要思考未來成長曲線何在

1. 現在成功了！

2. 5年後：第二條成長曲線何在？

3. 10年後：第三條成長曲線何在？

一一五、7-11的七項重要經營信念

1. 建立企業核心價值。

2. 策略方向要對。

3. 用心，就有用力之處。

4. 要跟上世界潮流變化。

5. 持續創新與突破。

6. 實踐顧客導向。

7. 要不斷修正方向、策略與作法。

一一六、貝佐斯的高度：一切都是從長遠來看

在 Amazon 人們喜歡以 5～7 年為期做事。 → 如果你願意以 7 年為期投資，就只剩下少部分的人與你競爭了，因為很少公司願意這麼做。

一一七、要強化長期市場領導地位，不應短視

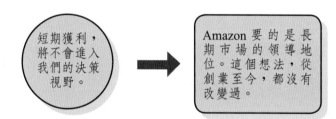

短期獲利，將不會進入我們的決策視野。 → Amazon 要的是長期市場的領導地位。這個想法，從創業至今，都沒有改變過。

一一八、否定現狀，不斷改革

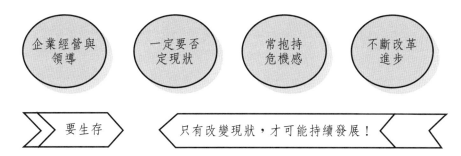

一一九、人，是策略第一步

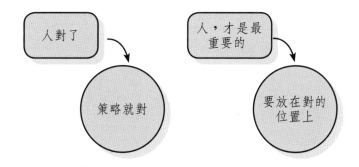

一二〇、領導三步驟

1. 確立短中長期目標與預算。

2. 激勵、獎勵員工。

3. 建立人才團隊。

一二一、日本7-11董事長經營四課程

1. 我不分析過去的成功。

2. 朝令夕改是對的。

3. 不要當組織內乖小孩。

4. 一定要多談顧客需求。

一二二、7-11的最核心本質觀念：顧客

$$\boxed{\text{企業經營最核心本質}} = \boxed{\text{顧客}} + \boxed{\text{顧客需求}}$$

一二三、統一超商如何挖掘出消費者的需求

1.強大的POS系統（即時銷售情報系統）。

2.經常走訪海外，如日本、美國、歐洲、韓國、中國大陸等，觀察他們的最新發展趨勢，推測臺灣的未來。

3.各單位人員主動用心→用心，就能找到用力之處。

一二四、豐田：人才資本，決勝關鍵

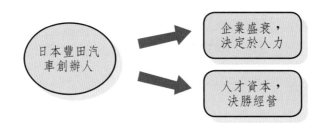

小結

1.賈伯斯說：「求知若渴，虛懷若谷」。

2.紀律很重要，有紀律性的學習、有紀律性的進步、有紀律性的目的，最後一定成功。

3.把握現在，投資未來。

4.每天學習一件事、一個觀念，一年就有365件事及觀念，10年就有3,000多件事及觀念。這些事及觀念，終有一天在工作上會用得上。

第二十四章

「企業經營成功」最重要的 90個黃金關鍵字圖示

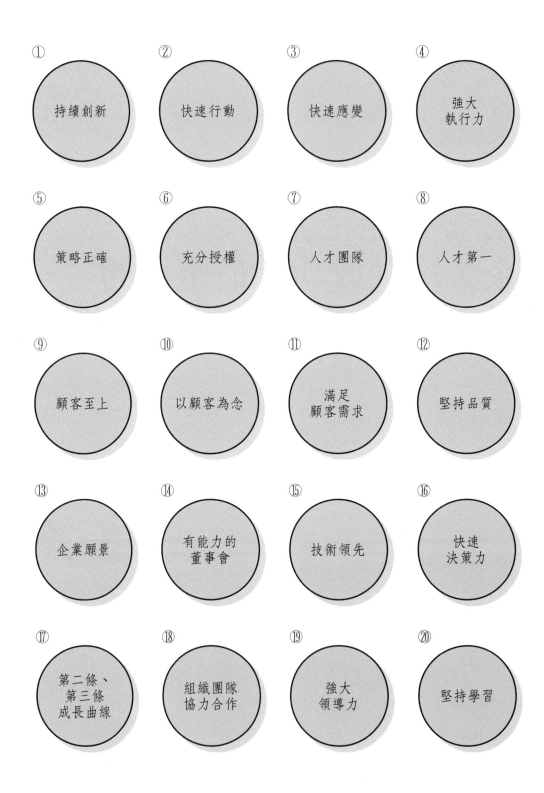

① 持續創新

② 快速行動

③ 快速應變

④ 強大
執行力

⑤ 策略正確

⑥ 充分授權

⑦ 人才團隊

⑧ 人才第一

⑨ 顧客至上

⑩ 以顧客為念

⑪ 滿足
顧客需求

⑫ 堅持品質

⑬ 企業願景

⑭ 有能力的
董事會

⑮ 技術領先

⑯ 快速
決策力

⑰ 第二條、
第三條
成長曲線

⑱ 組織團隊
協力合作

⑲ 強大
領導力

⑳ 堅持學習

㉑ 公司治理

㉒ 有責任心的各級主管

㉓ 提高附加價值

㉔ 拔擢有實力人才

㉕ 值得信賴的企業

㉖ 善盡企業社會責任

㉗ 照顧員工福利

㉘ 管理要制度化、標準化、資訊化

㉙ 良好組織文化

㉚ 加速展店

㉛ 邊做、邊改！直到做好

㉜ 公司信譽至上

㉝ 與全體員工共享利潤

㉞ 領導者要站在最前面

㉟ 採取利潤中心制度運作

㊱ 晴天要為雨天做好準備

㊲ 全體員工全力做好每一天

㊳ 思考公司未來發展方向

㊴ 靈活、機動、彈性組織體

㊵ 朝令夕改，有時是必要的

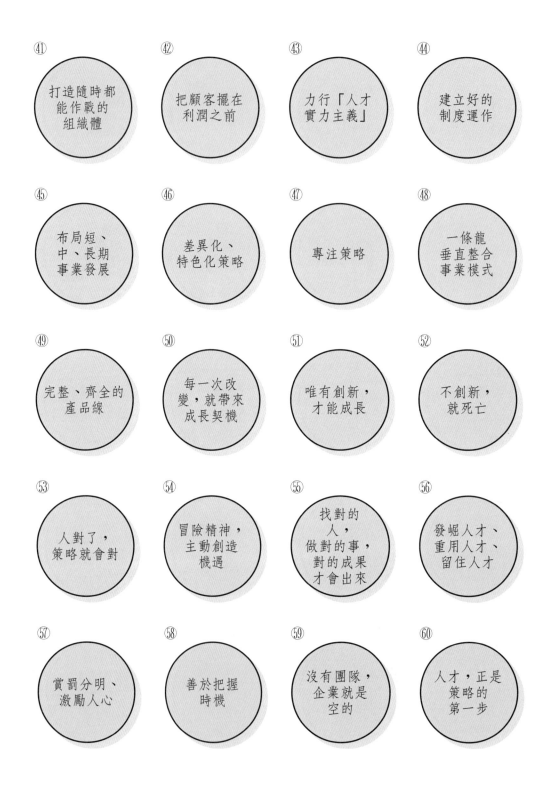

㊶ 打造隨時都能作戰的組織體

㊷ 把顧客擺在利潤之前

㊸ 力行「人才實力主義」

㊹ 建立好的制度運作

㊺ 布局短、中、長期事業發展

㊻ 差異化、特色化策略

㊼ 專注策略

㊽ 一條龍垂直整合事業模式

㊾ 完整、齊全的產品線

㊿ 每一次改變，就帶來成長契機

51 唯有創新，才能成長

52 不創新，就死亡

53 人對了，策略就會對

54 冒險精神，主動創造機遇

55 找對的人，做對的事，對的成果才會出來

56 發崛人才、重用人才、留住人才

57 賞罰分明、激勵人心

58 善於把握時機

59 沒有團隊，企業就是空的

60 人才，正是策略的第一步

(61)
行銷 4P
運作成功

(62)
併購策略
加速事業
擴張

(63)
領導者要有
遠見及
前瞻性

(64)
正派經營

(65)
保有
危機感

(66)
要不斷
升級、進步、
與時俱進

(67)
高 CP 值！
物超所值感

(68)
庶民經濟
時代來臨

(69)
抓住未來
發展趨勢
與變化

(70)
顧客滿意、
感動顧客

(71)
不斷變革、
自我超越

(72)
用心觀察
環境的變化

(73)
解讀未來的
能力

(74)
培養出解決
問題的能力

(75)
得到顧客
100% 信賴

(76)
策略就是
想高、想遠、
想深

(77)
從高處
綜覽全局

(78)
短期與長期
要兼顧

(79)
速度決勝、
唯快不破

(80)
全員要有
數字管理的
概念

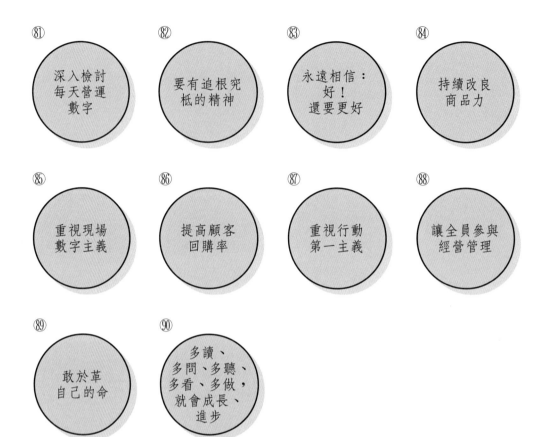

⑧1 深入檢討
每天營運
數字

⑧2 要有追根究
柢的精神

⑧3 永遠相信：
好！
還要更好

⑧4 持續改良
商品力

⑧5 重視現場
數字主義

⑧6 提高顧客
回購率

⑧7 重視行動
第一主義

⑧8 讓全員參與
經營管理

⑧9 敢於革
自己的命

⑨0 多讀、
多問、多聽、
多看、多做，
就會成長、
進步

國家圖書館出版品預行編目(CIP)資料

一看就懂管理學：全方位精華理論與實務知
識／戴國良著. -- 二版. -- 臺北市：五
南圖書出版股份有限公司，2022.12
面； 公分

ISBN 978-626-343-582-7 (平裝)

1.CST: 管理科學

494   111019818

1FPA

一看就懂管理學：
全方位精華理論與實務知識

作　　　者 ― 戴國良

發 行 人 ― 楊榮川

總 經 理 ― 楊士清

總 編 輯 ― 楊秀麗

主　　　編 ― 侯家嵐

責任編輯 ― 吳瑀芳

文字校對 ― 張淑端

封面設計 ― 姚孝慈

出 版 者 ― 五南圖書出版股份有限公司

地　　　址：106臺北市大安區和平東路二段339號4樓

電　　　話：(02)2705-5066　　傳　　真：(02)2706-6100

網　　　址：https://www.wunan.com.tw

電子郵件：wunan@wunan.com.tw

劃撥帳號：01068953

戶　　　名：五南圖書出版股份有限公司

法律顧問：林勝安律師事務所　林勝安律師

出版日期：2018年 7 月初版一刷
　　　　　2021年 7 月初版二刷
　　　　　2022年12月二版一刷

定　　　價：新臺幣520元

經典永恆・名著常在

五十週年的獻禮 —— 經典名著文庫

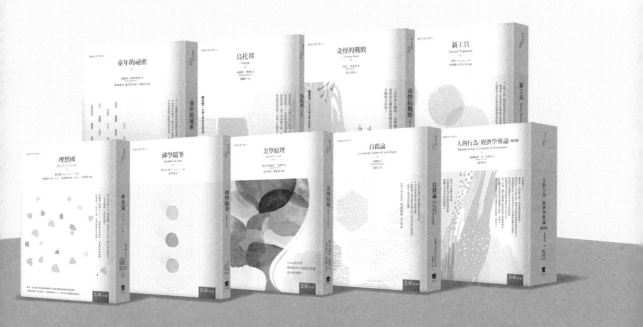

五南，五十年了，半個世紀，人生旅程的一大半，走過來了。

思索著，邁向百年的未來歷程，能為知識界、文化學術界作些什麼？

在速食文化的生態下，有什麼值得讓人雋永品味的？

歷代經典・當今名著，經過時間的洗禮，千錘百鍊，流傳至今，光芒耀人；

不僅使我們能領悟前人的智慧，同時也增深加廣我們思考的深度與視野。

我們決心投入巨資，有計畫的系統梳選，成立「經典名著文庫」，

希望收入古今中外思想性的、充滿睿智與獨見的經典、名著。

這是一項理想性的、永續性的巨大出版工程。

不在意讀者的眾寡，只考慮它的學術價值，力求完整展現先哲思想的軌跡；

為知識界開啟一片智慧之窗，營造一座百花綻放的世界文明公園，

任君遨遊、取菁吸蜜、嘉惠學子！